# Determinanten und Effizienz multinationaler Organisationsstrukturen in Forschung & Entwicklung

Philipp Benzinger

# Determinanten und Effizienz multinationaler Organisationsstrukturen in Forschung & Entwicklung

## Eine empirische Panel-Analyse deutscher Aktiengesellschaften

Mit einem Geleitwort von Prof. Dr. Hagen Lindstädt

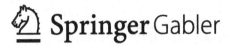 Springer Gabler

Philipp Benzinger
Stuttgart, Deutschland

Von der Fakultät für Wirtschaftswissenschaften des Karlsruher Instituts für Technologie
(KIT) genehmigte Dissertation.

Tag der mündlichen Prüfung: 05.10.2016
Referent: Prof. Dr. Hagen Lindstädt
Korreferentin: Prof. Dr. Marion Weissenberger-Eibl
Prüfer: Prof. Dr. Andreas Oberweis

ISBN 978-3-658-16916-9        ISBN 978-3-658-16917-6    (eBook)
DOI 10.1007/978-3-658-16917-6

Die Deutsche Nationalbibliothek verzeichnet diese Publikation in der Deutschen National-
bibliografie; detaillierte bibliografische Daten sind im Internet über http://dnb.d-nb.de abrufbar.

Springer Gabler

Gedruckt auf säurefreiem und chlorfrei gebleichtem Papier

Springer Gabler ist Teil von Springer Nature
Die eingetragene Gesellschaft ist Springer Fachmedien Wiesbaden GmbH
Die Anschrift der Gesellschaft ist: Abraham-Lincoln-Str. 46, 65189 Wiesbaden, Germany

# Geleitwort

Die Internationalisierung von Forschung und Entwicklung (F&E) ist ein viel diskutiertes Thema. Durch Internationalisierung ihrer F&E versuchen Unternehmen, Kosten zu reduzieren und den Zugang zu Wissensträgern zu sichern. Im Zuge von Maßnahmen und Initiativen für eine solche Internationalisierung treten regelmäßig Schwierigkeiten und Fragen auf, die die Organisation derartig internationalisierter F&E betreffen. Im klassischen Spannungsfeld der Organisation zwischen zentralen und dezentralen, verteilten und konzentrierten sowie geregelten oder nicht geregelten Lösungen muss das einzelne Unternehmen seine spezifische Lösung finden.

Leider wird die Diskussion bislang jedoch durch ansprechende praxisnahe, aber empirisch oftmals wenig aussagekräftige Untersuchungen geprägt, die das Thema auf publikumswirksame Art aufbereiten und diskutieren. Während die Existenz solcher Konzepte für die Vermittlung an Managementpraktiker an sich erfreulich ist, führt die entsprechende Beschränkung der Diskussion zu einem überraschenden und beklagenswerten Mangel an Analysen aussagekräftiger Datensätze mit geeigneten, multivariaten, empirischen Methoden.

Hier setzt die Arbeit von Philipp Benzinger an: Er führt auf Basis des verbreiteten Frameworks von Gassmann und Zedtwitz eine Panelanalyse deutscher Unternehmen durch. Basierend auf einer Stichprobe von 120 forschungsintensiven Unternehmen und 888 beobachteten Unternehmensjahren im Zeitraum von 2002 bis 2011 werden unter Einsatz von CATA (computer aided text analysis) Daten, die einen Rückschluss auf die Organisation der F&E zulassen, aus den Geschäftsberichten extrahiert. Zudem findet zur Untersuchung der Auswirkung von Organisationsstrukturen auf die F&E-Effizienz eine PATSTAT-Patentdatenanalyse Anwendung. Die Stichprobe deckt über 65 Prozent der weltweiten F&E-Aufwendungen börsennotierter deutscher Unternehmen ab.

Mich überzeugen an dieser gelungenen Arbeit die Verbindung von praxisrelevanter Fragestellung, geeignetem Datensatz, empirischer Methodik und klarer Interpretation der Ergebnisse. Ich wünsche ihr eine gute Aufnahme in die fachliche und praxis-orientierte Diskussion.

Karlsruhe, im November 2016                                      Hagen Lindstädt

# Vorwort

Das vorliegende Buch entstand als Dissertation im Rahmen meiner Tätigkeit am Institut für Unternehmensführung der Fakultät für Wirtschaftswissenschaften am Karlsruher Institut für Technologie (KIT). Ich möchte an dieser Stelle all jenen meinen Dank aussprechen, die mich während meiner Forschungstätigkeit unterstützt haben.

In besonderem Maße danke ich meinem Doktorvater Professor Dr. Hagen Lindstädt. Er hat durch seine umfassende wissenschaftliche Betreuung entscheidend zum Gelingen dieses Buches beigetragen. Sein entgegengebrachtes Vertrauen und seine Courage haben meinen Weg maßgeblich beeinflusst. Dafür möchte ich mich ganz herzlich bedanken.

Mein Dank gebührt außerdem Professorin Dr. Marion Weißenberger-Eibl für die Übernahme des Zweitgutachtens sowie Professor Dr. Andreas Oberweis als Prüfer.

Zudem danke ich Dr. Kerstin Fehre für viele hilfreiche Diskussionen zur methodischen Vorgehensweise und Operationalisierung der Forschungsmodelle. Ebenso möchte ich mich bei Dr. Rainer Frietsch und Dr. Peter Neuhäusler vom Fraunhofer-Institut für System- und Innovationsforschung ISI für die Zusammenarbeit und Unterstützung im Rahmen der Patentdatendatenbank bedanken.

Weiterer Dank gebührt meinen Kollegen am Institut: Dr. Henning Behr, Dr. Marco Tietze, Dr. Sofie Strauss, Jonathan Kopf, Dr. Julia Höfer und Bettina Wiedmann. Bedanken möchte ich mich des Weiteren bei Anne Vogeley, Christian Ullrich und Clemens Laule. Außerdem möchte ich es nicht versäumen, mich bei meinem ehemaligen Arbeitgeber Booz & Company für die großzügige Förderung meines Promotionsvorhabens zu bedanken.

Ein ganz herzlicher Dank gilt meiner Familie. Im Besonderen danke ich meiner Frau Jana Benzinger für ihren Rückhalt und ihre großartige Unterstützung in allen Phasen dieses Projektes. Zudem gilt mein Dank meinen Eltern Hildegard und Manfred Benzinger, die mich während meines gesamten Weges der Ausbildung und Promotion stets unterstützt haben. Ihnen ist diese Arbeit gewidmet.

Stuttgart, im November 2016                         Philipp Benzinger

# Inhaltsverzeichnis

# Abbildungsverzeichnis

# Tabellenverzeichnis

# Abkürzungsverzeichnis

| | |
|---|---|
| BIP | Bruttoinlandsprodukt |
| CATA | Computer-Aided Text Analysis |
| CRSE | Cluster Robust Standard Errors (Cluster-robuste Standardfehler) |
| DAX | Deutscher Aktienindex; bestehend aus den 30 größten und umsatzstärksten Unternehmen im Prime Standard an der Frankfurter Wertpapierbörse |
| DocDB | EPO's Master Bibliographic Database |
| EFI | Expertenkommission Forschung und Innovation |
| EPA/EPO | Europäisches Patentamt/European Patent Office |
| f | Funktion |
| F&E | Forschung & Entwicklung |
| FDI | Foreign Direct Investment |
| FE | Fixed-Effects |
| GLLAMM | Generalized Linear Latent And Mixed Models |
| H | Hypothese |
| HDAX | Indexportfolio, das die Werte von DAX, MDAX und TecDAX abbildet |
| HGB | Handelsgesetzbuch |
| H. v. | Hersteller von |
| IAT | Interaktionsterm |
| ISI | (Fraunhofer-) Institut für System- und Innovationsforschung |
| ISIN | International Securities Identification Number |
| MDAX | Index, bestehend aus den 50 Midcap-Werten, die hinsichtlich Größe und Umsatz auf die DAX-Werte folgen |
| N/A | Nicht anwendbar |

NIW            Niedersächsisches Institut für Wirtschaftsforschung

OECD           Organisation for Economic Co-operation and Development
               (Organisation für wirtschaftliche Zusammenarbeit und Entwicklung)

PatG           Patentgesetz

PATSTAT        EPO Worldwide Patent Statistical Database

R&D            Research & Development

RE             Random-Effects

SQL            Structured Query Language

TecDAX         Index, bestehend aus den 30 größten und liquidesten Werten aus den
               Technologie-Sektoren des Prime-Segments unterhalb von DAX

Untern.        Unternehmen

US             United States

USD            US-Dollar

USPTO          United States Patent and Trademark Office

VIF            Varianzinflationsfaktor

WZ             Wirtschaftszweig (Wirtschaftszweigklassifikation)

ZEW            Zentrum für Europäische Wirtschaftsforschung

# 1 Einführung

## 1.1 Hintergrund und Motivation der Arbeit

Das rasante Tempo in den Wachstumsregionen der Welt fordert im Zuge der Globalisierung auch von etablierten deutschen Unternehmen neue Agilität und Geschwindigkeit. Gleichzeitig haben bekannte Rahmenbedingungen wie steigender Kostendruck, zunehmender Fachkräftemangel, wachsende Anzahl neuer Marktakteure sowie Bedarf an globalen und differenzierten Produktportfolios nicht an Bedeutung verloren.[1] Vor diesem Hintergrund hängt der zukünftige Erfolg von Unternehmen zunehmend von der gleichzeitigen Ausprägung zweier scheinbar konkurrierender Eigenschaften ab: *Flexibilität* und *Effizienz*.

Die Innovationsfähigkeit von Unternehmen spielt angesichts dieser Herausforderungen eine entscheidende Rolle.[2] Die digitale Avantgarde demonstrierte in den letzten Jahren eindrucksvoll, wie Produkt- und Prozessinnovationen zu Schlüsselkompetenzen werden.[3] Hier entscheidet sich, ob ein Unternehmen flexibel und effizient genug am Markt agieren kann.[4] Damit steht speziell der Bereich Forschung & Entwicklung (F&E) als wichtiger Träger von Innovationen im Zentrum des Interesses. Vor dem Hintergrund von Kostennachteilen gegenüber Wettbewerbern in Niedriglohnländern ist dieser Aspekt gerade für deutsche Unternehmen wesentlich.[5] Die Strukturen und Prozesse in F&E sowie ihre Hintergründe und letztendlich ihre Ergebnisse werfen daher vielfältige Fragestellungen für die Wettbewerbsfähigkeit eines Unternehmens auf. Bereits Kuemmerle (1997) vertrat die Ansicht, dass nur Unternehmen mit einem globalen F&E-Ansatz den wettbewerbsgetriebenen Herausforderungen dieser neuen

---

[1] Vgl. Schasse u.a. (2016), S. 4; Berger (2013), S. 21 f.

[2] Vgl. Schubert (2010), S. 189 f.; Neuhäusler u.a. (2011), S. 2; die Autoren bezeichnen in diesem Zusammenhang die Innovation als „Self-sustained Competition Parameter".

[3] Unter den fünf weltweit größten börsennotierten Unternehmen nach Marktkapitalisierung befinden sich 2015 mit Apple, Google und Microsoft bereits drei Unternehmen aus dem Nasdaq-Technologiesektor. Vgl. Statista (2015); Nasdaq (o.J.)

[4] Die *Innovatorenquote* und damit der Anteil der Unternehmen, die Produkt- oder Prozessinnovationen eingeführt haben, liegt in Deutschland 2014 zehn Prozentpunkte unter dem Vergleichswert von 2008. Vgl. Rammer u.a. (2016), S. 2

[5] Vgl. Schasse u.a. (2016), S. 6

Dynamik gerecht werden können. Ähnlich sehen auch Porter/Stern (2001) die globale Innovationstätigkeit als kritisches Element für den Wettbewerbsvorteil von Unternehmen.

Vor allem der Dezentralisierung unter Optimierung der Kosten wird von Unternehmen ein hohes Potential zugeschrieben.[6] Durch Standortverlagerung in weniger lohnkostenintensive Regionen werden bereits seit den 1970er-Jahren Kosten gesenkt.[7] Heute ist dieser Vorgang alltägliche Praxis und auf die Verlagerung und/oder Automatisierung der Produktion folgt mittlerweile auch in Deutschland ein zunehmender Kosten- und Leistungsdruck auf die personalintensiven F&E-Bereiche.[8] Nach Untersuchungen des Stifterverbands für die Deutsche Wissenschaft (2013) hat die Internationalisierung von F&E global agierender deutscher Konzerne seit 2007 deutlich zugenommen. Dabei stiegen die anteiligen Auslandsausgaben innerhalb von vier Jahren von 24,5 auf 30,5 Prozent.[9]

Neben den Kostenaspekten sprechen weitere Gründe für eine Dezentralisierung. F&E muss kosteneffizient und vor allem leistungsstark sein, um den oben beschriebenen Rahmenbedingungen Rechnung zu tragen. Eine Vielzahl an Studien zeigt, dass in der Dezentralisierung des Innovationsmanagements und damit der F&E-Aktivitäten Potentiale stecken, um die Wettbewerbsfähigkeit von Unternehmen jenseits von Kosteneinsparungen zu steigern.[10] Der Zugang zu Wissen und im Besonderen zu Wissensträgern ist vor dem Hintergrund des demographischen Wandels in Mitteleuropa und speziell in Deutschland als eines der größten Potentiale anzusehen. Chen u.a. (2012) sehen darin sogar den wichtigsten Grund, wenn sie sagen: „Tapping into diverse foreign sources of knowledge is the most general reason for firms to engage in R&D internationalization."[11] Des Weiteren stellt die Nähe zum Markt und damit zu dessen Anforderungen ein weiteres Potential dezentraler F&E dar. Gerade in den Wachstumsregionen gilt es, schnell auf lokale Kundenanforderungen und

---

[6]   Vgl. Dunning/Lundan (2008), S. 72
[7]   Vgl. Lee (1986), S. 2 ff.
[8]   Vgl. Stifterverband für die Deutsche Wissenschaft (2016), S. 3; in Deutschland arbeiten 2014 insgesamt 371.706 Vollzeitäquivalente im Bereich F&E; damit kommen auf eine Million interne F&E-Aufwendungen 6,5 Vollzeitäquivalente, dieser Wert ist seit 2009 bereits rückläufig.
[9]   Vgl. Stifterverband für die Deutsche Wissenschaft (2013), S. 38
[10]  Vgl. u.a. Håkanson/Nobel (1993a); Laurens u.a. (2015); Patel/Vega (1999)
[11]  Chen u.a. (2012), S. 1545

Marktchancen eingehen zu können, um Ertragsvorteile gegenüber dem Wettbewerb zu sichern.[12]

Der Blick auf eine bestmögliche Nutzung von Skaleneffekten verdeutlicht jedoch auch Nachteile und Risiken solcher Tendenzen. Schließlich bedeutet jeder zusätzliche F&E-Standort zunächst Investitionen in den Aufbau sowie kontinuierlichen Koordinationsaufwand. Darüber hinaus werden Effizienz in der Zusammenarbeit und damit die Kooperation zwischen den Standorten zum kritischen Erfolgsfaktor.[13]

Die Transparenz deutscher Unternehmen hinsichtlich ihrer Organisationsstrukturen in F&E ist limitiert.[14] Dies gilt vor allem in Bezug auf die internationale Verteilung der F&E-Standorte. Patel (2007, S. 4) konstatiert: „(...) there is very little systematic information in the public domain on location of (...) R&D". Für die Innovations-ökonomie und im Besonderen für groß angelegte Untersuchungen wirkt diese fehlende Transparenz häufig einschränkend.[15] Dessen ungeachtet ist es von großem Interesse, zu verstehen, welche Gründe Unternehmen zu einer Dezentralisierung von F&E bewegen, welche Organisationsstrukturen sie in ihrer spezifischen Situation wählen und welche Wirkungen der Struktur sich in Bezug auf die F&E-Effizienz einstellen.[16] Aufgrund der dargelegten Herausforderungen ist dies vor allem für deutsche Unternehmen von besonderem Belang.

Die vorliegende Arbeit nähert sich diesen Fragen auf Basis einer breiten empirischen Panel-Analyse deutscher Aktiengesellschaften über zehn Jahre. Als Grundlage dient das F&E-Organisationsmodell von Gassmann/Zedtwitz (1999). Es unterscheidet fünf Modelltypen anhand der beiden Untersuchungsdimensionen *F&E-Streuung* und *Grad der Kooperation*. Der Basisgedanke des Modells geht auf die bedeutenden Arbeiten von Perlmutter (1969) und Bartlett (1986) zurück.

---

[12] Vgl. Expertenkommission Forschung und Innovation (2014), S. 41 ff.: Die Markterschließung erweist sich vor allem für die Vereinigten Staaten und die BRIC-Staaten als wesentlicher Treiber; die Reduktion von Kosten ist dagegen entscheidendes Motiv für die F&E-Internationalisierung in den osteuropäischen Markt.
[13] Vgl. Håkanson/Nobel (1993a), S. 409; Zander (1999a), S. 195
[14] Vgl. Patel (2007), S. 4
[15] Vgl. Penner-Hahn/Shaver (2005), S. 129
[16] Vgl. Gassmann/Zedtwitz (1999), S. 248

## 1.2 Zielsetzung und Forschungsfragen

Wie im vorherigen Unterkapitel skizziert, stehen die Fragen nach Determinanten, Formen und Wirkungen multinationaler Organisationsstrukturen in F&E bei deutschen Unternehmen im Zentrum der vorliegenden Arbeit. Die Zielsetzung soll durch die Beantwortung der im Folgenden angeführten Forschungsfragen strukturiert und konkretisiert werden. Dabei geht es der vorliegenden Arbeit im Wesentlichen darum, einen relevanten Beitrag zur wissenschaftlichen Diskussion zu leisten.

1. Welche F&E-Organisationsstrukturen und im Besonderen welchen Grad der F&E-Internationalisierung[17] weisen deutsche Unternehmen auf und wie entwickeln sich diese Strukturen über einen Zeitraum von zehn Jahren?

2. Welche Determinanten beeinflussen die Wahl der unternehmensinternen F&E-Organisationsstruktur und inwiefern lassen sich Branchenspezifika feststellen?

3. Welcher Zusammenhang besteht zwischen der gewählten F&E-Organisationsstruktur und der F&E-Effizienz in Form von Patentanmeldungen?

4. Welcher Zusammenhang besteht zwischen weiteren Faktoren, wie zum Beispiel den Ausgaben für F&E oder der Unternehmensgröße, und der Effizienz von Forschung & Entwicklung?

Zusätzlich zu den inhaltlichen Fragestellungen soll im Rahmen dieser Arbeit folgende methodische Frage beantwortet werden:

5. Wie lassen sich die Organisationsstrukturen in F&E valide operationalisieren und methodische Defizite bisheriger Vorgehensweisen bei der Messung umgehen?

Die vorliegende Dissertation leistet mit der Beantwortung dieser Fragen einen Beitrag zur Forschung in den folgenden Bereichen:

Erstens untersucht die Arbeit Determinanten und Effizienz multinationaler Organisationsstrukturen in F&E nach dem Modell von Gassmann/Zedtwitz (1999) und legt dabei einen Schwerpunkt auf den Brancheneinfluss. Die integrierte Betrachtung,

---

[17] In Hinblick auf die F&E-Internationalisierung ist vor allem der Aspekt der Verteilung der Standorte in mehreren Ländern von besonderem Interesse. Aus diesem Grund findet ebenso der Begriff „multinational" Anwendung.

insbesondere die gleichzeitige Untersuchung von Ursache und Wirkung der organisatorischen Veränderung, ist für die innovationsökonomische Forschung von großem Interesse.[18] Die Analyse verschiedener Einflussfaktoren unter Berücksichtigung von Branchen und Branchen-Clustern zeigt dabei wichtige Wirkungszusammenhänge.

Zweitens verwendet die vorliegende Untersuchung zur Operationalisierung der Dimensionen nach Gassmann/Zedtwitz (1999) im Gegensatz zu vielen bisherigen Arbeiten eine neue methodische Vorgehensweise. Die Mehrzahl bisheriger Arbeiten nutzt zur Messung von F&E-Organisationsstrukturen Patentdaten, F&E-Ausgaben oder Fragebogen- und Interviewtechniken. Die vorliegende Arbeit greift aufgrund der Defizite dieser Vorgehensweisen[19] auf die Methode der computergestützten Inhaltsanalyse von Lageberichten zurück.

Drittens basiert die vorliegende Untersuchung auf einer longitudinalen Stichprobe der forschungsintensiven Branchensektoren des HDAX. Dabei werden 888 Beobachtungspunkte von insgesamt 120 deutschen Unternehmen über einen Zeitraum von zehn Jahren analysiert. Gassmann/Zedtwitz (1999, S. 248) betonen für den weiteren Forschungsbedarf im Besonderen die zeitliche Komponente, indem sie sagen: „The evolution of international R&D organization should be tracked over an extended period of time in individual companies in order to understand better the underlying forces of their development." Darüber hinaus sind die formulierten Forschungsfragen vor allem für deutsche Unternehmen aufgrund der bestehenden Kostenstrukturen im Inland sowie des steigenden Fachkräftemangels von besonderem Belang (vgl. Unterkapitel 1.1). Des Weiteren erstreckt sich die Stichprobe über neun Branchensektoren sowie unterschiedliche Größenklassen. Dies unterstützt zum einen die Verallgemeinerbarkeit der Ergebnisse und ermöglicht zum anderen die Identifikation von Branchenspezifika.

Eine präzise Definition der Zielsetzung erfordert ebenfalls eine Negativabgrenzung. Die Arbeit möchte bewusst weder eine normative Aussage über eine in Hinblick auf Flexibilität optimale F&E-Struktur treffen noch entscheiden, ob die Auswahl für eine

---

[18] Vgl. Gassmann/Zedtwitz (1999), S. 248; die Autoren formulieren in ihrer Arbeit selbst den weiteren Forschungsbedarf hinsichtlich Ursache und Wirkung, indem sie sagen: „In general, the cause and effect of organizational change in international R&D organization requires further scrutiny and elaboration."

[19] Vgl. Abschnitt 2.2.2

gewählte Organisationsstruktur zum Ausbau der Wettbewerbsfähigkeit im konkreten Fall die geeignete war oder nicht.

## 1.3 Struktur der Arbeit

Die vorliegende Arbeit gliedert sich in fünf Kapitel. Abbildung 1.1 fasst die Struktur der Arbeit zusammen.

Der Einführung in Kapitel 1 folgt die Darstellung des theoretischen Untersuchungszusammenhangs in Kapitel 2. Zunächst betrachtet Unterkapitel 2.1 F&E-Organisationsmodelle in der Managementtheorie und grenzt sie voneinander ab. Unterkapitel 2.2 stellt den aktuellen Forschungsstand zu F&E-Organisationsstrukturen dar und definiert den Forschungsbeitrag auf Basis der Defizite bisheriger Studien. Unterkapitel 2.3 beleuchtet dann die F&E-Untersuchungsdimensionen nach Gassmann/Zedtwitz (1999) und Unterkapitel 2.4 beschreibt die Patentanmeldungen als Indikator für die F&E-Effizienz. Abschließend werden die Forschungshypothesen formuliert (vgl. Unterkapitel 2.5).

Kapitel 3 dient der Vorstellung der Stichprobe sowie der methodischen Vorgehensweise zur Operationalisierung der Konzepte. Unterkapitel 3.1 stellt zunächst die Datenbasis sowie die Abgrenzung der forschungsintensiven Branchensektoren vor. Anschließend wird die Inhaltsanalyse zur Messung der identifizierten F&E-Untersuchungsdimensionen beschrieben (vgl. Unterkapitel 3.2). Dabei wird nach einer Diskussion der Eignung der Inhaltsanalyse sowie der Relevanz von Lageberichten auf die beiden angewandten Verfahren Textklassifikation und Häufigkeitsanalyse eingegangen. In Unterkapitel 3.3 folgt die Vorstellung der Patentdatenerhebung zur Messung der F&E-Effizienz. Neben der methodischen Vorgehensweise werden hier die Eignung der PATSTAT-Datenbank als Datenquelle sowie die Patentfamilien als Indikator und Messgröße erläutert. Unterkapitel 3.4 definiert abschließend die Variablen.

Kapitel 4 stellt die empirische Untersuchung und ihre Ergebnisse vor. Zunächst erfolgt in Unterkapitel 4.1 eine deskriptive Analyse. Unterkapitel 4.2 geht auf die Panel-Struktur des Datensatzes sowie die verwendeten Panel-Modelle ein. Danach wird in Unterkapitel 4.3 die multivariate Analyse zu Determinanten der Organisations-strukturen in F&E erläutert. In diesem Rahmen werden nach Vorstellung von Modellspezifikation und Wahl des Forschungsdesigns die Ergebnisse der Hypothesenüberprüfung je Untersuchungsdimension beschrieben. Dabei erfolgt jeweils auch eine Überprüfung der Modellqualität und Robustheit. Nachdem in Unterkapitel 4.3 die Determinanten im Zentrum der Untersuchung standen, stellt Unterkapitel 4.4 die multivariate Analyse der Wirkung der F&E-Organisationsmodelle sowie weiterer unabhängiger Konzepte auf die F&E-Effizienz dar. In der Ergebnisdiskussion in Unterkapitel 4.5 erfolgt schließlich ein Abgleich der Hypothesenüberprüfung sowie eine Bewertung der Ergebnisse.

Das abschließende Kapitel 5 fasst die Arbeit zusammen und nimmt, in Unterkapitel 5.1, einen Abgleich mit der Zielsetzung vor. Des Weiteren werden in Unterkapitel 5.2 die wesentlichen Analyseergebnisse sowie der Beitrag zur Forschung erläutert. Unterkapitel 5.3 beinhaltet eine kritische Würdigung sowie die Benennung des weiteren Forschungsbedarfs.

**Abbildung 1.1: Struktur der Arbeit**

| | | | | | |
|---|---|---|---|---|---|
| 1 Einführung | 1.1 Hintergrund und Motivation | 1.2 Zielsetzung und Forschungs-fragen | 1.3 Struktur der Arbeit | | |
| 2 Aktueller Forschungsstand und Formulierung der Hypothesen | 2.1 Organisations-modelle in F&E | 2.2 Stand der Forschung zur Untersuchung von Organisations-strukturen in F&E | 2.3 F&E-Untersuchungs-dimensionen nach Gassmann/ Zedtwitz (1999) | 2.4 Patent-anmeldungen als Indikator für F&E-Effizienz | 2.5 Formulierung der Hypothesen zu Organisations-strukturen in F&E |
| 3 Stichprobe und methodische Vorgehensweise zur Messung der Variablen | 3.1 Stichprobe | 3.2 Inhaltsanalyse zur Messung der identifizierten Untersuchungs-dimensionen | 3.3 Patentdaten-erhebung zur Messung der F&E-Effizienz | 3.4 Variablen-definition | |
| 4 Empirische Untersuchung | 4.1 Deskriptive Analyse | 4.2 Panel-Struktur des Datensatzes und verwendete Panel-Daten-modelle | 4.3 Multivariate Analyse zu Determinanten der Organisations-strukturen in F&E | 4.4 Multivariate Analyse zu Aus-wirkungen von Organisations-strukturen auf die F&E-Effizienz | 4.5 Diskussion der Ergebnisse |
| 5 Zusammen-fassung und abschließende Bemerkungen | 5.1 Abgleich mit der Zielsetzung | 5.2 Wesentliche Analyseergebnisse und Beitrag zur Forschung | 5.3 Kritische Würdigung und weiterer Forschungsbedarf | | |

Quelle: Eigene Darstellung

## 2 Aktueller Forschungsstand und Formulierung der Hypothesen

In diesem Kapitel sollen die theoretischen Grundlagen der Arbeit diskutiert werden. Dazu werden zunächst in Unterkapitel 2.1 gängige Organisationsmodelle[20] der Managementtheorie vorgestellt und voneinander abgegrenzt, bevor in Unterkapitel 2.2 auf den aktuellen Stand der Forschung zur Untersuchung von F&E-Organisationsmodellen eingegangen wird. Anschließend werden in Unterkapitel 2.3 die dieser Arbeit zugrunde liegenden Untersuchungsdimensionen vorgestellt. Danach wird in Unterkapitel 2.4 anhand wissenschaftlicher Arbeiten die Eignung von Patenten als Indikator für die F&E-Effizienz von Organisationen belegt, um im Anschluss in Unterkapitel 2.5 die Hypothesen zu formulieren. Abschließend erfolgt in Unterkapitel 2.6 die Zusammenfassung des Forschungsmodells.

### 2.1 Organisationsmodelle in Forschung & Entwicklung (F&E)

Im folgenden Abschnitt wird zunächst ein Überblick über relevante F&E-Organisationsmodelle in der Managementtheorie gegeben. Anschließend werden einzelne Modelle voneinander abgegrenzt und die Entscheidung für das Modell von Gassmann/Zedtwitz (1999) als Grundlage der vorliegenden Untersuchung von F&E-Organisationsstrukturen erläutert.

### 2.1.1 F&E-Organisationsmodelle in der Managementtheorie

Die Auswahl der in dieser Arbeit betrachteten F&E-Organisationsmodelle bezieht unterschiedliche Arten von Modellen ein. Um eine möglichst sichere Abdeckung relevanter Modelle zu gewährleisten, folgt die Auswahl den folgenden vier Relevanzkriterien:

- Das Modell bildet, entsprechend der ersten Forschungsfrage, F&E-Strukturen mit international verteilten Standorten ab.

---

[20] Die Begriffe „Modell" und „Organisationsstruktur" werden in der vorliegenden Arbeit synonym zum Wort „Organisationsmodell" verwendet. Diese Bezeichnung deckt sich mit der wörtlichen Verwendung der Begriffe in den ausgewählten und vorgestellten Modellen selbst.

- Der Modellfokus liegt, entsprechend der zweiten Forschungsfrage, auf intraorganisationalen Strukturen von Unternehmen.

- Das Modell beinhaltet in Hinblick auf die Operationalisierung und die Untersuchung möglicher Interaktionseffekte abgrenzbare Untersuchungs-dimensionen.

- Das Modell verfügt über wissenschaftliche Relevanz in der Management-theorie.[21]

Die Vorstellung der Modelle ist zweigeteilt. Zunächst wird eine Reihe von Modellen aufgeführt, die sich auf die Beschreibung, Differenzierung und die Ziele dezentraler F&E-Einheiten konzentrieren. Danach folgt eine Vorstellung der Arbeiten, die darüber hinaus auch die Beziehung, zum Beispiel in Form der Kommunikation untereinander, zwischen zentralen und dezentralen F&E-Einheiten als Dimension berücksichtigen.[22] Grundsätzlich wird darauf hingewiesen, was auch Freudenberg (1988) in seiner Arbeit betont, dass Modelle lediglich eine Abstraktion der Realität darstellen. In der wirtschaftlichen Praxis zeigen sich häufig Mischformen und nicht immer weisen die einzelnen Einheiten eine eindeutige strategische Ausrichtung auf.

**F&E-Organisationsmodelle mit Fokus auf Eigenschaften und Zielsetzungen**

Im Folgenden werden die F&E-Organisationsmodelle nach Ronstadt (1978), Håkanson/Nobel (1993a), Chiesa (1995), Gerybadze/Reger (1999) und Zedtwitz/Gassmann (2002) vorgestellt.

**Differenzierung unterschiedlicher dezentraler F&E-Einheiten nach Ronstadt (1978)**

Ronstadt (1978) unterscheidet in seiner Arbeit vier Modelltypen internationaler F&E entsprechend der primären Zielsetzung, zu der sie geschaffen oder akquiriert wurden. Dabei betrachtet er F&E als eine zusammengehörende Unternehmensfunktion.[23]

---

[21] Die wissenschaftliche Relevanz ergibt sich entweder auf Basis der Publikation in wissenschaftlichen Zeitschriften mit einem VHB-JOURQUAL3-Rating von A+ oder A in den VHB-Kategorien „Technologie, Innovation und Entrepreneurship" oder „Organisation und Personalwesen" oder auf Basis der Anzahl an *Google-Scholar*-Zitationen.

[22] Die Strukturierung orientiert sich an Freudenberg (1988), S. 79 ff.

[23] Vgl. Ronstadt (1978), S. 8 ff.; die Arbeit basiert auf Interviews mit Managern, die mit 55 ausländischen F&E-Investitionen von sieben multinationalen US-Unternehmen zwischen 1931 und 1973 vertraut sind.

Der erste Modelltyp ist gekennzeichnet durch Einheiten für den Technologietransfer (*„Transfer Technology Units"*). Diese Einheiten unterstützen ausländische Standorte darin, Produktionstechnologien des Mutterunternehmens zu adaptieren und im Ausland vergleichbare technische Leistungen wie im Heimatland zur Verfügung zu stellen.[24] Der zweite Modelltyp beschreibt einheimische Technologieeinheiten (*„Indigenous Technology Units"*). Ihre Aufgabe besteht darin, neue Produkte zu entwickeln und bestehende Produkte anzupassen. Der Fokus dieser Neu- und Weiterentwicklungen liegt ausdrücklich auf ausländischen Märkten. Damit basieren die entstehenden Produkte nicht zwangsläufig auf den Technologien der zentralen F&E. Als dritten Modelltyp nennt der Autor die globalen Technologieeinheiten (*„Global Technology Units"*). Diese entwickeln Produkte für gleiche oder zumindest ähnliche Anwendungen in den weltweiten Märkten des Unternehmens. Der vierte Modelltyp beschreibt die überbetrieblichen Technologieeinheiten (*„Corporate Technology Units"*). Diese verfolgen schlussendlich das Ziel, neue Technologien für das Gesamtunternehmen zu erforschen.[25]

**Typologie dezentraler F&E-Einheiten nach Håkanson/Nobel (1993a)**

Håkanson/Nobel (1993a) differenzieren in ihrer Arbeit dezentrale F&E-Standorttypen[26] auf Basis der strategischen Motive des Gesamtunternehmens.[27] Die Autoren konzentrieren sich damit in ihrer Arbeit, wie auch die Autoren der anderen Modelle in diesem Abschnitt, primär auf die Zielsetzung und Abgrenzung dezentraler F&E-Einheiten voneinander und weniger auf deren Interaktion als solche.[28] Ebenso betrachtet das Modell F&E als eine zusammengehörende Unternehmensfunktion.

Håkanson/Nobel (1993a) unterscheiden fünf Standortarten in ihrer Typologisierung. Marktorientierte Einheiten (*„Market Oriented Units"*) haben das primäre Ziel, Produkte oder Services des Unternehmens an die lokalen Marktbedingungen anzupassen. Einheiten zur Produktionsunterstützung (*„Production Support Units"*) verfolgen das Ziel, internationale Produktionsstandorte zu unterstützen. Die Einheiten

---

[24] Ronstadt (1978), S. 7 f.; der Großteil (37 von 55) der untersuchten Einheiten lässt sich dem Modelltyp *„Transfer Technology Unit"* zuordnen.

[25] Vgl. Ronstadt (1978), S. 8 ff.

[26] Die vorliegende Arbeit verwendet die Begriffe „internationaler F&E-Standort", „internationale F&E-Einheit", „dezentrale F&E-Einheit", „dezentraler F&E-Standort" sowie „Außenstelle" synonym.

[27] Schwerpunkt der zugrunde liegenden Stichprobe sind schwedische Unternehmen.

[28] Vgl. Håkanson/Nobel (1993a), S. 399

befinden sich daher an ausländischen Standorten, die sich auf besondere Technologien oder Fertigungstechniken spezialisiert haben. In der Untersuchung von Håkanson/Nobel (1993a) stammen diese Einheiten fast ausschließlich von Fusionen oder Zukäufen ab. Einen weiteren Modelltyp bilden die Forschungseinheiten („*Research Units*"), deren Zielsetzung der Einstieg in neue Technologiefelder oder der Zugang zu externem, im Heimatland limitiertem Wissen ist. Einheiten mit einem politischen Motiv („*Political Motivated Units*") gehen in der Regel ebenfalls auf Fusionen oder Zukäufe zurück. Zwar wäre es für das Gesamtunternehmen ökonomisch sinnvoll, Doppelstrukturen in den akquirierten ausländischen Einheiten abzubauen und damit Synergien zu heben. Dies ist jedoch häufig aus politischen oder arbeitsrechtlichen Gründen[29] zumindest kurzfristig nicht möglich. Mehr als ein Drittel der in der Arbeit untersuchten Einheiten konnte keinem der vier bisher genannten Modelltypen eindeutig zugeordnet werden. Die Zielsetzungen und Aufgaben der untersuchten F&E-Einheiten sind vielschichtig und lassen sich nur selten auf lediglich eine Zielsetzung reduzieren. Der fünfte Modelltyp beschreibt daher Einheiten mit mehreren Motiven („*Multi-Motive Units*"). Als Beleg für die strategische Bedeutung dieser Mischform sehen die Autoren die Tatsache, dass die Hälfte der untersuchten Einheiten direkt oder im Rahmen einer Matrixstruktur an die Zentrale berichtet.[30]

## „Research-oriented Firms" und „Development-oriented Firms" nach Chiesa (1995)

Chiesa (1995) unterscheidet in seinem Modell[31] forschungsorientierte Unternehmen („*Research-Oriented Firms*") und entwicklungsorientierte Unternehmen („*Development-Oriented Firms*"). Die grundlegende Differenzierung der Unternehmen basiert auf den unterschiedlichen Intentionen, die sie verfolgen, wenn sie ihre Entwicklungs- bzw. Forschungsaktivitäten internationalisieren. Chiesa (1995) unterscheidet dieser Logik folgend zwischen der Internationalisierung von Forschungsstandorten und der von Entwicklungsstandorten.[32]

Bei der Internationalisierung unterscheidet Chiesa (1995) zwischen internen Faktoren, wie beispielsweise Strategie, Managementkultur oder Stand des eigenen Wissens, und

---

[29]  Als Beispiele können hier der Druck durch Gewerkschaften und Lokalpolitik oder ein drohender Imageverlust genannt werden.
[30]  Vgl. Håkanson/Nobel (1993a), S. 401 ff.
[31]  Chiesa (1995) verwendet in diesem Zusammenhang den Begriff „Global R&D Framework".
[32]  Vgl. Chiesa (1995), S. 21 ff.; Chiesa (1996), S. 20 f.

externen Faktoren, wie Marktdifferenzierung oder technologische Innovation. Beide beeinflussen die F&E-Struktur eines Unternehmens. Darüber hinaus tendieren Unternehmen dazu, die Funktion, die für die Wettbewerbsfähigkeit und Zukunftssicherung des Unternehmens besonders wichtig ist, zentral am Stammsitz zu halten.[33] Gründe dafür sind Skaleneffekte, die Erreichung der kritischen Masse sowie die Kommunikation mit anderen Funktionen des Unternehmens.[34]

Forschungsorientierte Unternehmen tendieren dazu, ihre Forschung zentral zu halten und konzentrieren sich auf die Identifikation neuer Trends. Sie ziehen ihre Stärke aus der Fähigkeit, Technologien selbst zu entwickeln und damit Innovationsschübe aus dem eigenen Unternehmen heraus zu generieren. Im Vergleich zum Bereich Forschung zeigt sich bei der Entwicklung ein anderes Bild. Da die internen Transferkosten zwischen F&E und Produktion bei forschungsorientierten Unternehmen üblicherweise die höchste Relevanz haben, werden internationale Entwicklungsstandorte oft ergänzend zu bestehenden Produktionsstandorten gewählt und sind somit dezentral aufgestellt. Der Grad der Streuung und damit zum Beispiel die Anzahl internationaler Entwicklungs- und Fertigungsstandorte hängt davon ab, in welchem Ausmaß sich die Zielmärkte des Unternehmens differenzieren. Entscheidet sich das Unternehmen dennoch für eine Internationalisierung der Forschung, so spielen bei der Standortauswahl die externen Faktoren, wie Zugang zu neuem Wissen, eine entscheidende Rolle.

Entwicklungsorientierte Unternehmen setzen dagegen auf eine dezentrale Forschung, da sie so die technologischen Trends beobachten und den Forschungsverbund vorantreiben können. Sie konzentrieren sich auf nachgelagerte F&E-Aktivitäten. Ihre Stärke ist es, aus Technologien neue Produkte und Prozesse zu entwickeln und anzuwenden. Die Entwicklung ist daher bei diesen Unternehmen üblicherweise zentralisiert und befindet sich nahe an den zentralen Bereichen Produktion und Marketing. Wenn der Heimatmarkt keine führende oder bestimmende Rolle für das Unternehmen hat, werden neben der zentralen Entwicklung für die Kernprodukte dezentrale Labore eingerichtet, deren Aufgabe es ist, die Produkte der F&E-Zentrale

---

[33] Chiesa (1995), S. 21 f. beschreibt dazu die Bedeutung konzentrierender Einheiten („R&D centre of gravity"), die für jede Kerntechnologie im Unternehmen die Aufgabe haben, Kapazitäten und Wissen zu bündeln.
[34] Vgl. Chiesa (1995), S. 21 f.

für den lokalen Markt zu adaptieren. Die dezentralen Einheiten sind hier in der Regel kleiner als bei forschungsorientierten Unternehmen.[35]

### „Four Generic Types of Transnational R&D and Innovation" nach Gerybadze/Reger (1999)

Gerybadze/Reger (1999) unterscheiden in ihrem Modell als Ausgangsbasis zunächst zwischen einem dynamischen Innovationsregime („*Dynamic, Fast Innovation Regime"*) und einem weniger dynamischen Innovationsregime („*Less Dynamic, Slow Innovation Regime"*), wobei sich die empirische Untersuchung der Autoren auf Ersteres fokussiert. Im Rahmen dieser Unterscheidung wird in dem Modell weiter differenziert in einerseits wissenschafts- und F&E-getriebene Innovationen und andererseits markt- und anwenderinduzierte Innovationen.[36] Gerybadze/Reger (1999, S. 265) konstatieren, dass diese Aufspaltung der dynamischen Systeme notwendig sei, da sie sich unter anderem hinsichtlich ihrer Standortstrategien grundsätzlich unterscheiden.[37]

In der Folge ergeben sich vier generische Typen transnationaler F&E, die nach zwei Untersuchungsdimensionen voneinander abgegrenzt sind: erstens der Größe des Stammlands bzw. der Ressourcenverfügbarkeit und zweitens der Art ihrer Innovationsgetriebenheit.[38] Das heißt, auch Gerybadze/Reger (1999) unterscheiden mit ihren Dimensionen im Kern die Gründe für eine Internationalisierung der F&E und nicht in erster Linie die Art der Umsetzung.

---

[35]  Vgl. Chiesa (1995), S. 23 ff.
[36]  Vor allem marktinduzierte Innovationen nehmen mittlerweile einen bedeutenden und steigenden Anteil des dynamischen Innovationsregimes ein. Vgl. Gerybadze/Reger (1999), S. 264
[37]  Vgl. Gerybadze/Reger (1999), S. 264 f.; Gerybadze (2004), S. 254 ff.
[38]  Vgl. Gerybadze (2004), S. 264 ff.; Gerybadze/Reger (1999), S. 267

**Abbildung 2.1: „Four Generic Types of Transnational R&D and Innovation"
nach Gerybadze/Reger (1999)**

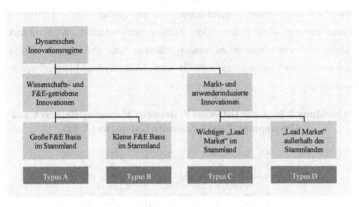

Quelle: Eigene Darstellung in Anlehnung an Gerybadze/Reger (1999), S. 265

Der *Typus A*, als erste Ausprägung forschungsgetriebener Innovation, benötigt Zugang zu hoch entwickelten F&E-Ressourcen und ist in einem großen, hoch entwickelten Land mit entsprechenden Ressourcen angesiedelt. Eine Verlagerung von F&E-Aktivitäten ins Ausland ist in der Regel überflüssig. Der *Typus B* benötigt ebenso Zugang zu hoch entwickelten F&E-Ressourcen. Im Vergleich zu *Typus A* ist dessen Stammsitz aber in einem kleinen Land oder in einem Land, in dem diese speziellen F&E-Kapazitäten fehlen. Diese Unternehmen tendieren dazu, kritische Teile ihrer Forschungsaktivitäten ins Ausland zu verlagern. Bei *Typus C*, als erster Ausprägung markt- und anwendungsinduzierter Innovationsprozesse, ist das Stammland der wichtigste Markt, so dass eine effiziente Verknüpfung von Marketing, F&E und Innovationen im Heimatland stattfinden kann. Der *Typus D* ist dagegen in hohem Maße von einem ausländischen Markt abhängig, da sein Heimatmarkt zu klein oder dessen Reifegrad zu gering ist. Unternehmen dieses Typs sind in der Folge dazu gezwungen, kritische Funktionen im Ausland zu besetzen.[39]

**„Four Different Patterns of Managing Research and Development" nach
Zedtwitz/Gassmann (2002)**

Zedtwitz/Gassmann (2002) unterscheiden in ihrem Modell die funktionalen Schwerpunkte Forschung und Entwicklung und legen ebenfalls einen Fokus auf die

---

[39] Vgl. Gerybadze (2004), S. 258 ff.; Gerybadze/Reger (1999), S. 265 f.

Intention der Internationalisierung.[40] Diese wird durch eine zweite Dimension, die *F&E-Streuung*, im Modell berücksichtigt, die in ihrer Ausprägung entweder *domestic* oder *dispersed* sein kann. Grundlegend werden dabei zwei Treiber für die Internationalisierung identifiziert: der Zugang zu externer Wissenschaft bzw. Technologie und der Zugang zu neuen Märkten und Produkten. Infolgedessen unterscheiden Zedtwitz/Gassmann (2002) vier Modelltypen internationaler F&E-Organisationen.

**Abbildung 2.2: „Four Different Patterns of Managing Research and Development" nach Zedtwitz/Gassmann (2002)**

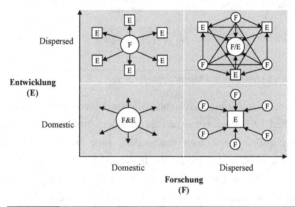

Quelle: Eigene Darstellung in Anlehnung an Zedtwitz/Gassmann (2002), S. 575

Unternehmen des Modelltyps *„National Treasure"* (Forschung *domestic*, Entwicklung *domestic*) behalten sowohl ihre Forschung als auch die Entwicklung schützend zentral, da Kerntechnologien so leichter zu kontrollieren sind oder die Erreichung einer kritischen Menge wichtig für das Geschäftsmodell ist. Wichtige technologische Entwicklungen in ausländischen Märkten werden über den F&E-Stammsitz oder Außenstellen des Unternehmens beobachtet. Das F&E-Management ist ethno- oder geozentrisch und ausländische Experten werden kaum oder nur in einer Beraterrolle eingesetzt.[41] Bei Unternehmen mit einer technologiegetriebenen F&E (*„Technology-Driven"*; Forschung *dispersed*, Entwicklung *domestic*) ist die Forschung stärker

---

[40] Das Modell von Zedtwitz/Gassmann (2002) basiert auf Interviews und datenbasierten Untersuchungen von 81 technologieintensiven Unternehmen.

[41] Vgl. Zedtwitz/Gassmann (2002), S. 576; zur detaillierten Beschreibung „ethno- oder geozentrisch", vgl. auch Gassmann/Zedtwitz (1999), S. 236 ff.

internationalisiert als die Entwicklung. Grund dafür ist die geringe Verfügbarkeit von wissenschaftlichem Personal am Stammsitz und der daher notwendige Zugang zu internationalen Kompetenzzentren. Für eine dennoch anhaltende Zentralisierung der Entwicklung sprechen Skalen- und Synergieeffekte im Entwicklungsprozess, die Nähe zu zentralen Entscheidungsinstanzen oder die Vermeidung hoher Koordinationskosten bei internationalen Entwicklungsprojekten. Unternehmen des marktgetriebenen Modelltyps (*„ Market-Driven"*; Forschung *domestic*, Entwicklung *dispersed*) folgen typischerweise den Anforderungen des Markts und weisen eine breit gestreute Entwicklung und eine zentrale Forschung auf. Die Geschäftsfeldentwicklung ist geprägt von den Kundenanforderungen, nicht von technologischen Trends. Dementsprechend spielt die Forschung bei den F&E-Aufwendungen eine untergeordnete Rolle und wird am F&E-Stammsitz zentralisiert, um die kritische Masse beizubehalten. Bei Unternehmen der globalen F&E (*„ Global"*; Forschung *dispersed*, Entwicklung *dispersed*) ist sowohl die Forschung als auch die Entwicklung international aufgestellt. In diesem Modelltyp entstehen integrierte F&E-Netzwerke. Die Forschung ist dort angesiedelt, wo der Zugang zu externem Wissen vorhanden ist. Entwicklungslabore passen sich lokalen Anforderungen an. Die Steuerung solcher Netzwerke ist komplexer und kostenintensiver als bei traditionellen F&E-Organisationen. Im Gegenzug lassen sich laut Zedtwitz/Gassmann (2002) neue Geschäfts- und Marktchancen schnell nutzen, da lokales Wissen zeitnah an jeder Stelle des Netzwerks aufgenommen und adaptiert werden kann.[42]

Die bisher vorgestellten Organisationsmodelle beschreiben primär Eigenschaften und Zielsetzungen von im Wesentlichen dezentralen F&E-Einheiten. Dabei spielt ihre Beziehung zur zentralen F&E bzw. ihre Interaktion mit anderen dezentralen Standorten, wenn überhaupt, nur eine untergeordnete Rolle. Im Weiteren erfolgt die Darstellung von F&E-Organisationsmodellen, die über Beschreibungen der einzelnen Einheiten hinaus eine Beziehungsdimension berücksichtigen.

**F&E-Organisationsmodelle mit Beziehungsdimensionen**

Im Folgenden werden die F&E-Organisationsmodelle nach Kuemmerle (1997), Gassmann/Zedtwitz (1999) und Asakawa (2001b) vorgestellt.

---

[42] Vgl. Zedtwitz/Gassmann (2002), S. 577 ff.

**„Home-base-augmenting Sites" und „Home-base-exploiting Sites" nach Kuemmerle (1997)**

Kuemmerle (1997) unterscheidet in seiner Arbeit zwei Modelltypen dezentraler F&E-Einheiten basierend auf deren Beziehung zur zentralen F&E. Dabei stellt er den Wissensaustausch ins Zentrum der Betrachtung und nimmt im Gegensatz zu den zuvor vorgestellten Modellen eine beschreibende Dimension für die Art der Zusammenarbeit auf. Die Richtung des Informationsflusses grenzt die Modelltypen voneinander ab.[43] „(…) firms invest in R&D sites abroad either to augment a firm's existing stock of knowledge, or to exploit this stock of knowledge within the firm's boundaries."[44] Kuemmerle (1997) unterstreicht des Weiteren den Unterschied der beiden Modelltypen in Hinblick auf die strategische Zielsetzung und den Führungsstil.[45]

Der Modelltyp *„Home-base-augmenting Site"* hat das vordergründige Ziel, weltweit das Wissen von Wettbewerbern und Universitäten aufzunehmen und diese Informationen an die zentrale F&E-Einheit[46] weiterzugeben. Dementsprechend spielt bei der Standortwahl solcher dezentralen Einheiten der Zugang zu wissenschaftlichem Knowhow in der Region eine entscheidende Rolle. Kuemmerle (1997) nennt in seiner Arbeit Beispiele international agierender Unternehmen, die Forschungslabore im Umfeld so genannter „Knowledge Clusters" betreiben. Im Gegensatz dazu hat der Modelltyp *„Home-base-exploiting Site"* die Aufgabe, den Informationsfluss von der zentralen F&E hin zu den dezentralen Einheiten sicherzustellen. Dementsprechend ist hier der Informationsfluss im Vergleich zu *„Home-base-augmenting Sites"* konträr und die Unterstützung von internationalen Produktionsstandorten sowie die Adaption von Standardprodukten auf die lokalen Marktanforderungen stehen im Vordergrund. Die Standortwahl für *„Home-base-exploiting Sites"* konzentriert sich auf wichtige Märkte und große Produktionsstätten, um Produktneuentwicklungen schnell in den relevanten Absatzmärkten einzuführen.[47]

---

[43] Vgl. Kuemmerle (1997), S. 62 ff.
[44] Kuemmerle (1999), S. 2
[45] Vgl. auch Kuemmerle/Rosenbloom (1999); hier werden anstatt *„Home-base-augmenting"* und *„Home-base-exploiting"* die Begriffe *„Capability-augmenting"* und *„Capability-exploiting"* verwendet.
[46] Die zentrale F&E befindet sich häufig in der Nähe des Stammsitzes des Unternehmens und wird als „Home base" bezeichnet. Vgl. Kuemmerle (1999), S. 3 f.
[47] Vgl. Kuemmerle (1997), S. 62 ff.

Die Investitionen in „*Home-base-exploiting Sites*" steigen mit der Attraktivität des Zielmarkts. Die Aufwendungen für „*Home-base-augmenting Sites*" hingegen erhöhen sich mit dem F&E-Engagement im Zielland sowie mit der Qualität des ansässigen Personals und den zu erwartenden wissenschaftlichen Leistungen.[48]

**Abbildung 2.3: „Home-base-augmenting Sites" und „Home-base-exploiting Sites" nach Kuemmerle (1997)**

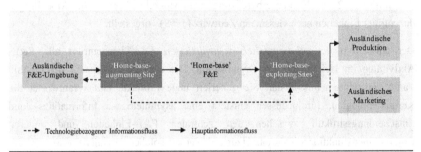

Quelle: Eigene Darstellung in Anlehnung an Kuemmerle (1997), S. 64

Da sich die Herausforderungen an das Management in Abhängigkeit vom Modelltyp unterscheiden, sind unterschiedliche Führungen für die jeweiligen dezentralen Einheiten notwendig. „*Home-base-augmenting Sites*" werden idealerweise durch angesehene, lokale Wissenschaftler geleitet. Nur wenn es dem Standort gelingt, engen Kontakt zur lokalen Wissenschaft aufzubauen und Teil des lokalen Netzwerks zu werden, ist eine Zielerreichung möglich. Für die Leitung von „*Home-base-exploiting Sites*" eignen sich hingegen erfahrene und gut vernetzte Manager des eigenen Unternehmens. Die enge Verbindung zu den übrigen Funktionsbereichen ist wichtig, um das Potential des Standorts optimal auszuschöpfen.[49]

**„Organizational Concepts in International R&D" nach Gassmann/Zedtwitz (1999)**

Gassmann/Zedtwitz (1999) beschreiben in ihrem Modell die Dimensionen[50] F&E-Streuung (*„R&D Dispersion"*) und Grad der Kooperation (*„Degree of R&D Cooperation"*).[51] Anhand dieser erfolgt die Abgrenzung von fünf

---

[48] Vgl. Kuemmerle (1999), S. 18
[49] Vgl. Kuemmerle (1997), S. 64 ff.
[50] Vgl. Gassmann/Zedtwitz (1999), S. 235; die Autoren sprechen hier von „Key Parameters".
[51] Vgl. Gassmann/Zedtwitz (1999), S. 235; die deutschen Übersetzungen beruhen auf Gassmann/Keupp (2011), S. 184; für die *„R&D Dispersion"* wird allerdings in Anlehnung an die

Organisationsmustern[52]. Mit dem Grad der Kooperation stellen die Autoren ebenfalls eine Dimension, welche die Interaktion und das Verhältnis zwischen zentralen und dezentralen F&E-Einheiten beschreibt, in den Mittelpunkt der Betrachtung.[53] Beide Untersuchungsdimensionen sowie die der Arbeit von Gassmann/Zedtwitz (1999) zugrunde liegenden Modelle von Perlmutter (1969) und Bartlett (1986)[54] werden in Unterkapitel 2.3 detaillierter beschrieben. Im Folgenden werden, in Hinblick auf die in Abschnitt 2.1.2 erfolgende Abgrenzung der Modelle, bereits die Modelltypen dezentraler Einheiten nach Gassmann/Zedtwitz (1999) vorgestellt.

Der Modelltyp der *ethnozentrisch zentralisierten F&E* konzentriert alle F&E-Aktivitäten im Heimatland der Organisation. Die zentrale F&E stellt den „Think Tank" des Unternehmens dar. Sie generiert neue Produkte und verantwortet die Kerntechnologien. Infolgedessen entsteht eine asymmetrische Informations- und Entscheidungsstruktur zwischen den zentralen F&E-Einheiten und anderen Unternehmensfunktionen. Voraussetzung für einen solchen Organisationstyp ist ein technologisch überlegener Heimatstandort. Als Vorteil ergeben sich eine hohe Effizienz aufgrund von Skaleneffekten und Spezialwissen, was zu geringeren F&E-Kosten und in Summe kürzen Entwicklungszeiten führt. Im Gegenzug besteht die Gefahr, dass Signale und lokale Anforderungen ausländischer Märkte nicht ausreichend wahrgenommen werden. Die *geozentrisch zentralisierte F&E* überwindet die ethnozentrische Stellung des Stammsitzes, behält jedoch die Effizienzvorteile einer zentralen F&E bei. Dazu werden in der zentralen F&E-Einheit das weltweite und extern verfügbare Technologiewissen gebündelt. Die Herausforderung liegt laut den Autoren darin, F&E-Personal mit internationalem Bewusstsein zu finden. So besteht trotz intensiver Schulungen die Gefahr, dass kritische lokale Marktanforderungen wie Geschmack, Trends oder Standards ignoriert werden. Im Gegenzug bietet dieser Modelltyp eine schnelle und kostengünstige Möglichkeit, die F&E zu internationalisieren, ohne dabei die Vorteile einer zentralen F&E aufzugeben.

---

englische Bezeichnung in der vorliegenden Arbeit der Begriff *„F&E-Streuung"* verwendet anstatt *„Streuung interner Kompetenzen und Wissensbasen"*.

[52]  Die vorliegende Arbeit verwendet hierfür den Begriff „Modelltyp".

[53]  Vgl. Gassmann/Zedtwitz (1999), S. 231 ff.; Gassmann/Keupp (2011), S. 177 ff.

[54]  Die Strukturierung multinationaler Unternehmen nach Bartlett (1986) sowie grundlegende Verhaltensmuster multinationaler Unternehmen nach Perlmutter (1969) finden Einzug in das Modell von Gassmann/Zedtwitz (1999); vgl. Gassmann/Zedtwitz (1999), S. 235; Gassmann/Keupp (2011), S. 183

Der Modelltyp *polyzentrisch dezentralisierte F&E* ist vor allem bei Unternehmen mit einer starken Ausrichtung auf regionale Märkte anzutreffen. Die Organisationsstruktur ist hier von einem stark dezentralen F&E-Netzwerk geprägt, das nicht von einer zentralen F&E-Einheit gesteuert wird. Der Informationsfluss zwischen den Außenstellen und dem Stammsitz ist gering. Die häufig aus lokalen Produktions- oder Vertriebsniederlassungen hervorgegangenen dezentralen F&E-Einheiten verfolgen das Ziel, lokale Produktanpassungen basierend auf Kundenanforderungen umzusetzen. Sie unterstehen damit dem lokalen Management, das sich mitunter durch hohe Handlungsautonomie und Differenzierungsbestrebungen auszeichnet. Die Herausforderung dieses Modelltyps ist es demnach, die Isolation der Einheiten zu überwinden und sie in ein funktionierendes F&E-Netzwerk einzubinden. Anderenfalls besteht nach Einschätzung der Autoren die Gefahr von Ineffizienzen und Parallelentwicklungen sowie einem Verlust des technologischen Fokus.

Das *Hubmodell der F&E* beschreibt in Hinblick auf die Dimensionen eine Mischform.[55] Der F&E-Einheit am Stammsitz obliegt die Grundlagenforschung und Vorausentwicklung, wodurch sie eine weltweite Führung in allen relevanten Technologiefeldern einnimmt. Die dezentralen F&E-Einheiten beschränken ihre Aktivitäten auf einzelne, zugewiesene Technologiefelder. Das Modell unterstützt einen effizienten Technologietransfer sowie eine permanente technische Unterstützung. Außerdem können lokale Anforderungen durch die dezentralen Einheiten schnell erkannt und in die bestehenden F&E-Aktivitäten eingebunden werden. Die Nachteile liegen laut Gassmann/Zedtwitz (1999) in den hohen Kosten der Koordination sowie in der Gefahr, dass die Entscheidungskraft und die Flexibilität der Außenstellen durch die zentrale F&E unterdrückt werden. Darüber hinaus ist es notwendig, die Managementstruktur an allen Standorten aufeinander abzustimmen, um den intensiven Informationsfluss zwischen zentralen und dezentralen Einheiten zu gewährleisten.[56]

---

[55] Laut Freudenberg (1988) zeigen sich in der wirtschaftlichen Realität häufig Mischformen; Hauschildt (1997), S. 103 konstatiert, dass sich die Struktur von F&E zwar organisationstheoretisch „sauber ordnen" lässt, die Realität jedoch meist anders aussieht. Damit kommt dem Hubmodell besondere Bedeutung zu.
[56] Gassmann/Zedtwitz (1999), S. 236 ff.; Gassmann/Keupp (2011), S. 183 ff.

**Abbildung 2.4: Fünf Organisationsmuster internationaler F&E nach Gassmann/Zedtwitz (1999)**

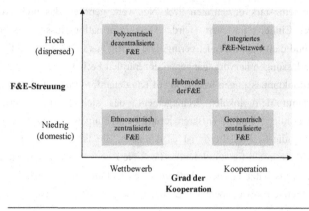

Quelle: Eigene Darstellung in Anlehnung an Gassmann/Zedtwitz (1999), S. 245; Gassmann/Keupp (2011), S. 184

Der fünfte Modelltyp beschreibt das *integrierte F&E-Netzwerk*. Die zentrale F&E-Einheit ist hier nicht länger eine Kontrollinstanz, sondern wird zu einem gleichgestellten, unabhängigen Standort im Netzwerk. Die einzelnen Einheiten haben unterschiedliche technologische Schwerpunkte, wobei jede als Kompetenzzentrum für eine bestimmte Technologie oder ein Produkt agiert. Der enge Austausch unter den F&E-Standorten erfolgt durch flexible Koordinationsmechanismen, wie geozentrische Orientierung, Kooperationen zwischen Kompetenzzentren oder „Lead-Country"-Konzepten. Dazu ist ein Wandel von einer einfachen Kontrollstruktur zu einer komplexen Koordinationsstruktur notwendig. Eine effiziente IT ist zur Kommunikation innerhalb eines solchen Netzwerks ebenso unabdingbar wie Koordinatoren zum Informationsaustausch. Die Autoren konstatieren, integrierte F&E-Netzwerke würden so im Vergleich zur *polyzentrisch dezentralisierten F&E* sicherstellen, dass alle F&E-Einheiten von dem lokalen Fachwissen und der Expertise anderer Einheiten profitieren.[57]

---

[57]  Vgl. Gassmann/Zedtwitz (1999), S. 243 ff.; Gassmann/Keupp (2011), S. 185 f.

**Typologie der F&E nach „Autonomy" und „Information Connectivity" nach Asakawa (2001b)**

Asakawa (2001b) basiert seine Untersuchung[58] auf den organisatorischen Spannungsfeldern Autonomie (*„Autonomy Granted to the Local Lab"*) und Informationskonnektivität (*„Information Connectivity"*). Dabei analysiert der Autor Auffassungsdifferenzen und Grad der Zufriedenheit in F&E-Organisationen.[59]

Der durch die zentrale F&E definierte Freiheitsgrad beschreibt die Autonomie der dezentralen Einheiten[60]. Hier skizziert Asakawa (2001b) unterschiedliche Ansätze, die sich hinsichtlich Bedeutung, Macht und Kontrolle des Stammsitzes unterscheiden. So können die Verbindungen zwischen zentraler und dezentraler F&E in ihrer Enge stark variieren. Dementsprechend können die dezentralen Einheiten im internationalen F&E-Netzwerk agieren. Der Umfang des Informationsaustausches beschreibt das Spannungsfeld Informationskonnektivität. Der Informationsaustausch ist wiederum abhängig vom Grad der Unsicherheit. Asakawa (2001b) konstatiert, dass bei ansteigender Unsicherheit der Informationsaustausch im Unternehmen ebenso ansteigen muss.[61] Vor allem die Internationalisierung von F&E führt für multinationale Unternehmen nach Einschätzung des Autors zu hoher Unsicherheit. Im Spannungsfeld Autonomie ist ein gewisser Freiheitsgrad erforderlich, der Logik folgend ist daher ein gewisses Maß an Informationsaustausch zwischen den Einheiten ebenso notwendig.[62]

Auf Basis der dargelegten Spannungsfelder ergeben sich vier Typen dezentraler F&E-Standorte. Der Modelltyp *uninformiert & autonom* beschreibt dezentrale Einheiten mit hoher Autonomie, jedoch mit limitierter Informationskonnektivität zum Stammsitz. *Informiert & autonom* verkörpert dezentrale F&E mit sowohl hohem Freiheitsgrad als auch umfangreichem Wissen hinsichtlich zentraler Unternehmensangelegenheiten. *Informiert & kontrolliert* repräsentiert dezentrale Einheiten, die auf Kosten der eigenen

---

[58] Dabei handelt es sich um eine empirische Untersuchung von 44 japanischen Unternehmen (44 Stammsitze sowie 69 dezentrale Labore) auf Basis von Fragebogentechniken sowie einer Feldstudie ausgewählter Kandidaten. Vgl. Asakawa (2001b)

[59] Vgl. Asakawa (2001b), S. 735 ff.

[60] Asakawa (2001b), S. 737 verwendet hier die Begriffe „Parent R&D" und „Local R&D".

[61] Vgl. Asakawa (2001b); der Autor bezieht sich dabei auf Egelhoff (1982).

[62] Vgl. Asakawa (2001b), S. 736 ff.

Autonomie vollumfänglich informiert sind. Der Typ *uninformiert & kontrolliert* beschreibt dezentrale F&E-Einheiten, die weder autonom noch informiert sind.[63]

**Abbildung 2.5: „Autonomy" und „Information Connectivity" nach Asakawa (2001b)**

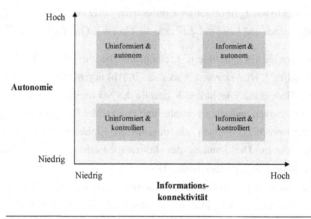

Quelle: Eigene Darstellung in Anlehnung an Asakawa (2001b), S. 750;  Asakawa (2001a), S. 6

Asakawa (2001b, S. 750) belegt, dass vor allem bei dezentralen F&E-Einheiten Unzufriedenheit aufgrund eines zu geringen Informationsaustausches besteht. Er sieht daher den Modelltyp *informiert & autonom* als Idealzustand an.[64]

### 2.1.2  Abgrenzung der F&E-Organisationsmodelle

Nachdem im vorherigen Abschnitt verschiedene F&E-Organisationsmodelle vorgestellt wurden, sollen diese im Folgenden voneinander abgegrenzt werden. Darüber hinaus werden die Gründe für die Auswahl des Modells nach Gassmann/Zedtwitz (1999) erläutert.

Mit Blick auf die vorgestellten Organisationsmodelle lässt sich feststellen, dass eine Reihe der Untersuchungsdimensionen in den unterschiedlichen Modellen wiederkehrt.

---

[63]  Vgl. Asakawa (2001b), S. 750; unter den befragten japanischen Unternehmen kann die Mehrzahl dem Typ *uninformiert & autonom* zugeordnet werden.
[64]  Vgl. Asakawa (2001), S.750

Tabelle 2.1 gibt einen Überblick über die unterschiedlichen Dimensionen bzw. Differenzierungsmerkmale der Modelle.[65]

Sowohl Ronstadt (1978) als auch Håkanson/Nobel (1993a) und Kuemmerle (1997) unterscheiden ihre Modelltypen dezentraler F&E anhand der *Zielsetzung der dezentralen F&E-Einheiten*. Auch Chiesa (1995) und Zedtwitz/Gassmann (2002) berücksichtigen im weiteren Sinne die Zielsetzung, indem sie die Grundausrichtung der Einheiten differenzieren. Das Ziel oder die Aufgabe einer dezentralen Einheit hängt dabei stark mit den Unternehmenszielen und damit der grundlegenden F&E-Strategie zusammen.

Die *F&E-Streuung* stellt in den Arbeiten von Gassmann eine wiederkehrende Dimension dar.[66] Im Organisationsmodell von Zedtwitz/Gassmann (2002) wird sie ergänzt durch die Grundausrichtung der Einheit. Damit wird eine Differenzierung zwischen Forschung und Entwicklung vorgenommen. Die Modelle von Gassmann/Zedtwitz (1999) und Gassmann/Keupp (2011) ergänzen die Streuung durch die Dimension *Grad der Kooperation*.

Kuemmerle (1997) und Asakawa (2001b) stellen beide die *Information* in den Mittelpunkt. Während Kuemmerle (1997) die Richtung des Informationsflusses untersucht, betrachtet Asakawa (2001b) die Informationskonnektivität, und damit die Intensität des Informationsflusses. Asakawa (2001b) nutzt in seinem Modell als zweite Untersuchungsdimension die Autonomie der dezentralen F&E-Einheiten.

Während ein Großteil der vorgestellten Organisationsmodelle F&E als zusammenhängende Unternehmensfunktion betrachtet,[67] lassen Chiesa (1995) und Zedtwitz/Gassmann (2002) in ihrem Internationalisierungsmodell eine Differenzierung zwischen den beiden Funktionen Forschung und Entwicklung zu.

Nochmals andere Dimensionen wählen Gerybadze/Reger (1999). Sie differenzieren in ihrem Organisationsmodell nach der Art der Innovationsgetriebenheit und unterscheiden somit, ob der Ursprung wissenschafts- oder marktgetrieben ist. Als zweite Dimension definieren die Autoren die Ressourcenverfügbarkeit im Heimatland

---

[65]  Vgl. hierzu auch die Übersicht von Finkenbrink (2012), S. 70
[66]  Vgl. Gassmann/Zedtwitz (1999); Gassmann/Keupp (2011); Zedtwitz/Gassmann (2002)
[67]  Vgl. u.a. Kuemmerle (1997), Gerybadze/Reger (1999), Gassmann/Zedtwitz (1999), Asakawa (2001b), Gassmann/Keupp (2011)

für die wissenschaftsgetriebene Innovation und die Verfügbarkeit hinsichtlich Marktkompetenz im Stammland für die marktgetriebene Innovation.

**Tabelle 2.1: Überblick über Dimensionen dargestellter F&E-Organisationsmodelle**

| Primäre(s) Dimension/Differenzierungsmerkmal | Organisationsmodelle/-strukturen nach Autoren |
|---|---|
| Grundausrichtung (Forschung versus Entwicklung) | Chiesa (1995)[1]; Zedtwitz/Gassmann (2002) |
| Primäres Ziel der dezentralen Einheit | Kuemmerle (1997); Håkanson/Nobel (1993a)[2]; Ronstadt (1978) |
| Streuung | Zedtwitz/Gassmann (2002); Gassmann/Zedtwitz (1999); Gassmann/Keupp (2011) |
| Kooperation | Gassmann/Zedtwitz (1999); Gassmann/Keupp (2011) |
| Informationsfluss bzw. -konnektivität | Kuemmerle (1997)[3]; Asakawa (2001b)[4] |
| Art der Innovationsgetriebenheit | Gerybadze/Reger (1999) |
| Ressourcenverfügbarkeit im Stammland | Gerybadze/Reger (1999) |
| Lead-Marktkompetenzverfügbarkeit im Stammland | Gerybadze/Reger (1999) |
| Autonomie | Asakawa (2001b)[5] |

1) Chiesa (1995) unterscheidet dabei forschungs- und entwicklungsorientierte Unternehmen / 2) Håkanson/Nobel (1993a) sprechen in diesem Zusammenhang von Motiven / 3) Kuemmerle (1997) differenziert nach der Richtung des Informationsflusses / 4) Asakawa (2001b) differenziert nach der Intensität der Informationskonnektivität / 5) Asakawa (2001b) bezieht sich auf die Autonomie „Granted to the Local Lab" / Quelle: Eigene Darstellung

Im Folgenden werden die Gründe für die Auswahl des dieser Arbeit zugrunde liegenden Modells erläutert.

Entsprechend der in Unterkapitel 1.2 formulierten ersten Forschungsfrage steht der Grad der F&E-Internationalisierung im Zentrum des Interesses. Für den Untersuchungszusammenhang ist entscheidend, dass durch das Modell eine Klassifizierung aller Arten von F&E-Organisationen möglich ist. Das heißt, es müssen durch das Modell sowohl Extremformen mit einer vollständig zentralisierten als auch einer vollständig dezentralisierten F&E abgedeckt werden können.[68]

---

[68] Die F&E-Organisationsmodelle nach Gassmann/Zedtwitz (1999) und Zedtwitz/Gassmann (2002) kommen dieser Anforderung nach. Die Untersuchungsdimension *F&E-Streuung* erlaubt eine Klassifizierung von *domestic* bis *dispersed*. Vgl. auch Abschnitt 2.1.1; andere Modelle wie zum Beispiel nach Chiesa (1995) oder nach Ronstadt (1978) konzentrieren sich auf die Beschreibung dezentraler Einheiten, womit von einer Internationalisierung als Grundannahme auszugehen ist.

Der hohe Stellenwert der Beziehung zwischen den F&E-Einheiten wird primär durch die Modelle von Kuemmerle (1997), Asakawa (2001b) und Gassmann/Zedtwitz (1999) dargelegt. Die Merkmale *Informationsfluss, Informationskonnektivität* und *Autonomie* sowie *Kooperation* lassen im Kern ähnliche Grundgedanken der Beziehung zwischen den F&E-Einheiten vermuten. Dabei geht es darum, wie intensiv die Zusammenarbeit zwischen zentralen und dezentralen Einheiten, aber auch dezentralen Einheiten untereinander erfolgt. Auch andere Arbeiten wie Håkanson/Zander (1988), Zander (2002) oder Sanna-Randaccio/Veugelers (2007) betonen den hohen Stellenwert des Wissens- bzw. Technologietransfers in einer F&E-Organisation. Für die vorliegende Arbeit soll daher ein Modell mit einer Beziehungsdimension berücksichtigt werden.[69]

Gerybadze/Reger (1999, S. 258) kommen zu der Einschätzung, dass eine Trennung von Forschung und Entwicklung für die meisten internationalen Unternehmen heute nicht mehr möglich ist.[70] Basierend auf dieser Erkenntnis betont auch Ambos (2002, S. 57), dass es einer solchen Klassifikation an Trennschärfe fehlt. Er begründet seine Sichtweise, indem er feststellt: „Wie sich in der Praxis zeigt, werden oft beide Aktivitäten an einem Standort durchgeführt."[71] Für die vorliegende Untersuchung müssen die Dimensionen allerdings auch in der Praxis abgrenzbar sein, da ansonsten die Gefahr einer Verzerrung bestehen würde und Interaktionseffekte nicht messbar wären. Für die Untersuchung soll daher ein Modell ohne eine Differenzierung zwischen Forschung und Entwicklung gewählt werden.[72]

Die dargelegten Punkte legen eine Verwendung des Modells von Gassmann/Zedtwitz (1999) nahe. Eine Vielzahl von Arbeiten, wie die von Lam (2003), Zeller (2004), Criscuolo (2004) und Johnson/Medcof (2007), unterstützt die Sichtweise von Gassmann/Zedtwitz (1999), wonach F&E-Organisationsstrukturen entsprechend den Dimensionen *F&E-Streuung* und *Grad der Kooperation* gegliedert werden können. Auch weitere aktuelle Forschungsarbeiten, wie Lööf (2009) oder Chen u.a. (2012), greifen das Modell von Gassmann/Zedtwitz (1999) auf. Damit kann zusätzlich zur

---

[69] Die F&E-Organisationsmodelle nach Gassmann/Zedtwitz (1999), Kuemmerle (1997) und Asakawa (2001b) berücksichtigen diese Beziehungsdimension.

[70] Vgl. Gerybadze/Reger (1999), S. 258: „(...) the traditional institutional separation of basic research, applied research, development, production and application needs to be overcome."

[71] Ambos (2002), S. 57

[72] Die F&E-Organisationsmodelle nach Chiesa (1995) und Zedtwitz/Gassmann (2002) nehmen eine differenzierte Betrachtung zwischen Forschung und Entwicklung vor und kommen daher für die vorliegende Untersuchung nicht in Frage.

Bestätigung der Dimensionen durch andere Modelle von einer breiten Akzeptanz in der Managementtheorie ausgegangen werden.

Die vorliegende Untersuchung baut daher auf dem im *Research Policy* veröffentlichten F&E-Organisationsmodell nach Gassmann/Zedtwitz (1999) auf. Das im Rahmen der VHB-JOURQUAL 3 gewertete A-Journal gilt im Bereich der Innovationsökonomie als eines der führenden Fachjournale.[73] Nicht nur deshalb ist die zugrunde liegende Arbeit von Gassmann/Zedtwitz (1999) mit dem Titel „New concepts and trends in international R&D organization" ein wichtiger Beitrag. Der Basisgedanke des Modells geht auf die bedeutenden Arbeiten von Perlmutter (1969) und Bartlett (1986) zurück.[74] Der durch Gassmann/Keupp (2011) veröffentlichte Beitrag in Albers/Gassmann (2011) bestätigt des Weiteren die Aktualität des Modells.[75]

## 2.2 Stand der Forschung zur Untersuchung von F&E-Organisationsstrukturen

Nachdem im vorherigen Unterkapitel 2.1 verschiedene F&E-Organisationsmodelle vorgestellt und die Verwendung des Modells von Gassmann/Zedtwitz (1999) für die vorliegende Untersuchung dargelegt wurde, wird im Folgenden der aktuelle Stand der Forschung zur Untersuchung der diesem Modell zugrunde liegenden Dimensionen dargestellt. Darauf aufbauend erfolgt auf Basis der Defizite bisheriger Studien eine Ableitung des Forschungsbeitrags dieser Arbeit.

### 2.2.1 Relevante empirische Studien zu F&E-Organisationsstrukturen

Die Darstellung des Forschungsstandes zur Untersuchung von F&E-Organisationsstrukturen konzentriert sich im Besonderen auf die Dimensionen *F&E-Streuung* und *Grad der Kooperation* (vgl. Abschnitt 2.1.2). Um einen möglichst breiten Überblick über relevante Arbeiten zu geben, erfolgt in einem ersten Schritt eine Betrachtung der Literatur *ohne* direkten Bezug zu der Arbeit von Gassmann/Zedtwitz (1999). Im zweiten Schritt wird dann eine detaillierte Literaturübersicht der Arbeiten *mit* direktem Bezug zu Gassmann/Zedtwitz (1999) gegeben. Um dabei eine möglichst sichere Abdeckung des Forschungsstandes zu

---

[73]  Vgl. Hennig-Thurau/Sattler (2016)
[74]  Vgl. Unterkapitel 2.3
[75]  Dies zeigt auch, dass das durch Zedtwitz/Gassmann (2002) veröffentlichte Modell nicht als Ablösung des von Gassmann/Zedtwitz (1999) veröffentlichten Modells zu verstehen ist.

erreichen, erfolgt die detaillierte Literaturübersicht anhand eines dreistufigen Prozesses (vgl. Seite 36).

**Betrachtung der Literatur *ohne* direkten Bezug zu Gassmann/Zedtwitz (1999)**

Das Forschungsfeld zur Internationalisierung von F&E ist weitreichend und hat bereits in der Vergangenheit bei Forschern beachtliches Interesse geweckt.[76] Laurens u.a. (2015) konstatieren in ihrer Arbeit einen bedeutenden Unterschied der F&E-Internationalisierung in Hinblick auf verschiedene Regionen.[77] Auf der Metaebene erfolgt daher im ersten Schritt eine geografische Strukturierung hinsichtlich der untersuchten Stichproben. Einige der im Folgenden angeführten Untersuchungen sind auch in der Übersicht von Zedtwitz (2004) enthalten. Die vorliegende Arbeit versucht aber, unter anderem aus Gründen der Aktualität, einen erweiterten Überblick über die relevante Literatur zu geben.

In der Managementforschung zur F&E-Streuung ist eine Vielzahl von Arbeiten mit amerikanischen Stichproben zu verzeichnen. Ronstadt (1978) untersucht die internationalen F&E-Investitionen von sieben US-amerikanischen Unternehmen sowie deren 55 dezentrale F&E-Einheiten. Er kommt in seiner frühen Arbeit zu dem Schluss, dass der globale Fokus von F&E seinen Höhepunkt noch nicht erreicht hat.[78] Auch die Arbeit von Mansfield u.a. (1979) belegt die Erwartung, dass die Investitionen für internationale F&E US-amerikanischer Unternehmen weiter steigen. Die Autoren, die sich auf das Conference Board (1976) beziehen, konstatieren zum Ausmaß der Internationalisierung, dass Anfang der 1970er-Jahre bereits ein Siebtel der F&E in Westdeutschland von US-amerikanischen Unternehmen ausgeführt wurde.[79] Dunning/Narula (1995) untersuchen die F&E-Aktivitäten ausländischer Unternehmen in den Vereinigten Staaten und stellen fest, dass die geographische Streuung der F&E stärker konzentriert ist als bei anderen „Foreign Direct Investments"[80]. Die Arbeit von Niosi/Godin (1999) untersucht kanadische Unternehmen hinsichtlich ihrer internationalen F&E-Aktivitäten und kommt zu dem Ergebnis, dass die dezentralen Einheiten durch eine starke Streuung und hohe Autonomie geprägt sind. In diesem

---

[76] Vgl. Ambos (2005), S. 395; Asakawa (2001a), S. 1; Sachwald (2008), S. 364
[77] Vgl. Laurens u.a. (2015): „(…) it shows striking different regional trends."; vgl. auch Patel (2011)
[78] Vgl. Ronstadt (1978), S. 22
[79] Vgl. Mansfield u.a. (1979), S. 193 f.
[80] Dunning/Narula (1995), S. 1; in der Literatur wird häufig die Abkürzung „FDI" verwendet.

Zusammenhang unterstreichen die Autoren die Rolle von Akquisitionen für den Einstieg in die internationale F&E von kanadischen Unternehmen.[81]

In Hinblick auf die F&E-Internationalisierung japanischer Unternehmen belegen Kenney/Florida (1994) eine enge organisatorische und geographische Verbindung zwischen Forschung, Produktionsplanung und Fertigung. Die Autoren sehen darin einen wesentlichen Unterschied zu US-amerikanischen und europäischen Unternehmen, bei denen diese Funktionen häufig stärker getrennt sind.[82] Papanastassiou/Pearce (1994) zeigen in ihrer Arbeit einen deutlichen Anstieg japanischer F&E-Einheiten in Europa über einen Dreijahreszeitraum und beschreiben die primäre Zielsetzung dieser Standorte darin, spezifische Produkte für den lokalen Markt Europa zu entwickeln. Die Untersuchung japanischer Unternehmen von Odagiri/Yasuda (1996) zeigt: je größer die Branche und das Unternehmen, desto umfangreicher die Ausgaben für internationale F&E. Die Autoren gehen davon aus, dass ab einer bestimmten Größe keine erheblichen Skalennachteile für die zentrale F&E durch die Dezentralisierung entstehen.[83] Auch die Arbeiten von Asakawa (2001a) und Asakawa (2001b) nehmen eine bedeutende Position bei der Untersuchung japanischer Unternehmen hinsichtlich der Internationalisierung von F&E ein. Besonderer Schwerpunkt liegt dabei auf der Beziehung zwischen zentraler und dezentraler F&E.[84] So identifiziert Asakawa (2001a) das Spannungsfeld zwischen der Autonomie der dezentralen F&E und der Informationskonnektivität. Aufgrund des direkten Bezugs zu Gassmann/Zedtwitz (1999) findet die im *Research Policy* veröffentlichte Arbeit von Asakawa (2001b) eine weitere und genauere Betrachtung in der detaillierten Literaturanalyse (vgl. Seite 36).[85]

In Bezug auf europäische Untersuchungen zur Streuung von F&E gibt es eine Vielzahl von Studien mit schwedischen Stichproben. Håkanson/Zander (1988) analysieren schwedische Unternehmen und weisen darauf hin, dass die internationalen F&E-Ausgaben rapide ansteigen und dezentrale Standorte mittlerweile globale Produkthoheiten sowohl für die Produktion als auch für F&E innehaben. Die empirische Arbeit von Håkanson/Nobel (1993a) belegt auf Basis einer Analyse der 20 größten schwedischen Unternehmen in den Branchen Chemie und Engineering, dass

---

[81]   Vgl. Niosi/Godin (1999), S. 228
[82]   Vgl. Kenney/Florida (1994), S. 320
[83]   Vgl. Odagiri/Yasuda (1996), S. 1076
[84]   Vgl. Asakawa (2001a); Asakawa (2001b)
[85]   Vgl. auch Auswahlprozess zur detaillierten Literaturübersicht

die relative Größe der dezentralen Forschung von der F&E-Intensität des Unternehmens abhängt. Dieselben Autoren nennen in ihrer Untersuchung Håkanson/Nobel (1993b) die Marktnähe zur Adaption zentral entwickelter Produkte sowie die politischen Faktoren als wesentliche Determinanten für die F&E-Streuung schwedischer Unternehmen. Zander (1999b) untersucht schwedische Unternehmen auf Basis von Patentdaten und belegt den steigenden Beitrag dezentraler Standorte an Neuentwicklungen im F&E-Netzwerk. Dabei fällt den internationalen F&E-Einheiten der Eintritt in neue und „entfernte" Technologien deutlich leichter.[86]

In Hinblick auf europäische Arbeiten gibt es in der Managementliteratur des Weiteren einige relevante Untersuchungen britischer und deutscher Unternehmen. Die Arbeit von Pearce/Papanastassiou (1999) betrachtet F&E-Labore im Vereinigten Königreich und legt Markt- und Technologieheterogenität als Treiber der internationalen Tätigkeit dar. Hinsichtlich der Marktargumentation lassen sich dabei Parallelen zur beschriebenen Untersuchung von Håkanson/Nobel (1993b) verzeichnen. Wortmann (1990) untersucht sieben deutsche multinationale Unternehmen[87] aus den Branchen Elektronik und Chemie und zeigt, dass der Anteil ausländischer F&E-Mitarbeiter als Anteil der gesamten F&E-Belegschaft zwischen 1974 und 1983 von 13 auf 19 Prozent ansteigt. Des Weiteren konstatiert Wortmann (1990), dass die internationalen F&E-Einheiten ein deutlich stärkeres Wachstum an F&E-Intensität[88] aufweisen als die Muttergesellschaft. Die Arbeit von Brockhoff/Schmaul (1996) identifiziert ausgehend von der Übersicht „Die großen 500 auf einen Blick" von Schmacke (1992) deutsche Industrieunternehmen mit ausländischen F&E-Standorten. Die Autoren belegen anhand von Korrelationsanalysen, dass F&E-Einheiten mit geringer Autonomie und niedrigem Grad an Zentralisierung den höchsten Erfolg in Hinblick auf technische Erfolgsfaktoren verzeichnen können.[89] Ausgehend von dem durch *Die Welt* veröffentlichten „German Top 500 Listing"[90] analysiert Ambos (2005) Unternehmen mit ausländischer F&E. Er zeigt mit Hilfe von Zeitreihenanalysen einen deutlichen Anstieg der „Foreign Direct Investments" (FDI) innerhalb der letzten Jahrzehnte und

---

[86] Vgl. Zander (1999b), S. 261
[87] Die Summe der Mitarbeiter dieser sieben Unternehmen beläuft sich auf eine Million, somit ist von vergleichsweise großen Unternehmen auszugehen. Vgl. Wortmann (1990), S. 176
[88] F&E-Intensität wird hierbei gemessen durch die Anzahl der F&E-Mitarbeiter im Vergleich zur Gesamtmitarbeiterzahl.
[89] Vgl. Brockhoff/Schmaul (1996), S. 39
[90] Diese Veröffentlichung erfolgt jährlich durch *Die Welt*. Dabei werden die 500 größten Unternehmen in Deutschland anhand des Umsatzes identifiziert. Vgl. Die Welt (o.J.)

vergleicht dabei seine Ergebnisse unter anderem mit Håkanson/Nobel (1993b). Ambos (2005) sieht die Internationalisierung deutscher Unternehmen als ein Phänomen der 1990er-Jahre und konstatiert, dass deutsche Unternehmen allein zwischen 1990 und 2000 genauso viele ausländische F&E-Standorte eröffnet haben wie in den davorliegenden 50 Jahren zusammen. Dabei investieren die untersuchten Unternehmen verstärkt aus Ressourcengründen, im Gegensatz zu Marktmotiven, in internationale F&E.[91] Abramovsky u.a. (2008) untersuchen Standorte in Europa hinsichtlich ihres Innovationsaufkommens auf Basis einer Kombination von Patent- und Bilanzdaten. Dabei weisen die Autoren für deutsche multinationale Unternehmen eine „Innovative Activity"[92] in Deutschland von 86,1 Prozent aus, das heißt, die „Innovative Activity" deutscher Unternehmen im Ausland liegt gemessen an den Patentdaten lediglich bei 13,9 Prozent (vgl. auch Unterkapitel 4.1). Insgesamt unterstreichen Abramovsky u.a. (2008) den Trend der Internationalisierung der Innovation. Die Autoren konstatieren basierend auf ihrer gesamten Stichprobe einen Anstieg der Patente mit mindestens einem ausländischen Erfinder (von zehn Prozent in 1990 auf 18 Prozent in 2004).[93] Diese Entwicklung steht insofern in Einklang mit der Sichtweise von Sachwald (2008), der in seiner Arbeit auf Basis von F&E-Projekten in Europa die abnehmende Attraktivität der gesamten Europäischen Union für F&E unterstreicht.

Über die in Hinblick auf das Stammland geographisch zuzuordnenden Studien hinaus gibt es weitere relevante Arbeiten, deren Stichproben stärker gestreut sind. Chiesa (1996) untersucht zwölf multinationale Unternehmen aus Nordamerika, Japan und Europa und gibt einen Überblick über die Determinanten für F&E-Zentralisierung und -Dezentralisierung. Dabei nennt er neben Image und politischen Faktoren die so genannten „Technology Supply Factors", wie Zugang zu technologischen Exzellenzcentern und qualifiziertes Personal, sowie die „Demand Factors", die Reaktion auf lokale Marktanforderungen und Nähe zu Schlüsselkunden beinhalten.[94] Mit der Determinante Markt bestätigt Chiesa (1996) die beschriebene Sichtweise von Papanastassiou/Pearce (1994) in Bezug auf japanische Unternehmen. Frost (2001) untersucht auf Basis von Patentdaten dezentrale F&E und ihre „Knowledge Sources".

---

[91]  Vgl. Ambos (2005), S. 401 ff.; für die Erhebung der Daten wurden standardisierte Umfragen versendet, deren Aussagen im Rahmen von Interviews in neun Unternehmen zusätzlich überprüft wurden. Vgl. Ambos (2005), S. 397 f.
[92]  Abramovsky u.a. (2008), S. 51; die „Innovative Activity" wird dabei durch die Anzahl der in den Patenten gelisteten Erfinder am europäischen Patentamt gemessen.
[93]  Vgl. Abramovsky u.a. (2008), S. 2 ff.
[94]  Vgl. Chiesa (1996), S. 11

Dabei belegt er die Verbindung zwischen charakteristischen Fähigkeiten der dezentralen Einheiten und lokalem Knowhow, weist aber ebenso auf die bedeutende Rolle des Heimatstandortes im Sinne der Wissensgenerierung für die forschenden Tochterunternehmen hin.[95] Diese Sichtweise steht in Einklang mit Patel/Vega (1999), die konstatieren „(...) what happens in home countries is still very important in the creation of global technological advantage for even these most internationalised firms."[96] Patel/Vega (1999) stützen sich dabei unter anderem auf die frühe Analyse von Vernon (1966). Le Bas/Sierra (2002) untersuchen in ihrer Arbeit die F&E-Dezentralisierung von US-amerikanischen, japanischen und europäischen Unternehmen. Dabei beschreiben die Autoren für ihre Stichprobe von 350 Unternehmen einen Anstieg der internationalen Patentierungen am Gesamtpatentaufkommen von 15,8 Prozent zwischen 1988 und 1990 auf 19,5 Prozent zwischen 1994 und 1996. Die Autoren vergleichen ihre Ergebnisse dabei mit denen von Patel/Vega (1999).[97] Patel (2011) belegt, dass der Grad der F&E-Streuung von der Größe des Herkunftslandes abhängig ist und kleine Länder den größten Anteil an technologischer Aktivität im Ausland besitzen. Der Autor verweist allerdings auch auf die Tatsache, dass viele Unternehmen dezentrale F&E betreiben, jedoch die Größe der Einheiten im Vergleich zur zentralen F&E[98] relativ klein ist.[99] Die Arbeit von Laurens u.a. (2015) zeigt anhand von Patentdaten, dass die Globalisierung in F&E zwischen den Zeitspannen 1994 und 1996 sowie 2003 und 2005 keinen signifikanten Anstieg verzeichnete und sich europäische Unternehmen aktuell wieder stärker auf F&E-Aktivitäten in Europa konzentrieren.[100]

Nachdem in den vorherigen Absätzen ein erster Überblick über Arbeiten mit dem Thema *F&E-Streuung* gegeben wurde, sollen im Folgenden Untersuchungen zur Dimension der *Kooperation* zwischen Unternehmenseinheiten vorgestellt werden. Die im *Research Policy* veröffentlichte Arbeit von Kurokawa u.a. (2007, S. 5) gibt hierbei

---

[95] Vgl. Frost (2001), S. 120
[96] Patel/Vega (1999), S. 154
[97] Vgl. Le Bas/Sierra (2002), S. 600
[98] Bezugnehmend auf das Patentaufkommen.
[99] Vgl. Patel (2011), S. 14: "(...) while around 68% [of the EU companies] have some foreign facilities in EU-15 countries, these countries account for only 20% of their overall technology creation in 2001-06."
[100] Vgl. Laurens u.a. (2015), S. 765 ff.

eine gute Übersicht der empirischen Studien von multinationalen Unternehmen, an der sich der folgende Literaturüberblick orientiert.[101]

Nobel/Birkinshaw (1998) untersuchen 15 schwedische Unternehmen sowie deren 110 F&E-Einheiten und analysieren die Kommunikationshäufigkeit. Die Autoren kommen zu dem Ergebnis, dass die Kommunikationsmethoden abhängig von den Rollentypen der dezentralen Einheiten variieren; diese werden unterschieden in „Local Adaptor", „International Adaptor" und „International Creator". Letztere besitzen im Vergleich sowohl starke interne als auch externe Netzwerke.[102] Die Untersuchung von Gupta/Govindarajan (2000) auf Basis von 75 Unternehmen in den Vereinigten Staaten, Europa und Japan differenziert zwei Arten des Informationsflusses: „Knowledge Outflow" und „Knowledge Inflow". Diese sind abhängig vom Wissensstand der Niederlassung, der Motivation zum Wissenstransfer, dem Reifegrad des Kanals sowie der Aufnahmekapazität.[103] Håkanson/Nobel (2001) untersuchen den Technologietransfer zwischen zentraler und dezentraler F&E von 17 schwedischen Unternehmen. Die Autoren zeigen, dass das Alter und die Art des Betriebes als Determinanten sowohl auf die lokale Einbindung als auch auf die Integration in das Mutterunternehmen wirken. Die lokale Bindung wiederum beeinflusst die Innovationskraft der internationalen F&E-Einheiten und die Integration in das Mutterunternehmen fördert den Hang, lokal entwickelte Technologien zu transferieren.[104] In einer weiteren Untersuchung schwedischer Unternehmen von Birkinshaw u.a. (2002) wird die Häufigkeit des technologischen Knowhow-Transfers beleuchtet. Die Autoren definieren vier unterschiedliche Arten des Knowhows in Unternehmen („Integrated", „Isolated", „Opaque" und „Transparent") und beschreiben die Abhängigkeit der Integration von einerseits der Beobachtbarkeit („Observability") und andererseits der Einbindung („System Embeddedness"). Ähnlich wie Håkanson/Nobel (2001) sehen sie außerdem das Alter der F&E-Einheiten als relevanten Einflussfaktor für die Einbindung der Organisationseinheit.[105] Almeida u.a. (2002) untersuchen 21 Unternehmen in der Halbleiterindustrie auf Basis von Patentzitationen und nennen die Flexibilität hinsichtlich verschiedener Knowledge-

---

[101] Hierbei wird der direkte Bezug zu Gassmann/Zedtwitz (1999) noch nicht als Relevanzfilter berücksichtigt, dies erfolgt im Weiteren in der detaillierten Literaturübersicht. Vgl. Prozess zur Identifikation der relevanten Literatur mit Bezug zu Gassmann/Zedtwitz (1999)

[102] Vgl. Nobel/Birkinshaw (1998), S. 479 ff.

[103] Vgl. Gupta/Govindarajan (2000), S. 473 ff.

[104] Vgl. Håkanson/Nobel (2001), S. 395 ff.

[105] Vgl. Birkinshaw u.a. (2002), S. 274 ff.

Transfermechanismen sowie die Fähigkeit, simultan Technologie zu entwickeln, auszutauschen und zu integrieren, als Grund für die Überlegenheit von erfolgreichen Unternehmen. Die Autoren konstatieren des Weiteren, dass die Herausforderungen eines Knowledge-Managements über die Implementierung eines Informationssystems hinausreicht und sowohl organisatorische Strukturen als auch eine Kultur des Wissensflusses dafür notwendig sind.[106] Basierend auf einer Studie zum Wissenstransfer in 15 unterschiedlichen Industrien belegen Cummings/Teng (2003), dass der Transfererfolg sogar von einer Vielzahl von Einflussfaktoren abhängt. So müssen die beteiligten Einheiten erkennen, wo das nachgefragte Wissen zur Verfügung steht, das Wissen tatsächlich transferieren und den Lernprozess des Empfängers unterstützen. Ebenso nennen die Autoren den Grad der Interaktion zwischen Sender und Empfänger als erfolgskritisch.[107] Die Untersuchung von Foss/Pedersen (2003) von über 2000 dezentralen Einheiten in sieben europäischen Ländern kommt zu dem Ergebnis, dass eine richtige geographische Entscheidung für eine effiziente und kooperierende Organisation nicht ausreicht. Die Autoren konstatieren, dass das Management die Entwicklung, Charakteristik und den Transfer von Knowhow durch organisatorische Instrumente, wie Kontroll- oder Motivationsmechanismen, zusätzlich beeinflussen muss.[108] Basierend auf einer Analyse von 169 Einheiten in den Vereinigten Staaten, Russland und Finnland erklären Minbaeva u.a. (2003), dass die Absorptionskapazität in einem Organisationsnetzwerk im Wesentlichen von der Fähigkeit und Motivation der Mitarbeiter abhängig ist.[109] Die Arbeit von Monteiro u.a. (2008) auf Basis schwedischer Unternehmen beschreibt die Abhängigkeit der Kooperation von dem bestehenden Kommunikationsniveau sowie der Wechselwirkung zwischen den Organisationseinheiten,[110] also einem Austausch in beide Richtungen.

**Literaturübersicht *mit* direktem Bezug zu Gassmann/Zedtwitz (1999)**

Nachdem im vorherigen Abschnitt eine sehr breite Betrachtung des Forschungsstands gewählt wurde[111] und dabei auch relevante Arbeiten *ohne* direkten Bezug zu dem

---

[106] Vgl. Almeida u.a. (2002), S. 147 ff.
[107] Vgl. Cummings/Teng (2003), S. 39 ff.
[108] Vgl. Foss/Pedersen (2003), S. 2 ff.
[109] Vgl. Minbaeva u.a. (2003), S. 586 ff.
[110] Vgl. Monteiro u.a. (2008), S. 90 ff.
[111] Vgl. Asakawa (2001a), S. 1: "While research on international R&D is still growing, the scope of international R&D research is already extensive."

Modell von Gassmann/Zedtwitz (1999) einbezogen wurden, wird nachfolgend und im Speziellen auf die Literatur eingegangen, deren Untersuchungsdimensionen denen der vorliegenden Arbeit entsprechen.

Um eine möglichst sichere Abdeckung des aktuellen Forschungsstandes in Hinblick auf das F&E-Organisationsmodell von Gassmann/Zedtwitz (1999) zu erzielen, erfolgte die Identifikation der relevanten Literatur anhand eines dreistufigen Prozesses:

- Zunächst wurde eine Zusammenstellung der wissenschaftlichen Arbeiten, die sich auf Gassmann/Zedtwitz (1999) beziehen, vorgenommen.[112]

- Im Anschluss wurden relevante Arbeiten auf Basis der Publikation in wissenschaftlichen Zeitschriften mit einem VHB-JOURQUAL3-Rating von A+, A oder B in den VHB-Kategorien *„Technologie, Innovation und Entrepreneurship"* und *„Organisation und Personalwesen"* identifiziert.[113]

- Abschließend wurden alle empirischen Arbeiten mit relevantem Forschungszusammenhang (im Wesentlichen F&E-Organisationsfragestellung oder relevante Untersuchungsdimension) ausgewählt.

Die relevanten Arbeiten lassen sich schematisch in vier Forschungsfelder unterteilen. Dabei stehen entweder die *F&E-Streuung* oder der *Grad der Kooperation*, im einen Fall als Untersuchung der *Causes* und im anderen Fall als Analyse der *Consequences*[114], im Vordergrund der Betrachtung (vgl. Abbildung 2.6).

---

[112] Dabei erfolgte eine Berücksichtigung aller Arbeiten mit einer Zitation der Arbeit von Gassmann/Zedtwitz (1999) mit Hilfe von *Google-Scholar*. Es wird angenommen, dass, sofern eine Arbeit auf dem Organisationsmodell von Gassmann/Zedtwitz (1999) aufbaut, eine Zitation der Arbeit von Gassmann/Zedtwitz (1999) erfolgt.

[113] Dabei wurden wissenschaftliche Arbeiten in folgenden Zeitschriften identifiziert: *Research Policy (A)*, *Journal of Product Innovation Management (A)*, *IEEE Transactions on Engineering Management (B)*, *Energy Policy (B)*, *International Journal of Innovation Management (B)*, *The Journal of Technology Transfer (B)*, *Industry & Innovation (B)*, *R&D Management (B)*, *Economics of Innovation and New Technology (B)*, *Industry & Innovation (B)*, *European Management Review (B)*.

[114] Entsprechend dem von Gassmann/Zedtwitz (1999), S. 248 beschriebenen weiteren Forschungsbedarf hinsichtlich „Cause and Effect" der F&E-Organisationsstrukturen; vgl. zur Untersuchungskonzeption von *Causes* und *Consequences* auch Demsetz/Lehn (1985); Dechow u.a. (1996); Jensen (1988); Andersson (1998)

**Abbildung 2.6: Schematische Unterteilung der relevanten Forschungsfelder**

| Dimensionen | Causes | Consequences |
|---|---|---|
| F&E-Streuung | (I) F&E-Streuung als abhängiges Konzept | (II) F&E-Streuung als unabhängiges Konzept |
| Grad der Kooperation | (III) Grad der Kooperation als abhängiges Konzept | (IV) Grad der Kooperation als unabhängiges Konzept |

Ein Großteil der identifizierten Arbeiten zum Stand der Forschung lässt sich dem Bereich I (F&E-Streuung als abhängiges Konzept) zuordnen / Quelle: Eigene Darstellung

Basierend auf dem vorgestellten Prozess zur Identifikation der relevanten Literatur gibt Tabelle 2.2 eine Übersicht über wissenschaftliche Untersuchungen hinsichtlich der Dimensionen *F&E-Streuung* und *Grad der Kooperation*, entsprechend dem F&E-Organisationsmodell nach Gassmann/Zedtwitz (1999).[115] Dabei gibt es sowohl Arbeiten, die auf beiden Untersuchungsdimensionen aufsetzen, als auch solche, die nur eine der beiden Dimensionen in ihrer Untersuchung berücksichtigen. Entsprechend den Forschungsfeldern (vgl. Abbildung 2.6) kommen in den Arbeiten die Dimensionen als abhängige und unabhängige Konzepte zur Anwendung. Die Mehrheit der identifizierten Arbeiten untersucht die *F&E-Streuung* als abhängiges Konzept.[116]

Bergek/Berggren (2004) konstatieren hinsichtlich der methodischen Vorgehensweise beim Thema Technologie-Internationalisierung eine Teilung der Forschung in zwei Lager; auf der einen Seite die Arbeiten, die auf einem quantitativen Ansatz unter Verwendung von Patentdaten beruhen, und auf der anderen Seite die Arbeiten, die aus einem qualitativen Ansatz unter Verwendung von Fallstudien und Management-Interviews hervorgehen.[117] Diese Teilung kann im Wesentlichen auch für den hier

---

[115] Hierbei werden in den meisten Arbeiten die betrachteten Variablen nicht unmittelbar mit den Untersuchungsdimensionen nach Gassmann/Zedtwitz (1999) begründet, allerdings zitieren alle in Tabelle 2.2 aufgeführten Veröffentlichungen die Arbeit von Gassmann/Zedtwitz (1999), womit von einem gewissen Bezug zu dem zugrunde liegenden F&E-Organisationsmodell und den Dimensionen auszugehen ist.

[116] Vgl. zum Beispiel Belderbos (2001); Quintás u.a. (2008)

[117] Vgl. Bergek/Berggren (2004), S. 1286

zugrunde liegenden Forschungszusammenhang festgestellt werden. Die quantitativen Arbeiten, die auf Basis von Patentdatenerhebungen Messungen der Untersuchungsdimensionen vornehmen, verzeichnen in der Regel große Stichproben.[118] Die Arbeit von Bergek/Berggren (2004) stellt in diesem Punkt eine Ausnahme dar. Hier wird eine Art Tiefenanalyse von lediglich zwei Unternehmen über drei Subperioden auf Basis der Datenbank des *U.S. Patent and Trademark Office* durchgeführt. Des Weiteren sind die Stichproben häufig longitudinal. Quintás u.a. (2008) untersuchen zum Beispiel auf Basis von Patentdaten eine verhältnismäßig große Stichprobe von 1663 Unternehmen über 23 Jahre.[119] Andere Untersuchungen, die auf Fallstudien und Management-Interviews basieren, verzeichnen in der Regel kleinere sowie nicht longitudinale Stichproben.[120]

In Hinblick auf die Analyseergebnisse der Arbeiten mit direktem Bezug zu Gassmann/Zedtwitz (1999) sind vor allem die nachfolgenden Erkenntnisse für die vorliegende Arbeit von Interesse. Chen u.a. (2012) differenzieren hinsichtlich der auf die Dezentralisierung folgenden Rezentralisierung drei Phasen der Internationalisierung von F&E. Der Effekt der Internationalisierung auf die Innovationsperformanz ist positiv in der Phase der Dezentralisierung, negativ in der Phase der Transition und wieder positiv in der Rezentralisierung. Diesen „S-förmigen" Zusammenhang belegen die Autoren im Rahmen ihrer Untersuchung taiwanesischer Unternehmen anhand von Patentdaten.[121] Die Untersuchung 231 japanischer Unternehmen von Belderbos (2001) belegt den Effekt sowohl der F&E-Intensität als auch der Unternehmensgröße auf den Grad der internationalen F&E-Aktivitäten. Auch dieser Arbeit liegt eine Patentdatenerhebung zugrunde.[122] Quintás u.a. (2008) zeigen in ihrer longitudinalen Untersuchung spanischer Unternehmen und Labore einen positiven Effekt der geographischen wie auch der technologischen Diversifikation eines Unternehmens auf die „Geographical Amplitude in the International Generation of Technology". Diese messen die Autoren basierend auf der Anzahl der Herkunftsländer der Patentanmelder am europäischen Patentamt. Einen Effekt der Unternehmensgröße auf die

---

[118] Vgl. zum Beispiel Chen u.a. (2012); Quintás u.a. (2008)
[119] Vgl. Quintás u.a. (2008), S. 1379
[120] Vgl. zum Beispiel Kurokawa u.a. (2007); Asakawa (2001b); Criscuolo (2005); Gulbrandsen/Godoe (2008)
[121] Vgl. Chen u.a. (2012)
[122] Vgl. Belderbos (2001)

geographische Amplitude können die Autoren nicht signifikant nachweisen, weder gemessen durch die Anzahl der Mitarbeiter am Stammsitz noch durch den Umsatz.[123]

Hinsichtlich der Untersuchungen der Dimension *Grad der Kooperation* sind in diesem enger gefassten Teil der Literaturübersicht die Ergebnisse der Arbeiten von Asakawa (2001b) und Kurokawa u.a. (2007) von Belang. Asakawa (2001b) belegt in seiner Untersuchung von 44 japanischen Unternehmen zum Grad des Informationsaustauschs ein „Perception Gap" zwischen zentraler und dezentraler Einheit. Kurokawa u.a. (2007) untersuchen ebenfalls für japanische Unternehmen den Effekt von Autonomie, „Home-base-exploiting"- und „Home-base-augmenting"-Strategie auf verschiedene Arten des „Knowledge Flows" und belegen einen positiven Effekt der „Home-base-exploiting"-Strategie auf den marktgetriebenen Wissensfluss.

---

[123] Vgl. Quintás u.a. (2008)

## Tabelle 2.2: Literaturübersicht mit direktem Bezug

| Autor [Publikation] | Branche Ausgangsland Jahr | N[2] | Longitudinale Stichprobe | DIM | Causes | Consequences | Definition relevantes unabhängiges Konzept | Verfahren der Erhebung | Datenquelle | Definition relevantes abhängiges Konzept | Verfahren der Erhebung | Datenquelle | Analyse-methode | Analyseergebnisse (relevanter Auszug) |
|---|---|---|---|---|---|---|---|---|---|---|---|---|---|---|
| Chen u.a. (2012) [RP] | IT Taiwan 1995-2004 | 1890 | ja | ST | | x | „R&D Internationalization" | Anteil Patente ausländischer Tochterunternehmen am jew. Gesamtpatentaufkommen | USPTO-Datenbank | „Innovation Performance" | Patentzitationen | USPTO-Datenbank | Regressionsanalyse (GLS) | „S-Shaped" in Abhängigkeit der Phase (Decentralization-, Transition-, Recentralization-Stage); signifikant |
| Ambos (2005) [RP] | Diverse[1] Deutschland 2000 | 49 (134) | nein | ST | x | | „Geographical Distribution" | Prozentualer Anteil | Interviews | „International R&D Activities" („R&D sites") | Anzahl internationaler F&E-Einheiten | Interviews | Korrelationsanalyse (T-Test) (ANOVA Scheffé Post-hoc-Test) | Anstieg Anzahl internationaler F&E-Einheiten innerhalb der letzten Dekaden; Verteilung 42 % Europa, 38 % Nordamerika, 15 % Asien, andere 5 % |
| Asakawa (2001b) [RP] | Pharma, Elektronik Japan n.v. | 44 (69) | nein | KO | | | „Degree of Information Sharing" (Zentrale Perspektive) | Likert-Skala hinsichtlich Informationsfluss | Fragebogen, Interviews | „Degree of Information Sharing" (Dezentrale Perspektive) | Likert-Skala hinsichtlich Informationsfluss | Fragebogen, Interviews | Korrelationsanalyse[3] | „Perception Gap" zwischen zentraler und dezentraler Einheit hinsichtlich Informationsfluss, Richtung dezentral, signifikant |
| Beckerbos (2001) [RP] | Elektronik Japan 1990-1993 | 231[4] | nein | ST | | x | „R&D Intensity", „Firm Size" | Ratio von Patentzielungen basierend auf domestic F&E zum Umsatz, (LN) Umsatz 1991-1992 | USPTO-Datenbank, JDB, MOF | „Level of Overseas R&D Activities" | Patentzielungen ausländischer Erfindungen zw. 1990 und 1993 | USPTO-Datenbank | Regressionsanalyse (Negative Binomial) | Positiver Effekt von „R&D Intensity" und „Firm Size" auf „Overseas R&D"; signifikant |
| Bergos/ Bergeren (2004) [RP] | Elektronik S&S/D/USA 1986-2000 | 2[5] | ja | STKO | x | | „Foreign Locations" | Patentzielungen | USPTO Datenbank | „Degree of Internationalisation of R&D", „Collaboration in International R&D" | Patentzielungen ausländischer Erfindungen, Anteil „Shared Patents" (Erfinderländer ≥ 2) | USPTO-Datenbank | Univariate Analysen[3] | Konzentration dezentraler F&E auf Europa und Nordamerika; GE mit Überhang „domestic" vs. „foreign"; Anstieg des Anteils der „shared patents" über Zeit |
| Criscuolo (2005) [RP] | Pharma Europa 2002-2003 | 6 | nein | STKO | x | | „Therapeutic Areas" | Klassifizierung | Interviews | „Geographical Distribution of R&D Centers", „Degree of Interaction with other Scientists", „Knowledge Exchange" | Anzahl internationaler F&E-Einheiten | Interviews | Case Study Analysis (Constant comparison method) | „Drug Discovery" organisiert nach „Integrated-network Structure" und „Drug Development" organisiert nach „Polycentric Decentralised Structure" |

| Autor [Publikation] | Branche / Ausgangsland / Jahr | N²⁾ | Longitudinale Stichprobe | DIM | Consequences | Causes | Definition relevantes unabhängiges Konzept | Verfahren der Einteilung | Datenquelle | Definition relevantes abhängiges Konzept | Verfahren der Einteilung | Datenquelle | Analysemethode | Analyseergebnisse (relevanter Auszug) |
|---|---|---|---|---|---|---|---|---|---|---|---|---|---|---|
| Gudbrandsen/ Godoe (2008) [JTT] | Diverse⁶⁾ Norwegen n.v. | 8 | nein | ST | | x | n.v. | n.v. | n.v. | „Internalisation Principle" | Klassifizierung nach Zedtwitz/Gassmann (2002) Modelltypen | Interviews | Case Study Analysis | Dezentralisierungstrend für „Listening Posts"; Zentralisierungstrend für „Growing Overlap or Convergence" |
| Kurokawa u.a. (2007) [RP] | Diverse⁷⁾ Japan n.v. | 79 | nein | KO | | x | „HBA/HBE Strategy", „Autonomy" | Likert-Skala; Grad hinsichtlich „decentralized in decision-making and localized in employment" | Fragebogen (N=79); Interviews (N=30) | „Types of Knowledge Flows" | Likert-Skala | Fragebogen (N=79); Interviews (N=30) | Faktorenanalyse; Chi-Quadrat-Test; Regressionsanalyse | Pos. Effekt der HBE-Strategie auf „Market Knowledge Flow", signifikant |
| Quintás u.a. (2008) [RP] | Manufacturing Spain 1978–2000 | 1663⁸⁾ (62928) | ja | ST | | x | „Geographical Diversification", „Technological Diversification", „Size" | Anzahl Länder, in denen dezentrale Einheiten existieren; Anzahl Technologiefelder (Fraunhofer classification) der Patente; Anzahl Mitarbeiter in „Parent Firm" | EPO (EPOLINE); Who Owns Whom | „Geographical Amplitude in the International Generation of Technology" | Anzahl Länder der Patentanmelder | EPO (EPOLINE); Who Owns Whom | Regressionsanalyse (Poisson, Negative Binomial) | Positiver Effekt von „Geographical Diversification" und „Technological Diversification" auf „Geographical Amplitude in the International Generation of Technology", signifikant, Effekt der Unternehmensgröße nicht signifikant |
| Sakomo u.a. (2010) [PIM] | B2B, Diverse Nordamerika, Europa n.v. | 467 | nein | ST | x | x | „Resource Commitment" | Likert-Skala | Fragebogen; Interviews | „Degree of Dispersion in the Global NPD Effort" | Likert-Skala | Fragebogen; Interviews | Regressionsanalyse; Mittelwertvergleich ANOVA; T-Tests | Positiver Effekt von „Resource Commitment" auf „Global NPD Team", signifikant |

DIM = Im Rahmen dieser Arbeit zugeordnete Dimension nach Gassmann/Zedtwitz (1999) / N = Anzahl Beobachtungen / ST = Streuung / KO = Kooperation / USPTO = U.S. Patent and Trademark Office / EPO = Europäisches Patentamt / JDB = Japan Development Bank / MOF = Japan Ministry of Finance / SSD = Schweden, Schweiz, Deutschland / HBA = Home-Base Augmenting / HBE = Home-Base Exploiting / B2B = Business to Business / ANOVA = Analysis of Variance / Note: Darstellung der Details reduziert sich auf die für diese Arbeit relevanten Punkte / Publikation: RP = Research Policy / JTT = The Journal of Technology Transfer / PIM = Journal of Product Innovation Management / 1) Auf Basis Top 500 Listing von Die Welt / 2) Anzahl in Klammer = Anzahl Labore / 3) Soweit ersichtlich im Rahmen des hier betrachteten Konzeptes / 4) Anzahl Unternehmen; Beobachtungen in Regression 194 / 5) Anzahl Unternehmen; Beobachtungen über drei Subperioden 1986-1990, 1991-1995 und 1996-2000 / 6) IT, Pharma, Chemie, Öl/Gas, Nahrungsmittel, Metall / 7) Automobil, Elektronik, Elektrotek, Pharma, Chemie, Grundstoffe / 8) Anzahl Unternehmen; Beobachtungen über 23 Jahre / 9) Dezentrale F&E-Einheiten in China / 10) Anzahl Unternehmen / Quelle: Eigene Darstellung

## 2.2.2  Ableitung des angestrebten Forschungsbeitrags auf Basis der Defizite bisheriger Studien

Nachdem im vorherigen Abschnitt die relevanten empirischen Studien zu F&E-Organisationsstrukturen dargelegt wurden, soll im Folgenden der Forschungsbeitrag dieser Arbeit definiert werden. Dies erfolgt im Kern anhand der Defizite der vorgestellten Studien, die nachfolgend in einerseits inhaltliche und andererseits methodische Schwachstellen kategorisiert werden.

Die inhaltlichen Defizite der dargestellten Arbeiten (vgl. Abschnitt 2.2.1) beziehen sich auf eine überschaubare Anzahl deutscher Untersuchungen, vor allem in Hinblick auf kleinere und mittlere Unternehmen, sowie eine eingeschränkte Betrachtung der Branchensektoren. Beide werden im Folgenden kurz erläutert.

*Limitierte Anzahl deutscher Untersuchungen, im Speziellen für kleinere und mittlere Unternehmen:* Bei der Betrachtung bisheriger Untersuchungen zeigt sich eine überschaubare Anzahl von Arbeiten mit deutscher Stichprobe, vor allem mit direktem Bezug zu Gassmann/Zedtwitz (1999). Bei den Arbeiten mit direktem Bezug dominieren Untersuchungen japanischer Stichproben (vgl. Abschnitt 2.2.1). Bereits Gerybadze/Reger (1999) konstatierten, dass hinsichtlich der Studien zur Globalisierung von F&E eine starke Konzentration auf US-amerikanische und japanische Unternehmen besteht. In Bezug auf europäische Untersuchungen sind vor allem skandinavische Stichproben stärker dokumentiert als kontinentaleuropäische.[124] Des Weiteren fokussieren sich die dargestellten Arbeiten mit deutscher Stichprobe stark auf große multinationale Unternehmen. Der Nachweis für die Gültigkeit der erbrachten Ergebnisse in kleinen und mittleren Unternehmen ist dabei limitiert.[125]

*Eingeschränkte Betrachtung der Branchensektoren:* Die Mehrheit der in Abschnitt 2.2.1 dargestellten Studien mit direktem Bezug zu Gassmann/Zedtwitz (1999) untersucht Unternehmen aus einer bis maximal zwei Branchen und analysiert dabei nicht die Branchensektoren als Determinanten der Organisationsstrukturen. Da

---

[124] Vgl. Gerybadze/Reger (1999), S. 252; die Autoren nennen dabei neben skandinavischen Stichproben auch britische Unternehmen als häufigen Untersuchungsgegenstand; der Überblick zum Stand der Forschung (vgl. Abschnitt 2.2.1) zeigt allerdings einen deutlichen Überhang skandinavischer Untersuchungen.

[125] Vgl. Belderbos (2001), S. 314; die Autoren beziehen dabei ihre Aussage hinsichtlich der Fokussierung auf große multinationale Unternehmen nicht nur auf deutsche Stichproben, sondern sehen hier sogar generell ein Defizit.

Branchensektoren in der Regel unterschiedliche Charakteristika besitzen, ist eine Verallgemeinerung der Ergebnisse damit lediglich eingeschränkt möglich.[126] Auch die dargestellten Arbeiten, deren Stichproben mehrere Branchen umfassen, nehmen kaum eine Untersuchung des detaillierten Wirkungszusammenhangs zwischen der Branche und den F&E-Organisationsstrukturen bzw. der zugrunde liegenden Branchenreihenfolge vor. Es ist allerdings anzunehmen, dass gerade die Branchenzugehörigkeit einen wichtigen Einfluss auf die F&E-Organisationsstrukturen hat.

Die methodischen Defizite der dargestellten Arbeiten resultieren aus einer begrenzten Anzahl von Studien mit longitudinaler Stichprobe, der fehlenden Kombination von vollständiger Betrachtung der F&E-Untersuchungsdimensionen nach Gassmann/ Zedtwitz (1999) und multivariater Analyse, der Messung der F&E-Internationalisierung sowie der Kooperation auf Basis von Patentdaten oder Interview- und Fragebogentechniken. Die angeführten Defizite werden im Folgenden ebenfalls kurz erläutert.

*Begrenzte Anzahl von Studien mit longitudinaler Stichprobe:* Lediglich drei der dargestellten Arbeiten mit direktem Bezug zu Gassmann/Zedtwitz (1999) weisen eine echte Panel-Datenstruktur auf. Berücksichtigt ist hierbei auch die Arbeit von Bergek/Berggren (2004), die lediglich zwei Unternehmen über die Subperioden 1986 bis 1990, 1991 bis 1995 und 1996 bis 2000 auf Basis der USPTO-Datenbank untersucht. Eine Erhebung von Daten zu F&E-Organisationsstrukturen über mehrere Jahre anhand von Interviews und Fragebogentechniken ist mit großem Aufwand verbunden. Daher greifen alle drei dargestellten Untersuchungen mit longitudinaler Stichprobe auf Patentdaten zur Messung der F&E-Streuung zurück, obwohl dieser Ansatz in der Literatur als umstritten gilt (vgl. auch Defizit beim Messen der F&E-Internationalisierung auf Basis von Patentdaten oder Fragebogen- und Interviewtechniken).[127] Die Stichproben aller anderen Studien sind reduziert auf eine Beobachtung je Unternehmen oder stellen keine echte Panel-Datenstruktur[128] dar. Die zeitliche Dimension ist jedoch eine notwendige Bedingung für die Untersuchung dynamischer Aspekte. Gassmann/Zedtwitz (1999) beschreiben in ihrer Arbeit selbst die Notwendigkeit für eine longitudinale Untersuchung. „The evolution of

---

[126] Vgl. Chen u.a. (2012), S. 1552; Wortmann (1990), S. 177
[127] Vgl. Bergek/Bruzelius (2010), S. 1321 ff.
[128] Wenn beispielsweise im Rahmen einer Befragung zusätzlich der Organisationsstatus im Vorjahr abgefragt wird.

international R&D organization should be tracked over an extended period of time in individual companies in order to understand better the underlying forces of their development."[129]

*Keine integrierte Analyse der F&E-Untersuchungsdimensionen nach Gassmann/ Zedtwitz (1999) anhand multivariater Analysen:* Lediglich Bergek/Berggren (2004) und Criscuolo (2005) aus der Übersicht mit direktem Bezug zu Gassmann/Zedtwitz (1999) betrachten sowohl die Untersuchungsdimension F&E-Streuung als auch die Dimension der Kooperation integriert. Allerdings verwenden beide Arbeiten dazu keine multivariaten Analyseverfahren. Die Berücksichtigung von Kontrollvariablen bzw. die Betrachtung mehrerer Einflussfaktoren im Zusammenspiel ist damit so gut wie nicht möglich.[130]

*Messung der F&E-Internationalisierung sonst nur auf Basis von Patentdaten oder Interview- und Fragebogentechniken:* Für die Messung der F&E-Internationalisierung finden in der Innovationsökonomie verschiedene Ansätze Anwendung. In den in Abschnitt 2.2.1 vorgestellten Arbeiten mit direktem Bezug zu Gassmann/Zedtwitz (1999) basieren vier Arbeiten zur Messung der F&E-Internationalisierung auf Fragenbogen- und Interviewtechniken.[131] Diese sind in der Regel auf eine Beobachtung je Unternehmen reduziert und besitzen somit begrenzte Stichprobengrößen. Des Weiteren gilt bei Fragebogentechniken ein *Respondent Bias* als kaum vermeidbar.[132] Neben Erhebungen der Daten durch Fragenbogen- und Interviewtechniken werden in einer Vielzahl von Analysen Patentdaten ausgewertet.[133] In den in Abschnitt 2.2.1 vorgestellten Arbeiten mit direktem Bezug zu Gassmann/Zedtwitz (1999) nutzen vier diese Analyse als methodische Vor-

---

[129] Vgl. Gassmann/Zedtwitz (1999), S. 248

[130] Andere Arbeiten aus der engen Literaturübersicht greifen zwar auf multivariate Analyseverfahren zurück, betrachten aber in der empirischen Untersuchung immer nur eine der beiden Dimensionen nach Gassmann/Zedtwitz (1999).

[131] Vgl. Ambos (2005); Criscuolo (2005); Gulbrandsen/Godoe (2008); Salomo u.a. (2010)

[132] Vgl. Morris (1994), S. 904

[133] Auch die Messung der F&E-Internationalisierung durch Lokalisierung der F&E-Ausgaben findet im Rahmen der Innovationsforschung Anwendung, ist aber ebenfalls mit erheblichen Limitationen verbunden (vgl. Roberts (2001), S. 30). Da diese Methodik bei den in Abschnitt 2.2.1 diskutierten Arbeiten mit direktem Bezug zu Gassmann/Zedtwitz (1999) nicht vorkommt, wird auf eine detaillierte Diskussion der Defizite dieses Ansatzes hier verzichtet. Generell gilt die Methodik als schwer umsetzbar. So konstatieren Penner-Hahn/Shaver (2005), S. 129: "(...) a more refined measure of the intensity of the international activity, such as the amount of expenditure, would be preferable, it is simply not available."

gehensweise der F&E-Internationalisierung.[134] Auch in der weiter gefassten Darstellung des Forschungsstandes greift eine Vielzahl von Arbeiten für die Messung der Internationalisierung auf den Ansatz mit Patenten zurück.[135] Kern dieser Methodik ist die Auswertung der Herkunftsländer der Patenterfinder bzw. der patentierenden Unternehmungen. Dieser Ansatz wird allerdings in der Literatur kritisch diskutiert. Bergek/Bruzelius (2010) zeigen in ihrer Arbeit, dass weniger als die Hälfte der untersuchten Patente mit mehreren Erfindern aus unterschiedlichen Ländern, so genannte „Cross Country Patents"[136], das Resultat internationaler Zusammenarbeit in F&E sind.[137] Eine genauere Betrachtung der Arbeit von Bergek/Bruzelius (2010) zeigt die für den hier vorliegenden Forschungszusammenhang zusätzlich relevanten Ergebnisse. In 17 Prozent der untersuchten Patente zog der für das „Cross Country Patent" ursächliche Erfinder erst nach Beendigung des betrachteten F&E-Projekts ins Ausland. Aufgrund des langwierigen Patentanmeldeprozesses wurde aber der neue Wohnsitz als Herkunftsland im Patent dokumentiert. Weitere 15 Prozent der untersuchten „Cross Country Patents" hatten Erfinder mit Wohnsitz außerhalb des Heimatlandes aufgrund einer Zusammenarbeit der F&E mit ausländischen Wettbewerbern, Lieferanten, Beratungsunternehmen oder Universitäten. Des Weiteren beschreiben die Autoren die Kategorien „Non-R&D Projects" und „Patent Cooperation". Hier subsumieren sie Patente, die entweder überhaupt keinen Bezug zu F&E haben (zum Beispiel Patente in den Funktionsbereichen Service oder Instandhaltung) oder die aufgrund einer ausländischen Unterstützung beim reinen Schreiben der Patentanmeldung als „Cross Country Patent" klassifiziert wurden. Alle genannten Fälle würden bei einer Analyse der F&E-Internationalisierung im Kontext einer organisatorischen Standortfragestellung zu verzerrten Ergebnissen führen. Des Weiteren kann die Messung der F&E-Internationalisierung auf Basis von Patentdaten zu falschen Ergebnissen führen, wenn Erfinder als Grenzpendler unterwegs sind,[138] die

---

[134] Vgl. Chen u.a. (2012); Belderbos (2001); Bergek/Berggren (2004); Quintás u.a. (2008)

[135] Vgl. u.a. Zander (1999b); Abramovsky u.a. (2008); Le Bas/Sierra (2002); Laurens u.a. (2015)

[136] Bergek/Bruzelius (2010), S. 1321

[137] Vgl. Bergek/Bruzelius (2010); für die internationale Zusammenarbeit in F&E verwenden die Autoren den Begriff „International R&D Collaboration" und beziehen diesen auf die Zusammenarbeit von Erfindern aus unterschiedlichen Einheiten („Subunits") oder Unternehmen („Companies"). Das heißt, im Fall einer eigenen Unternehmenseinheit besteht für die „International R&D Collaboration" die Anforderung, dass diese vollständig unabhängig ist (vgl. Bergek/Bruzelius (2010), S. 1323 f.). Die der vorliegenden Arbeit zugrunde liegende Definition der F&E-Internationalisierung im Kontext einer organisatorischen Standortfragestellung berücksichtigt allerdings ebenso die Zusammenarbeit zwischen F&E-Standorten innerhalb einer Einheit.

[138] Vgl. Gerybaze u.a. (2013), S. 183

Dokumentation der Länderinformation in den Patenten lückenhaft ist[139] oder Unternehmen mit internationalen F&E-Standorten und Aktivitäten grundsätzlich auf die Patentierung von Erfindungen verzichten.[140]

*Messung der Kooperation sonst nur auf Basis von Patentdaten oder Interview- und Fragebogentechniken:* Für die Messung der Kooperation finden neben Interview- und Fragebogentechniken[141] ebenfalls Auswertungen von Patentdaten Anwendung.[142] Dabei ist weder bei der Auswertung von Patentzitationen noch bei der Analyse von Patenten mit mehreren Erfinderländern („Cross Country Patents") von einem direkten Zusammenhang mit der Kooperation auszugehen. So kann trotz existierender Patentzitationen zwischen Schutzrechten verschiedener F&E-Einheiten die Kooperation zwischen den Standorten unterdurchschnittlich sein. Auch die „Cross Country Patents" zeigen für eine Analyse der Kooperation erhebliche Defizite. An dieser Stelle sei in Bezug auf die Defizite der „Cross Country Patents" auf den vorherigen Absatz zur Messung der F&E-Internationalisierung auf Basis von Patentdaten verwiesen. Bergek/Berggren (2004, S. 1289) beschreiben selbst, dass „(...) studies of patenting cannot answer questions concerning the extent and importance of co-operation and knowledge integration in actual innovation activities, but can only provide broad indicators." Die Messung der Kooperation anhand von Interview- und Fragebogentechniken scheint im direkten Vergleich deutlich zuverlässiger, ist jedoch bei longitudinalen Fragestellungen nur sehr schwer umsetzbar und begrenzt unter anderem damit die Stichprobengröße. Zudem wäre ein *Respondent Bias* bei Fragebogentechniken kaum vermeidbar.[143]

Auf Basis der dargelegten inhaltlichen und methodischen Defizite lässt sich weiterer Forschungsbedarf ableiten. Ebenso lässt sich daraus der zu erfüllende Forschungsbeitrag dieser Arbeit skizzieren. So soll im Rahmen dieser Arbeit eine multivariate Untersuchung deutscher Unternehmen in Hinblick auf Determinanten und Auswirkungen internationaler Organisationsstrukturen in F&E unter Berücksichtigung eines mehrere Branchensektoren umfassenden Panel-Datensatzes erfolgen. Dabei gilt

---

[139] Vgl. Patel (2007), S. 10: "The main problem in relation to our project is that for many PCT filings inventor country information is missing."
[140] Griliches (1998a), S. 296; Thomas u.a. (2011), S. 4
[141] Für die Messung der Kooperation finden in den dargestellten Arbeiten sowohl mit als auch ohne direkten Bezug zu Gassmann/Zedtwitz (1999) überwiegend Interview- und Fragebogentechniken Anwendung.
[142] Vgl. Bergek/Berggren (2004); Almeida u.a. (2002)
[143] Vgl. Morris (1994), S. 904

es, für die Messung der Untersuchungsdimensionen nach Gassmann/Zedtwitz (1999) eine von den bisher gewöhnlichen Verfahren abweichende, alternative Methodik anzuwenden.

## 2.3 F&E-Untersuchungsdimensionen nach Gassmann/Zedtwitz (1999)

Im folgenden Unterkapitel soll ausführlicher auf die Untersuchungsdimensionen nach Gassmann/Zedtwitz (1999) eingegangen werden. Dabei wird zunächst der Bezug zu Bartlett (1986) und Perlmutter (1969) erläutert. In Abschnitt 2.3.1 erfolgt anschließend die Betrachtung der Untersuchungsdimension *F&E-Streuung* sowie in Abschnitt 2.3.2 die Darstellung der Dimension *Grad der Kooperation* zwischen F&E-Standorten.

Wie in Abschnitt 2.1.1 bereits aufgegriffen, basiert das Modell von Gassmann/Zedtwitz (1999) im Grunde auf der Unterscheidung multinationaler Unternehmen nach Bartlett (1986) sowie der unternehmenskulturellen Ausrichtung („Behavioral Orientation") nach Perlmutter (1969). Um die Untersuchungs-dimensionen *F&E-Streuung* und *Grad der Kooperation* im Modell von Gassmann/ Zedtwitz (1999) weiter zu erörtern, ist ein vorheriger Blick auf die Modelle von Perlmutter und Bartlett unabdingbar.

Perlmutter (1969) unterscheidet in seiner Arbeit *„The Tortuous Evolution of the Multinational Corporation"* drei Haltungen von Unternehmenszentralen gegenüber ihren Tochtergesellschaften, die auf das Verhalten und die Einstellung des Managements zurückgehen: *ethnozentrisch* oder Heimatmarkt-orientiert, *polyzentrisch* oder Gastland-orientiert und *geozentrisch*, was mit Welt-orientiert beschrieben wird.[144]

*Ethnozentrisch* geprägte Unternehmen zeichnen sich durch eine komplexe Struktur im Heimatland und eine einfache in den Tochtergesellschaften aus. Die Standards des Heimatmarkts gelten für das gesamte Unternehmen, Gehälter und Disziplin sind am Stammsitz hoch und in den Landesgesellschaften niedriger. Die Kommunikation ist gekennzeichnet durch Anweisungen von der Zentrale an die Tochter- bzw. Landesgesellschaften.[145] Eine *polyzentrische* Haltung zeigt sich in einer vielfältigen, unabhängigen Unternehmensstruktur. Die Entscheidungskompetenz des Stammsitzes

---

[144] Vgl. Perlmutter (1969), S. 11 ff.; bereits Perlmutter weist daraufhin, dass diese Haltungen nie in Reinform vorliegen, dennoch sei jedes Unternehmen im Schwerpunkt einer dieser Haltungen zuzuordnen.

[145] Vgl. Perlmutter (1969), S. 11 f.; die vorliegende Arbeit verwendet die Begriffe „Tochtergesellschaft" und „Landesgesellschaft" synonym.

ist vergleichsweise gering und Regularien werden lokal festgelegt. Zwischen den Landesgesellschaften wie auch zwischen Landesgesellschaft und Stammsitz besteht ein lediglich limitierter Informationsfluss. Unternehmen mit *geozentrischer* Haltung weisen schließlich eine zunehmend komplexe Struktur auf. Es besteht eine kollaborative Zusammenarbeit zwischen Stammsitz und Landesgesellschaften. Standards existieren auf übergeordneter und lokaler Ebene. Informationen fließen sowohl vom Stammsitz in die Landesgesellschaften und umgekehrt als auch zwischen den Landesgesellschaften.[146]

Die Begriffe polyzentrisch, ethnozentrisch und geozentrisch, die auf den von Perlmutter (1969) definierten Haltungen basieren, finden sich bei Gassmann/Zedtwitz (1999) wieder. Abbildung 2.4 zeigt, dass der stark kooperierende und schwach gestreute Modelltyp von Gassmann/Zedtwitz (1999) als *geozentrisch zentralisierte F&E* beschrieben wird. Als *polyzentrisch dezentralisierte F&E* werden dagegen stark gestreute und kompetitiv ausgerichtete Modelltypen bezeichnet. *Ethnozentrisch zentralisierte F&E* steht für einen niedrigen Grad der Kooperation bei gleichzeitig geringer Streuung.[147]

Gassmann/Zedtwitz (1999) greifen für ihr Modell ausdrücklich auch auf Aspekte der Arbeit von Bartlett (1986) mit dem Titel *„Building and Managing the Transnational: The New Organizational Challenge"* zurück. So schreiben die Autoren: „The differentiation of international, multinational, global and transnational companies by Bartlett (1986) is fundamental to the analysis of internationalization of corporations."[148]

Bartlett (1986, S. 372) unterscheidet in seinem Modell zwischen den beiden Parametern *„Forces for Global Coordination/ Integration"* und *„Forces for National Responsiveness/ Differentiation"*. Auf dieser Grundlage ergeben sich die vier Modelltypen der internationalen, globalen, transnationalen und multinationalen Organisation.[149] Dabei stellt die *globale Organisation* den zentralen Ansatz und die *multinationale Organisation* den dezentralen mit der höchsten Unabhängigkeit und

---

[146] Vgl. Perlmutter (1969), S. 12 f.
[147] Vgl. auch Boutellier u.a. (2008), S. 78
[148] Gassmann/Zedtwitz (1999), S. 236; vgl. auch Boutellier u.a. (2008), S. 78
[149] Vgl. Bartlett/Ghoshal (1989), S. 65

geringsten Vernetzung der dezentralen Einheiten dar.[150] Die *internationale Organisation*, als eine Mischform, zentralisiert Kernkompetenzen, während sie andere Bereiche dezentralisiert. Im Vergleich zur *globalen Organisation* ist sie damit weniger effizient, beispielsweise hinsichtlich des Aufbaus von Mitteln und des operativen Einsatzes. Gleichzeitig ist sie weniger reaktionsfreudig als die *multinationale Organisation*. Alle drei Modelltypen haben gemein, dass der Fokus der dezentralen Einheiten auf ihre jeweilige Region limitiert ist, während die Zentrale eine übergeordnete und koordinierende Rolle spielt. Die *transnationale Organisation* setzt schließlich auf selektive Entscheidungen anstatt auf zentrale oder dezentrale Ansätze.[151] Aufgrund der stärker werdenden Kräfte sowohl in Richtung Integration als auch in Richtung Differenzierung wird die *transnationale Organisation* von Bartlett als Zielzustand angesehen. Im Idealtyp überwindet sie den Widerspruch zwischen globaler Effizienz und nationaler Reaktionsfreudigkeit und ist zudem in der Lage, Knowhow weltweit zu entwickeln und anzuwenden.[152]

Die beschriebenen Organisationsmodelle beeinflussen das F&E-Modell nach Gassmann/Zedtwitz (1999) sowie die dem Modell zugrunde liegenden Dimensionen maßgeblich: „Based on the work of Bartlett (1986) regarding the structure of MNCs and the work of Perlmutter (1969) on basic behavioral patterns of MNCs, we attempted to classify R&D organization according to the dispersion of R&D activities and the degree of cooperation between individual R&D units."[153]

Als Begründung für die beiden gewählten Dimensionen *F&E-Streuung* und *Grad der Kooperation* geben Gassmann/Zedtwitz (1999, S. 235) auf Basis ihrer Analyse weiter an, dass diese beiden Faktoren den internationalen Innovationsprozess entscheidend beeinflussen.[154] Was unter anderem in diese Analyse einfließt, zeigt ein Blick auf das Untersuchungsvorgehen. In den Interviews mit Vertretern der analysierten

---

[150] Vgl. Bartlett/Ghoshal (1989), S. 58; vgl. zur Beschreibung multinationaler Netzwerke auch Ghoshal/Bartlett (1990), S. 609

[151] Vgl. Bartlett/Ghoshal (1989), S. 59 ff.

[152] Vgl. Bartlett (1986), S. 377; Bartlett/Ghoshal (1989), S. 57; hier weisen die Autoren darauf hin, dass es sich bei diesem Typus um ein Idealbild handelt, nicht um die Beschreibung eines konkreten Unternehmens, und dass der Aufbau und die Koordination einer transnationalen Organisation in der Realität nicht einfach ist; Bartlett/Ghoshal (1989), S. 66 ff. weisen auch auf die Herausforderungen hin, die dieser Modelltyp aufgrund seiner hohen Komplexität mit sich bringt.

[153] Gassmann/Zedtwitz (1999), S. 235; vgl. auch die aktuelleren Arbeiten der Autoren Zedtwitz/Gassmann (2002), S. 236; Boutellier u.a. (2008), S. 78

[154] Die zugrunde liegende Analyse basiert auf 195 teilstandardisierten Interviews in 33 Technologieunternehmen mit Stammsitz in Europa, den Vereinigten Staaten und Japan.

Unternehmen wurden Autonomie und Abhängigkeit der dezentralen F&E-Einheiten, Ressourcenverteilung sowie Kapital- und Investitionsströme angesprochen. Außerdem wurde der steigende Anteil von F&E-Aufwendungen im Ausland als ein Aspekt thematisiert.[155] Weiterhin wurden in Folgegesprächen die Ergebnisse der Sekundärforschung in Bezug auf die F&E-Organisation und transnationale F&E-Projekte mit den Unternehmensvertretern verifiziert.[156]

Um die Untersuchungsdimensionen letztlich konkreter zu fassen, bietet sich ein Blick auf die entsprechenden Modelltypen an. Für jede der beiden Dimensionen gibt es zwei Typen, die entweder die schwächste oder stärkste Ausprägung einer Dimension darstellen (vgl. Abbildung 2.4). In den folgenden Abschnitten 2.3.1 und 2.3.2 werden die Modelltypen näher betrachtet. Dabei werden ebenso die beiden zugrunde liegenden Dimensionen detaillierter erörtert. Des Weiteren wird ihre Verwendung im Rahmen der vorliegenden Arbeit definiert.

### 2.3.1 F&E-Streuung

Gassmann/Zedtwitz (1999, S. 235) definieren eine der beiden Untersuchungs-dimensionen als *„Dispersion of R&D"*, also die Streuung der F&E-Aktivitäten einer Organisation. Die Ausprägungen dieser Dimension reichen von zentraler bis dezentraler F&E.[157] Verteilte F&E-Standorte werden in diesem Zusammenhang als Indikator für eine Streuung der F&E genannt.[158] Gassmann/Keupp (2011, S. 184) verwenden in der deutschen Arbeit die Bezeichnung *„Streuung interner Kompetenzen und Wissensbasen"*.

Ein Blick auf die Ausprägung der *F&E-Streuung* anhand der Modelltypen zeigt dementsprechend auch, dass die beiden Modelltypen *ethnozentrisch zentralisierte F&E* und *geozentrisch zentralisierte F&E*, die für die geringste Ausprägung der Dimension stehen, ausschließlich eine zentrale F&E im Heimatland aufweisen. Die

---

[155] Vgl. Boutellier u.a. (2008), S. 77
[156] Vgl. Gassmann/Zedtwitz (1999), S. 235
[157] Vgl.Gassmann/Zedtwitz (1999), S. 245
[158] Vgl. Gassmann/Zedtwitz (1999), S. 235: „Besides distributed R&D sites, transnational R&D processes also require a favorable attitude towards cooperation and free flow of information."; als häufigste Entstehungsweisen für diese dezentralen Standorte nennen Boutellier u.a. (2008) den „Greenfield"-Ansatz, Expansion von F&E-Fähigkeiten oder Akquisitionen im Ausland.

Autoren sprechen in diesem Zusammenhang auch vom „Think Tank", bei dem jegliche F&E geschützt zentral gehalten wird.[159]

Demgegenüber stehen mit der höchsten *Streuung* die Modelltypen *polyzentrisch dezentralisierte F&E* und *integriertes F&E-Netzwerk*. Organisationen des Typs *polyzentrisch dezentralisierte F&E* zeichnen sich durch einen dezentralen F&E-Verbund aus, der keiner zentralen Kontrolle unterliegt. Das bedeutet eine hohe Streuung bei niedriger Kooperation.[160] Das *integrierte F&E-Netzwerk* weist ebenfalls eine hohe internationale Streuung der Standorte auf, setzt aber auf ein „Lead-Country Concept" und damit eine Partnerschaft zwischen den Kompetenzzentren, die auch die zentrale F&E-Einheit als gleichgestelltes Element einschließt.[161]

Basierend auf der beschriebenen Sichtweise der Autoren wird die Definition der *F&E-Streuung* im Rahmen dieser Arbeit wie folgt spezifiziert:

> *F&E-Streuung ist die internationale Verteilung von Standorten des Funktionsbereichs F&E.*

Dabei verwendet die vorliegende Arbeit die Begriffe „F&E-Streuung", „F&E-Internationalisierung" und „F&E-Dispersion" synonym. Dezentrale Standorte bezeichnen Standorte außerhalb des Heimatlandes. Für diese werden in Anlehnung an die Literatur auch die Begriffe „Foreign Direct Investment (FDI)", „dezentrale F&E-Einheiten", *„dispersed* F&E-Einheiten" und „ausländische F&E-Einheiten" verwendet. Eine Verteilung mehrerer F&E-Standorte im Heimatland ist im Rahmen dieser Arbeit als *„ domestic ",* also zentralisiert, definiert.

## 2.3.2  Grad der Kooperation

Die zweite Dimension des F&E-Modells nach Gassmann/Zedtwitz (1999, S. 235) wird beschrieben als „degree of cooperation between individual R&D units". Dabei werden die Ausprägungen dieser Dimension in der Modelldarstellung von Gassmann/Zedtwitz (1999, S. 245) auf der einen Seite als „Competition" und auf der anderen als

---

[159] Vgl. Gassmann/Zedtwitz (1999), S. 236 ff.; vgl. auch Boutellier u.a. (2008), S. 80 ff.

[160] Vgl. Boutellier u.a. (2008), S. 83 f.; Gassmann/Zedtwitz (1999), S. 239; die Autoren führen diese Struktur bei einigen Unternehmen auf Mergers & Acquisitions zurück, in deren Folge nicht alle Synergiepotentiale im F&E-Bereich gehoben werden konnten; vgl. hierzu auch Boutellier u.a. (2008), S. 29 f.

[161] Vgl. Boutellier u.a. (2008), S. 88 ff.

„Cooperation" beschrieben. Die deutsche Arbeit von Gassmann/Keupp (2011, S. 184) bezeichnet die Dimension als „Grad der Kooperation zwischen F&E-Standorten".

Gassmann/Zedtwitz (1999, S. 235 f.) nennen eine positive Einstellung zur Zusammenarbeit und einen freien Informationsfluss als Voraussetzungen für einen internationalen F&E-Prozess und begründen damit, weshalb sie die Beziehung zwischen den einzelnen F&E-Einheiten als Dimension der *Kooperation* in ihrem Modell berücksichtigen. Die Zusammenarbeit zwischen zentralen und dezentralen Einheiten stellt demnach den Kern dieser Untersuchungsdimension dar. Die Autoren konstatieren, dass eine internationale F&E wesentlich komplexer ist als ein rein zentrales F&E-Management.[162]

Ein Blick auf die jeweiligen Modelltypen mit der höchsten bzw. niedrigsten *Kooperation* macht dies deutlich. Gassmann/Zedtwitz (1999) beschreiben die niedrigste Form der *Kooperation* zwischen den F&E-Einheiten als Wettbewerb. Dies liegt bei den Modelltypen *ethnozentrisch zentralisierte F&E* und *polyzentrisch dezentralisierte F&E* vor.[163] Dabei zeichnet sich Ersterer durch eine enge, zentrale Koordination und Kontrolle der F&E-Aktivitäten aus. Informationsfluss und Entscheidungsstrukturen zwischen der F&E-Zentrale und den dezentralen Einheiten sind asymmetrisch.[164] Bei der *polyzentrisch dezentralisierten F&E* mit ihrem Fokus auf Produkt(weiter)entwicklungen findet nur geringe *Kooperation* zwischen den F&E-Einheiten statt.[165]

Die Modelltypen mit einer starken Ausprägung der *Kooperation* sind die *geozentrisch zentralisierte F&E* und das *integrierte F&E-Netzwerk*. Bei der *geozentrisch zentralisierten F&E* ist die zentrale F&E in engem Kontakt mit den internationalen Standorten.[166] Beim *integrierten F&E-Netzwerk* wird die Zusammenarbeit hingegen wesentlich weniger zentral koordiniert. Die Kooperation ist vergleichbar hoch, dafür aber multidimensional. Einzelne F&E-Einheiten, ausdrücklich auch dezentrale Einheiten, agieren als weltweite Kompetenzzentren für Technologien oder Produkte und haben somit die Koordination für den jeweiligen Bereich inne. Dies erfordert

---

[162] Vgl. Gassmann/Zedtwitz (1999), S. 233
[163] Vgl. Boutellier u.a. (2008), S. 78
[164] Vgl. Gassmann/Zedtwitz (1999), S. 236
[165] Vgl. Boutellier u.a. (2008), S. 84; Gassmann/Zedtwitz (1999), S. 239
[166] Vgl. Boutellier u.a. (2008), S. 81 f.; Personal wird zum Beispiel über die Zentrale weltweit rekrutiert und international sensibilisiert um dann an die Außenstellen entsendet zu werden, wo sie mit der Produktion vor Ort zusammenarbeiten.

komplexe Koordinationsstrukturen, was wiederum mit hohen Koordinationskosten verbunden ist.[167]

Entsprechend der vorgestellten Arbeiten und Sichtweisen wird der *Grad der Kooperation* für die vorliegende Arbeit wie folgt definiert:

> *Grad der Kooperation ist die Zusammenarbeit zwischen einzelnen Einheiten innerhalb einer F&E-Organisation.*

Dabei versteht die vorliegende Arbeit unter „Zusammenarbeit"[168] auch den Informationsaustausch zwischen den Einheiten und verwendet die Begriffe „Knowhow-Transfer" und „Wissensaustausch" synonym. Für eine niedrige Kooperation steht dabei unter anderem ein schwacher oder stark asymmetrischer Informationsfluss zwischen den F&E-Einheiten.[169]

Welche Auswirkung die Höhe des Kooperationsgrads auf eine Organisation hat, beschreiben Gassmann/Zedtwitz (1999) in einem Vergleich zwischen der *polyzentrisch dezentralisierten F&E* und dem *integrierten F&E-Netzwerk*. Beide Modelltypen zeichnen sich durch eine hohe Streuung aus. Das *integrierte F&E-Netzwerk* ist aber in der Lage, das lokale Wissen und die Expertise besser für den Vorteil des Gesamtunternehmens zu nutzen.[170]

## 2.4 Patentanmeldungen als Indikator für F&E-Effizienz

Nachdem im Rahmen der Darstellung des Forschungsstands zur Untersuchung von F&E-Organisationsstrukturen in Abschnitt 2.2.1 bereits die Verwendung von Patentdaten zur Messung von F&E-Streuung und Grad der Kooperation diskutiert wurden, soll im Folgenden die Analyse von Patentdaten als Indikator für F&E-Effizienz erörtert werden.

---

[167] Vgl. Boutellier u.a. (2008), S. 88 ff.; Gassmann/Zedtwitz (1999), S. 243 ff.

[168] Im Englischen finden die Begriffe „Collaboration" und „Cooperation" Berücksichtigung.

[169] Vgl. auch Asakawa (2001b), der die Intensität des Informationsflusses ebenfalls als Untersuchungsdimension in seinem Modell abbildet; vgl. auch Kuemmerle (1997), der sich mit der Richtung des Informationsflusses beschäftigt; zu beiden Modellen vgl. auch Unterkapitel 2.1 dieser Arbeit.

[170] Vgl. Gassmann/Zedtwitz (1999), S. 244

Patentdatenerhebungen gelten in der Innovationsökonomie als anerkannter Indikator zur Messung von Innovation und F&E-Effizienz in Unternehmen.[171] Hagedoorn/Cloodt (2003, S. 1368) konstatieren diesbezüglich: „(...) certainly in large parts of the economics literature, raw patent counts are generally accepted as one of the most appropriate indicators that enable researchers to compare the inventive or innovative performance of companies in terms of new technologies, new processes and new products."[172]

Patentdaten besitzen als ökonomischer Indikator eine Reihe von Vorteilen. So gelten Patentdaten als überaus objektiv, da die Patentierung gesetzlich geregelt ist und damit ein einheitliches Verständnis über deren Inhalt und Zielsetzung besteht.[173] Dabei basieren sie auf einem konkreten und vor allem beständigen Standard. Patente stehen per Definition in direktem Bezug zur Erfindung und sind im Vergleich zu vielen anderen F&E-relevanten Daten gut verfügbar.[174] So gelten für die Wissenschaft verwertbare Daten zu F&E grundsätzlich als ein Mangel.[175] Patentdaten hingegen sind für lange Zeitperioden dokumentiert und eignen sich damit im Besonderen für longitudinale Forschungsfragestellungen (vgl. Unterkapitel 3.1). Des Weiteren besitzen Patentdaten eine Fülle relevanter Informationen. Dadurch sind geographische und technologische Zuordnungen möglich.[176] Ebenso geben Patente Auskunft über Erfinder des Patents, Datum der Veröffentlichung, Patentzitationen sowie eine Vielzahl weiterer Details. Damit besteht die Möglichkeit, zusätzlich zur rein quantitativen Untersuchung, Analysen zum Vorgang der zugrunde liegenden Forschung sowie der Erfindung als Grundlage der technologischen Innovation vorzunehmen.[177] Laut Griliches (1998a, S. 336) bleiben die Patentstatistiken damit „(...) a unique resource for the analysis of the process of technical change. Nothing else even comes close in the quantity of available data, accessibility, and the potential

---

[171] Vgl. Scherer (1965), S. 1098 f.; Pavitt (1985), S. 77 ff.; Hall u.a. (1986), S. 265 ff.; Griliches (1998a), S. 289 ff.; Thomas u.a. (2011), S. 4; Neuhäusler u.a. (2011), S. 2; laut Griliches (1998a), S. 297 war Schmookler (1952) der Erste, der Patentdaten als „Index of Inventive Output" nutzte.

[172] Hagedoorn/Cloodt (2003) verweist dabei auf die Arbeiten von Acs/Audretsch (1989); Aspden (1983); Bresman u.a. (1999); Cantwell/Hodson (1991); Freeman/Soete (1997); Griliches (1998b); Napolitano/Sirilli (1990); Patel/Pavitt (1995); Pavitt (1988).

[173] Vgl. Bundesministerium der Justiz und für Verbraucherschutz (2015), §1 Abs. 1 Nr. 1 PatG: „Patente werden für Erfindungen auf allen Gebieten der Technik erteilt, sofern sie neu sind, auf einer erfinderischen Tätigkeit beruhen und gewerblich anwendbar sind."

[174] Vgl. Griliches (1998a), S. 287

[175] Vgl. Patel (2007), S. 15

[176] Vgl. Patel (1996), S. 42

[177] Vgl. Tarasconi/Kang (2015), S. 3 ff.

industrial, organizational, and technological detail." Die angeführten Vorteile sind nicht zuletzt der Grund, warum Patentdaten zu den am häufigsten genutzten Indikatoren für Innovation gehören. Dies steht in Einklang mit der Tatsache, dass innerhalb der letzten Jahre in der Innovationsökonomie eine Proliferation von patentbasierten Studien zu verzeichnen ist.[178]

Neben den dargelegten Vorteilen weisen Patentdaten auch Limitationen auf. Zum einen werden laut Patentgesetz Erfindungen nicht als Patent angesehen, sofern es sich dabei um „Pläne, Regeln und Verfahren für gedankliche Tätigkeiten, für Spiele oder für geschäftliche Tätigkeiten sowie Programme für Datenverarbeitungsanlagen"[179] handelt. Damit wird vor allem der Branchensektor *Software* in seiner Patentierfähigkeit von zum Beispiel Quellcode eingeschränkt.[180] Die vorliegende Untersuchung verwendet im Rahmen der multivariaten Analyse Dummy-Variablen für alle Branchensektoren.[181] Die Sonderrolle des Branchensektors *Software* kann damit sichtbar gemacht werden und muss bei der Betrachtung der Ergebnisse im Kapitel 4 berücksichtigt werden. Zum anderen werden nicht alle Erfindungen patentiert, wenn zum Beispiel Unternehmen ihre Erfindungen nicht öffentlich machen wollen. Des Weiteren ist zu konstatieren, dass Erfindungen in Hinblick auf ihre „Qualität" und die „innovative Implikation" variieren können.[182] Beiden zuletzt genannten Limitationen soll im Rahmen der vorliegenden Untersuchung durch die Größe der Stichprobe entgegengewirkt werden (vgl. Unterkapitel 3.1).

Patentstatistiken lassen sich in vier Arten der Analyse unterscheiden: erstens die Analyse der Patentzitationen, zweitens die der Patentanzahl, drittens die der Technologieklassen und viertens die der Erfinder. Im Rahmen der Zitationsanalyse können sowohl vorwärtsgerichtete als auch rückwärtsgerichtete Zitationen zwischen Patenten analysiert werden. Dabei liegt die Zielsetzung der vorwärtsgerichteten Analyse in der Regel auf der Messung des technologischen Wertes, wobei die rückwärtsgerichtete Analyse in den meisten Fällen für die Identifikation des Patentursprungs dient. Die Analyse der Patentanzahl kann neben der klassischen Anzahl von Patenten auch auf die Anzahl von Patentfamilien ausgerichtet sein (vgl.

---

[178] Vgl. Frietsch/Schmoch (2010), S. 185
[179] Bundesministerium der Justiz und für Verbraucherschutz (2015), §1 Abs. 3 Nr. 3 PatG
[180] Vgl. Patel (1996), S. 42
[181] Vgl. zur Vorgehensweise Scherer (1965), S. 1098: „Interindustry differences in the propensity to patent will be analyzed through the use of dummy variables."
[182] Vgl. Griliches (1998a), S. 296; Penner-Hahn/Shaver (2005), S. 127 f.

auch Abschnitt 3.3.2). Des Weiteren kann hierbei zwischen Patentanmeldungen und erteilten Patenten differenziert werden. Die Analyse der Technologieklassen erlaubt zusätzlich eine weiter aggregierte Sichtweise. Abschließend lässt die Untersuchung der Erfinder eine Auswertung der Anzahl von Erfindern, die Identifikation der Erfinder mit Namen, die Auswertung deren Heimatlands und damit eine Vielzahl von weiteren möglichen Rückschlüssen zu (vgl. auch Abschnitt 2.2.2).[183]

Aufgrund der Tatsache, dass für die vorliegende Fragestellung eine personenbezogene Analyse der Erfinder nicht zielführend ist und eine Untersuchung der Technologieklassen[184] in Form von Branchenzuordnungen der Unternehmen erfolgt (vgl. Unterkapitel 3.1), kommen für die Messung der F&E-Effizienz die Analyse der Patentanzahl oder die Zitationsanalyse in Frage. Eine Vielzahl von wissenschaftlichen Arbeiten verwendet für die Untersuchung des „Outputs" von F&E die Analyse der Patentanzahl. Le Bas/Sierra (2002) untersuchen die Determinanten ausländischer Technologiestandorte und bestimmen dabei die „Innovation Activity" anhand von Patentanmeldungen am Europäischen Patentamt. Thomas u.a. (2011) setzen die Patentanzahl ins Verhältnis zu den F&E-Ausgaben und berechnen unter zusätzlicher Berücksichtigung von wissenschaftlichen Publikationen die „R&D-Efficiency". Penner-Hahn/Shaver (2005) messen den „Innovative Output" anhand der Anzahl von US-Patenten. Auch Henderson/Cockburn (1996) nutzen die Patentanzahl zur Messung der „Research Productivity".[185] Aufgrund der in der Innovationsökonomie etablierten Methodik findet im Rahmen der vorliegenden Untersuchung ebenso eine Analyse der Patentanzahl, im Speziellen eine Auswertung der Anzahl von Patentfamilien (siehe dazu Abschnitt 3.3.2), Anwendung. In der Literatur sind in diesem Zusammenhang die Bezeichnungen Innovationsaktivität bzw. -leistung und F&E-Effizienz gängige Begriffe. Beide kann man kritisieren. So ist der Begriff Innovation viel breiter und kann sich neben der Produktinnovation zum Beispiel auch auf Verfahren oder Prozesse beziehen. F&E-Effizienz stellt im eigentlichen Sinne eine Output-Größe im Verhältnis zum Input dar. Dabei stellt sich die Frage nach dem relevanten Input. Im

---

[183] Vgl. Tarasconi/Kang (2015), S. 5 ff.

[184] Die Technologieklassifizierung auf Basis der „International Patent Classification" (IPC) ist „heterogeneous as the headings correspond to technological principles, to applications or to functions; a single patent may therefore be classified simultaneously under several headings" (vgl. Le Bas/Sierra (2002), S. 598); daher eignet sich die IPC-Klassifizierung für die vorliegende Untersuchung nur eingeschränkt.

[185] Vgl. Henderson/Cockburn (1996), S. 40; die Autoren berücksichtigen dafür alle angemeldeten Patente, die mindestens in zwei von drei Märkten (Vereinigte Staaten, Japan oder Europa) erteilt wurden.

Rahmen der vorliegenden, multivariaten Untersuchung (vgl. Kapitel 4.4) werden hierfür F&E-Ausgaben und Größe der Unternehmen berücksichtigt, wenn auch die Kontrolle innerhalb der Regressionsmodelle in zwei getrennten Variablen und als Ausgaben im Verhältnis zum Umsatz bzw. als logarithmierte Unternehmensgröße erfolgt. Für diese Arbeit wird folgende Definition festgehalten:

*F&E-Effizienz ist die Anzahl der angemeldeten Patentfamilien eines Unternehmens in einem Jahr.*

Für eine zusätzliche Analyse der Patentzitationen zur Gewichtung der Patente wäre eine Bestimmung der zitierten Dokumente auf Ebene der Patentfamilienmitglieder und eine nachfolgende Aggregation notwendig. Um mögliche Doppelzählungen von Patenten zu vermeiden, fokussiert sich die vorliegende Arbeit im Rahmen der Patentdatenerhebung jedoch bewusst auf eine Analyse der Patentfamilien.[186] Daher wird auf eine weiterführende Zitationsanalyse und die damit in Verbindung stehende Veränderung des zu untersuchenden Aggregationsniveaus, inklusive der Gefahr von Doppelzählungen, verzichtet. Dadurch wird zusätzlich sichergestellt, dass es zu keiner Verzerrung aufgrund des Zitationsniveaus, verursacht durch das Patentalter, kommt.[187]

Wie bereits erläutert, können bei Analysen zur Patentanzahl sowohl Patentanmeldungen als auch Patenterteilungen erhoben werden. Grupp (1998, S. 150 f.) sieht die Tatsache, dass eine Anmeldung existiert, bereits als Beleg für Innovation. Die Analyse der Patenterteilungen hingegen beinhaltet zwei grundlegende Defizite. Erstens kann es dabei zu Verzerrungen kommen, wenn zum Beispiel die Erfindung trotz Patentanmeldung nicht zu einer Erteilung führt. So werden häufig Patentanmeldungen aufgrund von kurzen Lebenszyklen der zugrunde liegenden Produkte von den Erfindern nicht über die Anmeldephase hinaus verfolgt.[188] Zweitens kann sich die Erteilung eines Patentes über viele Jahre hinziehen. Im deutschen Patentgesetz erfolgt die Überprüfung der Patentierfähigkeit der Anmeldung auf Antrag. Dieser Antrag kann bis zum Ablauf von sieben Jahren gestellt werden.[189] Hinzu kommt die Zeit der Überprüfung der Anmeldung. Eine Auswertung der

---

[186] Vgl. Tarasconi/Kang (2015), S. 13; Patel (2007), S. 16; des Weiteren wird in Abschnitt 3.3.2 gesondert auf die Analyse der Patentfamilien und die damit in Verbindung stehenden Vorzüge bei Auswertungen über mehrere Patentämter eingegangen.

[187] Vgl. Grupp (1998), S. 154 f.; so ist die Wahrscheinlichkeit einer Patentzitation abhängig vom Alter des Patents.

[188] Vgl. Grupp (1998), S. 150 ff.

[189] Vgl. Bundesministerium der Justiz und für Verbraucherschutz (2015), § 44 Abs. 1 und 2 PatG

Patenterteilungen vor dieser theoretisch möglichen Erteilungsperiode würde zu einem erheblichen Unsicherheitsfaktor führen. Daher baut eine Vielzahl von Studien auf den Anmeldungen von Patenten auf.[190] Des Weiteren konstatieren Hagedoorn/Cloodt (2003, S. 1375) als Ergebnis ihrer Untersuchung von fast 1.200 Unternehmen in vier Hightech-Industrien, dass zwischen den unterschiedlichen Indikatoren zu Innovationsstärke, F&E-Input, Patentanzahl, Patentzitationen und Produktneu-entwicklungen („New Product Announcements") kein wesentlicher systematischer Unterschied besteht. Laut den Autoren ermöglicht die statistische Übereinstimmung, dass für Untersuchungen der Innovationsperformanz in diesem Bereich jeder der genannten Indikatoren der Analyse zugrunde liegen kann und austauschbar ist.[191]

Der Kern dieser Arbeit liegt in der Untersuchung von F&E-Organisationsstrukturen. An dieser Stelle wird daher aus Platzgründen bewusst auf eine umfassende Aufarbeitung des aktuellen Forschungsstandes zu generellen empirischen Untersuchungen auf Basis von Patenten verzichtet. Allerdings stellt die Übersicht des Forschungsstandes mit direktem Bezug zu Gassmann/Zedtwitz (1999) bereits die relevanten empirischen Arbeiten, die auf den Untersuchungsdimensionen dieser Arbeit aufbauen und gleichzeitig auf Basis von Patentanalysen Aussagen zur F&E-Effizienz treffen, vor (vgl. Abschnitt 2.2.1). Dabei misst Belderbos (2001) die F&E-Intensität auf Basis von Patenterteilungen am Umsatz von japanischen Eletronikunternehmen. Chen u.a. (2012) untersuchen unter Berücksichtigung von Patentdaten des USPTO die „Innovation Performance" taiwanesischer IT-Unternehmen. An dieser Stelle wird hinsichtlich weiterer Details auf Abschnitt 2.2.1 dieser Arbeit verwiesen.

## 2.5    Formulierung der Hypothesen zu Organisationsstrukturen in F&E

Gassmann/Zedtwitz (1999) nennen in ihrer Arbeit die Untersuchung von Ursache und Wirkung (*„Cause and Effect"*) organisatorischer Veränderung internationaler F&E als weiteren Forschungsbedarf.[192] Im folgenden Unterkapitel werden daher die Hypothesen der vorliegenden Arbeit entsprechend der Untersuchungskonzeption von *Causes and Consequences*[193], also den Determinanten auf der einen Seite und den

---

[190] Vgl. Zum Beispiel Hall u.a. (1986); Le Bas/Sierra (2002)

[191] Vgl. Hagedoorn/Cloodt (2003), S. 1365 ff.

[192] Vgl. Gassmann/Zedtwitz (1999), S. 248: „In general, the *cause and effect* of organizational change in international R&D organization requires further scrutiny and elaboration."

[193] Vgl. zur Untersuchungskonzeption von *Causes and Consequences* unter anderem Demsetz/Lehn (1985); Dechow u.a. (1996); Jensen (1988); Andersson (1998)

Auswirkungen auf der anderen Seite, hergeleitet. Die Formulierung der Hypothesen zu den Determinanten der F&E-Organisationsmodelle erfolgt entlang der in Unterkapitel 2.3 dargestellten Dimensionen nach Gassmann/Zedtwitz (1999). So werden in Abschnitt 2.5.1 zuerst die Hypothesen zur F&E-Streuung hergeleitet (Analyseteil A), bevor im nächsten Schritt die Hypothesen zum Grad der Kooperation (Analyseteil B) aufgestellt werden. In Abschnitt 2.5.2 folgt die Formulierung der Hypothesen zur Auswirkung von F&E-Organisationsmodellen auf die F&E-Effizienz (Analyseteil C).

### 2.5.1 Hypothesen zu Determinanten der Organisationsmodelle in F&E

Wie in Unterkapitel 2.3 theoretisch dargestellt, lässt sich das F&E-Organisationsmodell von Gassmann/Zedtwitz (1999) anhand der Untersuchungsdimensionen *F&E-Streuung* und *Grad der Kooperation* differenzieren. Diese Unterscheidung wird im Folgenden für die Formulierung der Hypothesen als Struktur der Determinanten aufgegriffen. Primäres Ziel der Hypothesenformulierung ist es, im Rahmen der Analyseteile A und B eine differenzierte Untersuchung der Einflussfaktoren für die F&E-Organisationsmodelle durchzuführen.

**Hypothesen zur F&E-Streuung**

Wie die NIW/ISI/ZEW-Listen durch die Abgrenzung forschungsintensiver Industrien zeigen, hat die Branchenzuordnung einen erheblichen Einfluss auf die F&E-Intensität.[194] Diese Branchenrelevanz beschreibt auch Kuemmerle (1997), indem er technologisch intensive Industrien wie *Pharma* und *Elektronik* benennt. Patel/Pavitt (1991) belegen anhand von Patentdaten, dass der weltweite Produktionsanteil großer Unternehmen stark vom Branchensektor abhängt. Auch Malerba/Orsenigo (1995) unterstützen diese Sichtweise bezüglich der Branchenrelevanz und zeigen in ihrer Arbeit, dass „patterns of innovative activities differ systematically across technological classes"[195]. Basierend auf der hohen Bedeutung der Branchen wird bezüglich des Zusammenhangs der Branche und der F&E-Streuung folgende weiterführende Hypothese aufgestellt:

---

[194] Vgl. Gehrke u.a. (2013)
[195] Malerba/Orsenigo (1995)

*H1: Branchen unterscheiden sich in Hinblick auf F&E-Streuung: Es*
*lassen sich Branchen mit mehr von solchen mit weniger F&E-Streuung*
*unterscheiden.*[196]

Trifft Hypothese H1 zu und lassen sich Branchen hinsichtlich ihrer F&E-Streuung
unterscheiden, soll in einem weiteren Schritt untersucht werden, ob für einzelne
Branchen eine Zuordnung zu den Kategorien *domestic* oder *dispersed* möglich ist. Der
Branchensektor *Software* ist in Hinblick auf seine F&E-Tätigkeiten allein aufgrund des
Produktes losgelöst von festen Standorten. Die Entwicklung sowie auch die Betreuung
von Softwarelösungen kann ohne wesentliche Einschränkungen remote erfolgen.
Daher liegt im Besonderen für diesen Branchensektor eine internationale und verteilte
F&E-Organisation nahe. Ebenso lässt der Branchensektor *Konsumgüter* aufgrund von
vorwiegend international vertriebenen und hergestellten Produkten eine *dispersed-*
F&E vermuten. Der Branchensektor *Grundstoffe* hingegen umfasst Unternehmen aus
folgenden Bereichen: Forstwirtschaft und Papierindustrie, Bergbau, Öl und Gas sowie
Industriemetalle.[197] In diesen Bereichen ist insgesamt von einer vergleichsweise
überschaubaren F&E-Intensität auszugehen. Das wiederum legt nahe, dass
Unternehmen des Branchensektors *Grundstoffe* ihre F&E-Aktivitäten insgesamt
bündeln, um die kritische Masse zu erreichen und damit überhaupt F&E-Skaleneffekte
zu erzielen. Um die dargelegten Annahmen hinsichtlich der Branchenzuordnung im
Rahmen dieser Arbeit empirisch zu untersuchen, wird folgende Hypothese aufgestellt:

*H1a: Insbesondere folgende Branchen können zugeordnet werden:*
*Software und Konsumgüter sind vergleichsweise dispersed; Grundstoffe*
*vergleichsweise domestic.*[198]

Die Größe von Unternehmen wird in einer Vielzahl von Arbeiten als Grund für
Internationalisierung angeführt.[199] Andersson u.a. (2004, S. 3 f.) konstatieren: je
größer    ein    Unternehmen,    desto    größer    die    Ressourcenkapazität    für
Internationalisierungsaktivitäten. Es ist anzunehmen, dass dieses Muster auch auf die

---

[196] Die Hypothesen H1 und H1a zur branchenspezifischen F&E-Streuung sind in ihrer Formulierung
nicht unmittelbar statistisch testbar. Stattdessen werden die Hypothesen im Sinne übergeordneter
Thesen formuliert (anstatt im Sinne unmittelbar statistisch testbarer Hypothesen), die sodann
schritt- und fallweise in einer Reihe von Tests und Regressionen in Hinblick auf paarweise
signifikante Unterschiede zwischen den Branchen untersucht werden.
[197] Vgl. Deutsche Börse AG (2013b), S. 51
[198] Vgl. auch Fußnote 196
[199] Vgl. u.a. Gallo/Pont (1996); Belderbos (2001); Andersson u.a. (2004); Kranzusch/Holz (2013)

Internationalisierung von F&E übertragen werden kann. Daher wird folgende Hypothese formuliert:

*H2a: Zwischen der Unternehmensgröße und der F&E-Streuung besteht insgesamt ein positiver Zusammenhang (unabhängig von der Branche).*

Andersson u.a. (2004) finden allerdings in ihrer Untersuchung, entgegen ihrer eigenen Hypothese, keinen signifikanten Zusammenhang zwischen der Unternehmensgröße und der Internationalisierung bei kleinen Unternehmen. Auch Bonaccorsi (1992) diskutiert den aus ihrer Sicht häufig zu schematisch formulierten Zusammenhang zwischen Unternehmensgröße und Exportintensität. Daher soll in der folgenden, abgeschwächten Hypothese eine Differenzierung zwischen den Branchen in Bezug auf den Zusammenhang zwischen Unternehmensgröße und F&E-Streuung vorgenommen werden:

*H2b: Zwischen der Unternehmensgröße und der F&E-Streuung besteht auf Branchenebene ein Zusammenhang (für den jeweiligen Sektor separat).*

Internationalisierung ist als ein Prozess zu verstehen, der Zeit in Anspruch nimmt. Johanson/Vahlne (1977) haben auf Basis ihrer empirischen Forschung ein Modell für den Internationalisierungsprozess entwickelt. Dieses betrachtet im Speziellen die Aneignung, Integration und Nutzung von Markt- und Operations-Expertise sowie den dadurch inkrementellen Anstieg der Bindung zum jeweiligen Markt.[200] Es ist davon auszugehen, dass Unternehmen mit höherem Alter stärker internationalisiert sind und sich dieser Zusammenhang auch auf die Internationalisierung von F&E übertragen lässt. Daher wird in Bezug auf das Unternehmensalter folgende Hypothese aufgestellt:

*H3: Zwischen dem Unternehmensalter und der F&E-Streuung besteht ein positiver Zusammenhang.*

Die in diesem Abschnitt bislang formulierten Hypothesen H1 bis H3 konzentrieren sich auf die Determinanten der Untersuchungsdimension F&E-Streuung. Im Folgenden werden Hypothesen hinsichtlich der Dimension Grad der Kooperation aufgestellt.

---

[200] Vgl. Johanson/Vahlne (1977)

**Hypothesen zum Grad der Kooperation**

Die Bedeutung der Branche wurde bereits bei den Hypothesen H1 und H1a in Hinblick auf die F&E-Streuung unterstellt. Florida (1997) beschreibt in seiner Untersuchung ebenso für die F&E-Kooperation[201] wesentliche Unterschiede hinsichtlich der Branchenzugehörigkeit.[202] Mit einer Differenzierung der Branchen ist daher auch in Bezug auf den Grad der Kooperation in der vorliegenden Stichprobe zu rechnen. Die daraus abgeleitete Hypothese lautet wie folgt:

> *H4: Branchen unterscheiden sich in Hinblick auf den Grad der Kooperation: Es lassen sich Branchen mit mehr von solchen mit weniger Kooperation unterscheiden.[203]*

Trifft Hypothese H4 zu und lassen sich Branchen bezüglich des Grads der Kooperation unterscheiden, so ist auch davon auszugehen, dass einzelne Branchen zugeordnet werden können. Hagedoorn/Schakenraad (1994) konnten für Unternehmen aus dem Bereich der Informationstechnologie feststellen, dass diese im Vergleich zu Unternehmen der Prozessindustrie eine höhere Kooperationsintensität aufweisen. Nicht zuletzt entstehen vor allem im Bereich der *Software* zukunftweisende Entwicklungsmethoden wie zum Beispiel *Scrum* oder *Planungspoker*. Diese Methoden haben überwiegend eine effiziente Zusammenarbeit der Mitarbeiter als Kernelement. Daher liegt für den Branchensektor *Software* ein hoher Grad an Kooperation nahe. Unternehmen des Branchensektors *Grundstoffe* kommen hingegen mit den Bereichen Forstwirtschaft und Papierindustrie, Bergbau, Öl und Gas sowie Industriemetalle eher aus der so genannten *Old Economy*. Dies lässt vermuten, dass zukunftsweisende Konzepte auf Basis einer hohen Kooperation gering ausgeprägt sind. Um dieser Branchenzuordnung in Hinblick auf die Kooperation weiter nachzugehen, soll folgende Hypothese untersucht werden:

---

[201] Vgl. Florida (1997), S. 99 f.; der Autor untersucht in diesem Zusammenhang verschiedene „Team-based Approaches" und verwendet dabei den Begriff „Zusammenarbeit".

[202] Auch die Arbeiten von Gupta/Govindarajan (2000) und Minbaeva u.a. (2003) gehen von einem Brancheneinfluss aus und kontrollieren daher in ihren Untersuchungen zum Informationsfluss bzw. Knowhow-Transfer auf Industriecharakteristika.

[203] Fußnote 196 zum übergreifenden Charakter von Hypothesen H1 und H1a gilt analog für die Einordnung der Hypothesen H4 und H4a.

*H4a: Insbesondere folgende Branchen können zugeordnet werden: Software ist vergleichsweise kooperierend, Grundstoffe ist vergleichsweise nicht kooperierend.*[204]

Gassmann/Keupp (2011, S. 185) beschreiben eine hoch entwickelte IT-Infrastruktur als Anforderung für die Kommunikation in einem integrierten F&E-Netzwerk mit hohem Kooperationsgrad. Der Grad der Kooperation ist hier geprägt durch „komplexe Koordination" zwischen den Einheiten und Kommunikation wird als kritische Eigenschaft beschrieben.[205] Das lässt die Vermutung zu, dass vor allem jungen und damit agilen und meist technologieorientierten Unternehmen ein hoher Grad an Kooperation leichter fällt als alten, historisch gewachsenen und häufig durch Kontrolle geführten Unternehmen. Dies ist in Einklang mit den von Gassmann/Keupp (2011, S. 186) beschriebenen Eigenschaften *integrierter Netzwerkmodelle*, die neben vertikalen auch horizontale Karrierepfade erlauben oder durch standortübergreifende Lernprozesse sowie dazugehörige Koordinationsinstanzen geprägt sind. Auch die Arbeiten von Håkanson/Nobel (2001) und Birkinshaw u.a. (2002) beschreiben den Einfluss des Alters auf die Integration und den Knowhow-Transfer zwischen zentraler und dezentraler F&E.[206] Es wird daher unterstellt, dass das Unternehmensalter eine entscheidende Determinante für den Grad der Kooperation ist. Aus dieser Überlegung folgt folgende Hypothese:

*H5: Zwischen dem Unternehmensalter und dem Grad der Kooperation besteht ein negativer Zusammenhang.*

Die von Gassmann/Keupp (2011, S. 183 ff.) beschriebenen Eigenschaften von Unternehmen mit einer hohen Streuung der internen Kompetenzen und Wissensbasen legen des Weiteren nahe, dass eine hohe F&E-Streuung aufgrund der verteilten Einheiten einen hohen Grad an Kooperation bedingt. Håkanson/Nobel (1993a) beschreiben in ihrer Arbeit, dass dezentrale F&E unter anderem besonderen Bedarf an Koordination und Kommunikation hervorruft, um Richtung sowie Effizienz und Effektivität des technologischen Fortschritts sicherzustellen. Systeme, Vorgehensweisen und Organisationsstrukturen müssen so aufgesetzt sein, dass sowohl geographische als auch kulturelle und organisatorische Barrieren überwunden werden

---

[204] Vgl. auch Fußnote 203
[205] Vgl. Gassmann/Keupp (2011), S. 186
[206] Vgl. auch Monteiro u.a. (2008)

können.[207] Zander (1999a) nennt die Integration international verteilter technologischer Fähigkeiten als Erfolgsfaktor für internationale F&E und spricht in dem Zusammenhang auch von „Cross-fertilization"[208]. Aus den dargelegten Gründen gilt es, folgende Hypothese zu untersuchen:

*H6: Zwischen der F&E-Streuung und dem Grad der Kooperation besteht ein positiver Zusammenhang.*

Auch die Größe des Unternehmens und die damit in Verbindung stehende hohe Anzahl an Mitarbeitern lässt eine verstärkte Komplexität des Organisationsmodells und einen daher notwendigen höheren Kooperationsgrad vermuten. Gupta/Govindarajan (2000) belegen im Rahmen ihrer multivariaten Untersuchung den positiven Effekt der Unternehmensgröße auf den Wissensfluss. Diesen weisen die Autoren für den Transfer von dezentralen Einheiten sowohl zur Muttergesellschaft als auch zu anderen dezentralen Einheiten nach.[209] Auch Monteiro u.a. (2008) zeigen einen signifikanten Einfluss der Größe der Einheiten auf den unternehmensinternen („Intrafirm") Wissenstransfer.[210] Für die vorliegende Untersuchung wird daher folgende Hypothese formuliert:

*H7: Zwischen der Unternehmensgröße und dem Grad der Kooperation besteht ein positiver Zusammenhang.*

## 2.5.2 Hypothesen zu Auswirkungen von F&E-Organisationsmodellen auf die F&E-Effizienz

Neben den in Abschnitt 2.5.1 formulierten Hypothesen zur Untersuchung der Determinanten (*Causes*) von F&E-Organisationsmodellen (Analyseteile A und B) sollen im Folgenden Hypothesen zu den Wirkungen (*Consequences*) aufgestellt werden (Analyseteil C). Dabei werden neben den Untersuchungsdimensionen *F&E-Streuung* und *Grad der Kooperation* des Organisationsmodells nach Gassmann/Zedtwitz (1999) weitere für F&E relevante Einflussfaktoren, wie F&E-Aufwendungen, Unternehmensgröße und Alter, berücksichtigt. Die Hypothesen-überprüfung der *Consequences* erfolgt auf das abhängige Konzept der F&E-Effizienz, ausgedrückt durch die Anzahl der angemeldeten Patentfamilien (vgl. Unterkapitel 3.3).

---

[207] Vgl. Håkanson/Nobel (1993a), S. 409
[208] Zander (1999a), S. 195
[209] Vgl. Gupta/Govindarajan (2000), S. 485 ff.
[210] Vgl. Monteiro u.a. (2008), S. 98 ff.

Bereits Hall u.a. (1986) beschreiben in ihrer Arbeit im *International Economic Review* den Zusammenhang zwischen F&E-Ausgaben und Patenten.[211] Griliches (1990) komplementiert diese Aussage durch den Zusatz: Wenn ein Unternehmen seine Ausgaben für F&E ändert, verändert sich gleichgerichtet und nahezu gleichzeitig auch die Patentanzahl.[212] Duguet/Iung (1997) beschreiben in ihrer empirischen Arbeit den Zusammenhang zwischen F&E-Intensität und der Patentzeit. Der Zusammenhang zwischen F&E-Ratio, ausgedrückt durch die F&E-Ausgaben als Anteil am Umsatz, und Patentanmeldungen soll auch in dieser Arbeit überprüft werden. Daher wird folgende Hypothese formuliert:

> *H8: Zwischen dem F&E-Ratio und der F&E-Effizienz besteht ein positiver Zusammenhang.*

Der Zusammenhang zwischen Unternehmensgröße und Patentintensität bzw. Innovationsstärke wird in der Literatur kontrovers diskutiert.[213] Schumpeter (1942) vertritt die Sichtweise, dass die Größe von Unternehmen der stärkste Treiber für Fortschritt ist. Scherer (1965) konnte nachweisen, dass der Unternehmensumsatz einen positiven Effekt auf die Patentanzahl hat. Henderson/Cockburn (1996) belegen den positiven Zusammenhang zwischen Unternehmensgröße und Leistungsfähigkeit der F&E. Pavitt u.a. (1987) zeichnen diesbezüglich ein differenziertes Bild. Demnach sind die Innovationen pro Mitarbeiter bei Unternehmen mit mehr als 10.000 sowie bei Unternehmen mit weniger als 1.000 Angestellten überdurchschnittlich, während die mittelgroßen Unternehmen[214] eine unterdurchschnittliche Intensität aufweisen.[215] Avermaete u.a. (2003) finden in ihrer empirischen Untersuchung hingegen keinen statistisch signifikanten Zusammenhang zwischen Innovation und Unternehmensgröße. Dessen ungeachtet könnte die wettbewerbsorientierte Bedeutung von Patenten für große Unternehmen als Grund für einen Zusammenhang dienen. Um diese Fragestellung weiter zu analysieren, wird folgende Hypothese aufgestellt:

---

[211] Der Zusammenhang zwischen F&E-Ausgaben und Patenten bleibt laut Hall u.a. (1986) ebenso bestehen, wenn auf Unternehmensgröße, Patentstrategie oder Effekte der F&E-Historien kontrolliert wird.

[212] Vgl. Griliches (1990)

[213] Vgl. u.a. Hagedoorn/Schakenraad (1994); Scherer (1965); Pavitt u.a. (1987); Schumpeter (1942); Avermaete u.a. (2003)

[214] Die Autoren grenzen dabei die „Medium Sized Firms" durch die Anzahl der Mitarbeiter von 2.000 bis 9.999 ab. Vgl. Pavitt u.a. (1987), S. 304

[215] Pavitt u.a. (1987), S. 301 ff.

*H9: Zwischen der Unternehmensgröße und der F&E-Effizienz besteht ein positiver Zusammenhang.*

Während die Hypothesen H8 und H9 aus Modellperspektive so genannte weitere F&E-relevante Zusammenhänge berücksichtigen, sollen in den folgenden Hypothesen die Untersuchungsdimensionen der F&E-Organisationsmodelle im Zentrum der Betrachtung stehen. Penner-Hahn/Shaver (2005) belegen in ihrer Arbeit einen positiven Zusammenhang zwischen internationaler F&E und dem Patentaufkommen japanischer Unternehmen in der Pharmabranche. Kotabe u.a. (2007) zeigen für diese Branche einen umgekehrten U-förmigen Zusammenhang zwischen internationalem Wissenstransfer und Innovation, gemessen durch US-Patentdaten. Um diese Effekte ebenso für die vorliegende Stichprobe zu untersuchen, werden die Zusammenhänge zwischen den Untersuchungsdimensionen F&E-Streuung und Grad der Kooperation nach Gassmann/Zedtwitz (1999) und der F&E-Effizienz genauer betrachtet. Daraus leiten sich folgende Hypothesen ab:

*H10: Zwischen der F&E-Streuung und der F&E-Effizienz besteht ein positiver Zusammenhang.*

*H11: Zwischen dem Grad der Kooperation und der F&E-Effizienz besteht ein positiver Zusammenhang.*

Sofern die Hypothesen H1 und H1a sowie H4 und H4a bestätigt werden können, sollen im Weiteren folgende Hypothesen auf Basis von Branchen-Clustern überprüft und damit grundlegende Unterschiede zwischen den Branchen in Hinblick auf weitere Einflussgrößen nachgewiesen werden.

Dabei stellt sich die Frage, ob sich Branchen-Cluster in Bezug auf die F&E-Effizienz unterscheiden. Einerseits benennen verschiedene Arbeiten die Effizienzvorteile, die aus zentralisierten F&E-Strukturen hervorgehen, anderseits wird auf die Notwendigkeit lokaler, dezentraler Einheiten verwiesen.[216] Aus diesen Überlegungen folgt nachstehende Hypothese:

*H12: Unternehmen aus dispersed-orientierten Branchen-Clustern haben eine höhere F&E-Effizienz als Unternehmen aus domestic-orientierten Branchen-Clustern.*

---

[216] Vgl. u.a. Chiesa (1995); Patel/Pavitt (1991); Narula (2000); Gassmann/Keupp (2011)

Auch können auf Basis möglicher Branchen-Cluster Teilstichproben untersucht werden. Die Zusammenhänge zwischen F&E-Aufwendungen und F&E-Effizienz wurden bereits im Rahmen der Hypothese H8 thematisiert.[217] Des Weiteren können innerhalb der Branchen-Cluster wiederum bestimmte Gruppen von Unternehmen, also zum Beispiel ausschließlich *domestic* oder ausschließlich *dispersed,* gesondert betrachtet werden. Das hat den Vorteil, dass Zusammenhänge von Ausreißern innerhalb einer Gruppe separat untersucht werden können. Aus diesen Überlegungen leiten sich folgende Hypothesen ab:

> *H13a: Bei Unternehmen aus domestic-orientierten Branchen-Clustern besteht zwischen dem F&E-Ratio und der F&E-Effizienz ein positiver Zusammenhang.*

> *H13b: Bei Unternehmen mit domestic-F&E aus domestic-orientierten Branchen-Clustern besteht zwischen dem F&E-Ratio und der F&E-Effizienz ein positiver Zusammenhang.*

> *H13c: Bei Unternehmen mit dispersed-F&E aus domestic-orientierten Branchen-Clustern besteht zwischen dem F&E-Ratio und der F&E-Effizienz ein positiver Zusammenhang.*

> *H13d: Bei Unternehmen mit dispersed-F&E aus domestic-orientierten Branchen-Clustern ist der positive Zusammenhang zwischen dem F&E-Ratio und der F&E-Effizienz stärker als bei Unternehmen mit domestic-F&E (aus domestic-orientierten Branchen-Clustern).*

Abschließend soll basierend auf den Branchen-Clustern der Zusammenhang zwischen dem Alter der Unternehmen und der F&E-Effizienz untersucht werden. Avermaete u.a. (2003) konstatieren basierend auf ihren empirischen Untersuchungen, dass sich das Unternehmensalter nicht signifikant auf das Patentverhalten auswirkt. Schumpeter (1934) beschreibt in seiner frühen Arbeit die Rolle junger Unternehmen als entscheidende Treiber von Innovation.[218] Für die vorliegende Arbeit stellt sich die Frage, wie sich das Unternehmensalter auf die F&E-Effizienz in Abhängigkeit der Branchen-Cluster auswirkt. Daher sind folgende Hypothesen empirisch zu prüfen:

---

[217] Vgl. Hall u.a. (1986); Griliches (1990); Duguet/Iung (1997)
[218] Vgl. auch Malerba/Orsenigo (1995)

*H14a: Innerhalb des domestic-orientierten Branchen-Clusters besteht zwischen Unternehmensalter und F&E-Effizienz ein negativer Zusammenhang.*

*H14b: Innerhalb des dispersed-orientierten Branchen-Clusters besteht zwischen Unternehmensalter und F&E-Effizienz ein positiver Zusammenhang.*

Im Rahmen dieses Kapitels 2.5 wurden die Hypothesen zur Untersuchung der Determinanten (Analyseteile A und B) sowie der Auswirkungen der Organisationsstrukturen und weiterer Faktoren (Analyseteil C) aufgestellt.

## 2.6 Zusammenfassung des Forschungsmodells

Das in der vorliegenden Arbeit durch eine quantitative empirische Analyse zu untersuchende Forschungsmodell wird in Abbildung 2.7 zusammenfassend beschrieben. Dabei lässt sich die empirische Arbeit wie erläutert in eine Untersuchung der *Causes* und der *Consequences* unterteilen (vgl. Unterkapitel 1.2 sowie Fußnote 18). Bei der Untersuchung der *Causes* gilt es, Determinanten für die Typenauswahl des F&E-Organisationsmodells entlang der beiden Dimensionen *F&E-Streuung* und *Grad der Kooperation* zu identifizieren. Bei der Analyse der *Consequences* sind die Wirkungen auf die F&E-Effizienz empirisch zu untersuchen. Im Rahmen dieser Analyse sind ergänzend verschiedene Kontrollvariablen zu berücksichtigen, die zum Teil aus der Untersuchung der *Causes* als Ergebnis abzuleiten sind.[219]

---

[219] Dabei gilt es vor allem, mögliche Branchen-Cluster in den Analyseteilen A und B zu identifizieren.

## Abbildung 2.7: Forschungsmodell

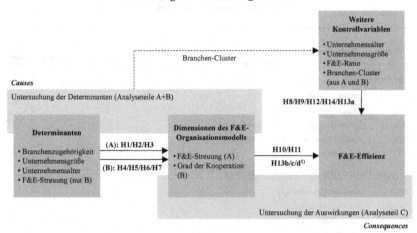

1) H13b/c/d berücksichtigen zusätzlich die Branchen-Cluster sowie das F&E-Ratio / (A) = Analyseteil A / (B) = Analyseteil B / Quelle: Eigene Darstellung

Tabelle 2.3 liefert für die in Unterkapitel 2.5 formulierten Hypothesen entlang der Analyseteile A bis C einen Überblick. Die Richtung des Zusammenhangs beschreibt dabei den jeweils unterstellten Effekt. Die Kategorisierung der Hypothesen in die Analyseteile A, B und C findet hierbei analog zum Forschungsmodell (vgl. Abbildung 2.7) statt.

## Tabelle 2.3: Übersicht der Forschungshypothesen und Richtung des Zusammenhangs

| Hypothese | Beschreibung des Faktors in Bezug auf die endogene Variable | Richtung des Zusammenhangs |
|---|---|---|
| *Endogene Variable F&E-Streuung (Analyseteil A)* | | |
| H1 | Branchendifferenzierung | # |
| H1a | Branchenzuordnung | # |
| H2a | Unternehmensgröße (branchenunabhängig) | + |
| H2b | Unternehmensgröße (auf Branchenebene) | # |
| H3 | Unternehmensalter | + |
| *Endogene Variable Grad der Kooperation (Analyseteil B)* | | |
| H4 | Branchendifferenzierung | # |
| H4a | Branchenzuordnung | # |
| H5 | Unternehmensalter | – |
| H6 | F&E-Streuung | + |
| H7 | Unternehmensgröße | + |
| *Endogene Variable F&E-Effizienz (Analyseteil C)* | | |
| H8 | F&E-Ratio | + |
| H9 | Unternehmensgröße | + |
| H10 | F&E-Streuung | + |
| H11 | Grad der Kooperation | + |
| H12 | Dispersed-orientierte Branchen-Cluster vs. domestic-orientierte Branchen-Cluster | > |
| H13a | Branchen-Cluster domestic: F&E-Ratio | + |
| H13b | Branchen-Cluster domestic: Domestic F&E: F&E-Ratio | + |
| H13c | Branchen-Cluster domestic: Dispersed F&E: F&E-Ratio | + |
| H13d | Branchen-Cluster domestic: Dispersed F&E vs. domestic F&E: F&E-Ratio | > |
| H14a | Branchen-Cluster domestic: Unternehmensalter | – |
| H14b | Branchen-Cluster dispersed: Unternehmensalter | + |

Richtung des Zusammenhangs: + positiv; - negativ; > größer; # ohne Richtung / Quelle: Eigene Darstellung

# 3 Stichprobe und methodische Vorgehensweise zur Messung der Variablen

In Kapitel 2 wurden die theoretischen Grundlagen der vorliegenden Arbeit dargestellt sowie die Hypothesen für die empirische Untersuchung formuliert. Im folgenden Kapitel 3 soll die Stichprobe der Arbeit und die methodische Vorgehensweise zur Messung der Variablen erläutert werden. Dazu wird zunächst in Unterkapitel 3.1 auf die Stichprobe eingegangen. Danach wird in Unterkapitel 3.2 die Messung der identifizierten F&E-Untersuchungsdimensionen anhand der Methode der Inhaltsanalyse erläutert. Unterkapitel 3.3 stellt die Messung der F&E-Effizienz auf Basis einer Patentdatenerhebung dar. Abschließend erfolgt in Unterkapitel 3.4 die Definition der resultierenden Variablen für die empirische Analyse.

## 3.1 Stichprobe

In Unterkapitel 3.1 wird zunächst in Abschnitt 3.1.1 auf die Datenbasis und Abgrenzung forschungsintensiver Branchensektoren eingegangen, bevor in Abschnitt 3.1.2 die Struktur der Stichprobe erläutert wird.

### 3.1.1 Datenbasis und Abgrenzung forschungsintensiver Branchensektoren

Ziel dieser Arbeit ist die Untersuchung multinationaler Organisationsstrukturen im Bereich der F&E deutscher Unternehmen. Eine Vielzahl bestehender Studien konzentriert sich auf die Untersuchung US-amerikanischer, japanischer oder schwedischer Unternehmen (vgl. Unterkapitel 2.2). Die dargestellten Arbeiten mit deutscher Stichprobe fokussieren sich stark auf große multinationale Unternehmen. Der Nachweis für die Gültigkeit der erbrachten Ergebnisse in kleinen und mittleren Unternehmen ist dabei limitiert.[220] Des Weiteren kann auf Basis von Untersuchungen einzelner Branchen aufgrund fehlender Repräsentativität nur schwer eine Verallgemeinerung der Ergebnisse vorgenommen werden (vgl. auch Abschnitt

---

[220] Vgl. Belderbos (2001), S. 314; die Autoren beziehen dabei ihre Aussage hinsichtlich der Fokussierung auf große multinationale Unternehmen nicht nur auf deutsche Stichproben, sondern sehen hier generell ein Defizit.

2.2.2).[221] Als Basis der dieser Arbeit zugrunde liegenden Stichprobe dienen daher deutsche Unternehmen, die im Aktienindex HDAX der Deutschen Börse gelistet sind. Damit wird eine Diversifikation in der Stichprobe sowohl in Hinblick auf die Größe der Unternehmen als auch in Bezug auf die Branchen gewährleistet.

Das Indexportfolio HDAX umfasst die 30 Werte des DAX, die 50 Werte des MDAX sowie die 30 Werte des TecDAX. Damit beschreibt der HDAX 110 fortlaufend gehandelte Werte aus den Technologiebranchen sowie den klassischen Branchen. Alle Werte unterliegen dem Segment Prime Standard der Deutschen Börse. Im Rahmen der Neuorganisation im Jahre 2003 übernahm der HDAX die Werte des DAX100.[222] Der HDAX bildet mit seinen 110 Werten über 95 Prozent des Marktkapitals des deutschen Aktienmarkts ab.[223]

Um die Schwachstellen im Sinne einer Momentaufnahme bei Querschnittanalysen zu vermeiden, erfolgt die Untersuchung der Unternehmen in Form einer Längsschnittanalyse über einen Zeitraum von zehn Jahren, von 2002 bis 2011. Die Berücksichtigung im Rahmen der Stichprobe erfolgt, sobald das Unternehmen zum ersten Mal im Index gelistet ist.[224] Wenn zwischen dem Auswahlprozess für die Stichprobe und der endogenen Variable ein Zusammenhang besteht, tritt eine Verzerrung auf, die in der Literatur als *Sample Selection Bias* bezeichnet wird. Die Zugehörigkeit zum HDAX wird im Wesentlichen durch die Marktkapitalisierung beeinflusst, die unter normalen Marktgegebenheiten stark vom Unternehmenserfolg abhängig ist. Ist dieser Erfolg wiederum gekoppelt mit der Innovationsleistung, würden nur noch erfolgreiche und innovationsstarke Unternehmen als Teil der Stichprobe verbleiben. Um dieses Risiko eines möglichen *Sample Selection Bias* zu vermeiden, verbleiben auch die Unternehmen, die innerhalb des Untersuchungszeitraums den Index verlassen, als Teil der Stichprobe enthalten.[225]

Die Konzentration auf deutsche Unternehmen innerhalb des Indexportfolios bedingt eine Eliminierung aller Unternehmen mit ausländischer Identifikation.[226] Des Weiteren werden redundant gelistete Unternehmen lediglich einfach in der Stichprobe

---

[221] Vgl. Wortmann (1990), S. 177
[222] Vgl. Deutsche Börse AG (2013b)
[223] Vgl. Deutsche Börse AG (2009), S. 4
[224] Listung auf Basis der Deutschen Börse AG. Vgl. Deutsche Börse AG (2013a)
[225] Vgl. Stock/Watson (2012), S. 364 f.
[226] Die International Securities Identification Number (ISIN) definiert durch das zweistellige Präfix die Länderkennung der Aktie. Vgl. ISO (2001)

berücksichtigt.[227] Unternehmensjahre, die von besonderen Ereignissen betroffen sind, werden ebenfalls aus der Stichprobe entfernt.[228]

Der Untersuchungsschwerpunkt von Organisationsstrukturen in F&E bedingt im Weiteren die Identifikation von Unternehmen, die tatsächlich Forschung & Entwicklung betreiben. So ist beispielsweise die Untersuchung der F&E-Organisationsstruktur eines Handelsunternehmens wenig zielführend, weil dort in der Regel nur in sehr eingeschränktem Umfang F&E betrieben wird. Für die dieser Arbeit zugrunde liegende Stichprobe wurden daher die forschungsintensiven Unternehmen des HDAX identifiziert. Die Abgrenzung erfolgte durch ein „Mapping" der HDAX-Sektoren mit der NIW/ISI/ZEW-Liste forschungsintensiver Industrien.[229] Diese Liste wurde im Auftrag der Expertenkommission Forschung und Innovation (EFI) durch das Niedersächsische Institut für Wirtschaftsforschung (NIW), das Fraunhofer-Institut für System- und Innovationsforschung (ISI) und das Zentrum für Europäische Wirtschaftsforschung (ZEW) entwickelt. Sie spiegelt aktuelle wissens- und technologieintensive Güter und Wirtschaftszweige wider. Die darin enthaltenen forschungsintensiven Industrien werden in zwei Bereiche unterteilt. Der Bereich *Hochwertige Technik* beinhaltet Industrien, die ein F&E-Ratio der Aufwendungen im Verhältnis zum Produktionswert zwischen 2,5 und sieben Prozent ausweisen. Der Bereich *Spitzentechnologie* beinhaltet Industrien und Gütergruppen mit einem F&E-Ratio größer sieben Prozent. Bezogen auf die Gesamtwirtschaft vereinigen beide Bereiche zusammen circa 75 Prozent der globalen F&E-Aufwendungen.[230]

Die aus dem Abgleich mit der NIW/ISI/ZEW-Liste in Abstimmung mit dem Fraunhofer-Institut für System- und Innovationsforschung (ISI) hervorgehenden forschungsintensiven Branchen des HDAX sind die Sektoren[231] *Industriegüter, Automobil, Technologie, Chemie, Pharma & Health, Telekommunikation,*

---

[227] Redundant gelistete Unternehmen treten zum Beispiel auf, wenn für ein Unternehmen sowohl Stamm- als auch Vorzugsaktien existieren.

[228] Als besondere Ereignisse gelten unter anderem Fusionen und Insolvenzen. Die besonderen Ereignisse können zum Beispiel im Rahmen einer Insolvenz dazu führen, dass das Unternehmen nicht fortgeführt wird und somit als Untersuchungsgegenstand nicht weiter zur Verfügung steht.

[229] Das Mapping erfolgte auf Basis der NIW/ISI/ZEW-Liste 2012 in dreistelliger Wirtschaftsgliederung (WZ 2008) und in Abstimmung mit den Autoren der Studie Rainer Frietsch und Peter Neuhäusler vom Fraunhofer-Institut für System- und Innovationsforschung (ISI) am 04. November 2013.

[230] Vgl. Gehrke u.a. (2013)

[231] Im Rahmen dieser Arbeit findet der Begriff *Branchensektoren* Anwendung. Synonym wird die Kurzform *Branche* verwendet.

*Konsumgüter, Grundstoffe* und *Software*. Diese dienen der vorliegenden Arbeit als Grundlage und definieren die Unternehmen der finalen Stichprobe.

**Tabelle 3.1: Herleitung der Stichprobe**

| Stichprobenkriterium | Beobachtungen [Unternehmensjahre] | Nicht berücksichtigte Beobachtungen | Anteil [%] |
|---|---|---|---|
| **Unternehmensjahre HDAX[1)]** | **1608** | | |
| Unternhmen mit ausländischer ISIN | | 111 | |
| Doppelt geführte Unternehmen | | 20 | |
| Unternehmen mit besonderen Ereignissen | | 123 | |
| Unternehmen als Teil nicht forschungsintensiver Branchensektoren | | 446 | |
| **Bereinigte Ausgangsbasis** | **908** | | 100,0% |
| Fehlende Daten | | 20 | 2,2% |
| **Finale Stichprobe** | **888** | | 97,8% |

1) Berücksichtigt sind Unternehmen ab dem ersten Listungsjahr im Index; Unternehmen, die innerhalb des Untersuchungszeitraums den Index verlassen, bleiben dennoch Teil der Stichprobe / Quelle: Eigene Darstellung

Für 97,8 Prozent der bereinigten Ausgangsbasis waren alle Geschäftsberichte vorhanden und konvertierbar.[232] Damit ergibt sich die finale Stichprobe mit 888 Unternehmensjahren. Diese setzen sich zusammen aus 120 Unternehmen und im Mittel 7,4 Beobachtungen zwischen den Jahren 2002 und 2011.

**3.1.2 Struktur der Stichprobe**

Die Struktur der Stichprobe nach Branchen ist in Abbildung 3.1 dargestellt. Die zugrunde liegende Branchenzugehörigkeit wurde auf Basis der Sektorenklassifizierung der Deutschen Börse festgelegt. Für 22 von 120 Unternehmen konnte dabei weder eine Einteilung über die Sektorendateien der Deutschen Börse noch über sonstige Quellen gefunden werden. Für die Zuordnung dieser Fälle wurde daher auf die Klassifizierung von Dicenta (2015) zurückgegriffen. Die drei am stärksten vertretenen Branchen *Industriegüter, Pharma & Health* sowie *Chemie* decken mit 520 Unternehmensjahren mehr als 50 Prozent der gesamten Stichprobe ab. Des Weiteren wird das Gewicht der Branche *Industriegüter* sowohl im Aktienindex HDAX als auch im Rahmen der Auswahl forschungsintensiver Sektoren deutlich. Ambos (2005, S. 398) bezeichnet in seiner Arbeit die starke Vertretung der *Industriegüter* als ein typisches Merkmal

---

[232] Als Vergleich werden Rücklaufquoten bei fragebogenbasierten Untersuchungen bereits ab 40 Prozent als gut erachtet. Vgl. zum Beispiel Waller u.a. (1995)

deutscher Stichproben[233] und verweist dabei auch auf weitere deutsche Studien von Schmaul (1995) und Boehmer (1995).

**Abbildung 3.1: Struktur der Stichprobe in Unternehmensjahren und Prozent**

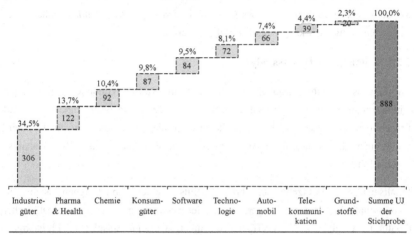

UJ = Unternehmensjahre / Klassifizierung Sektoren auf Basis der Deutschen Börse / Quelle: Eigene Darstellung

Laut des Stifterverbands für die Deutsche Wissenschaft (2013) haben die international agierenden deutschen Unternehmen 2011 weltweit 48,39 Milliarden Euro für F&E ausgegeben.[234] Die Unternehmen der dieser Arbeit zugrunde liegenden Stichprobe haben im gleichen Zeitraum insgesamt 31,65 Milliarden für F&E aufgewandt. Die Stichprobe deckt damit über 65 Prozent der weltweiten F&E-Aufwendungen deutscher Unternehmen ab.

## 3.2 Inhaltsanalyse zur Messung der identifizierten F&E-Untersuchungsdimensionen

Die Inhaltsanalyse bildet bezüglich der F&E-Organisationsstrukturen die Grundlage für die empirische Untersuchung dieser Arbeit. Dabei erfolgt eine computergestützte Messung der Untersuchungsdimensionen *F&E-Streuung* und *Grad der Kooperation* auf Basis der Lageberichte.

---

[233] Ambos (2005) verzeichnet in seiner Stichprobe (basierend auf den „German Top 500", veröffentlicht durch *Die Welt*) für die Branche *Machinery* einen Anteil von 31 Prozent.

[234] Vgl. Stifterverband für die Deutsche Wissenschaft (2013), S. 36 f.

Im Folgenden werden in Abschnitt 3.2.1 die Eignung der Inhaltsanalyse sowie deren Vorteile gegenüber alternativen Methoden[235] dargelegt. Anschließend wird in Abschnitt 3.2.2 die Relevanz der Lageberichte für die Inhaltsanalyse aufgezeigt. Darauf folgen in den Abschnitten 3.2.3 und 3.2.4 die Operationalisierung und Messung der Variablen *F&E-Streuung* und *Grad der Kooperation* anhand der Methoden Textklassifikation und Häufigkeitsanalyse.

### 3.2.1 Eignung der Inhaltsanalyse

Im Gegensatz zum Großteil der in der Innovationsökonomie existierenden Untersuchungen zu F&E-Organisationsstrukturen, deren Analysemethoden sich auf Fragebogen- und Interviewtechniken, Patentdaten oder F&E-Ausgaben stützt[236], wird im Rahmen der vorliegenden Arbeit hierfür eine computergestützte Inhaltsanalyse durchgeführt.

Inhaltsanalysen besitzen ein breites Einsatzgebiet und eignen sich für wissenschaftliche Untersuchungen sowie die Auswertung so genannter natürlicher („natural") Quellen, also von Texten, die nicht, wie zum Beispiel ein Fragebogen, explizit für die Untersuchung erstellt wurden.[237] Bevor allerdings im Detail auf die Vorteile der Methodik eingegangen wird, soll im Folgenden eine Definition der Inhaltsanalyse erfolgen.

In einer frühen Definition beschreiben Stone u.a. (1966, S. 5) „Content analysis is any research technique for making inferences by systematically and objectively identifying specified characteristics within text."[238] Dabei steht bereits, im Vergleich zu einer lediglich deskriptiven Inhaltsanalyse, die Generierung von Schlussfolgerungen im

---

[235] Zum Beispiel strukturierte Interviews oder Fragenbogentechniken.

[236] Vgl. zum Beispiel Patel/Pavitt (1991); Ambos (2005); Chen u.a. (2012); überwiegend beschreibt die Literatur die genannten Analysemethoden allerdings als defizitär. Vgl. u.a. Bergek/Bruzelius (2010); aufgrund der unzureichenden Verfügbarkeit anderer Daten greift der Großteil der Untersuchungen somit dennoch auf die Methoden, deren Analysen sich auf Fragebogen- und Interviewtechniken, Patentdaten oder F&E-Ausgaben stützen, zurück. Vgl. Patel (2007), S. 4: „The main conclusion from this activity was that there was virtually no systematic information on the location of R&D performing locations"; vgl. auch Unterkapitel 2.2

[237] Vgl. Kabanoff (1997)

[238] Diese Definition wird häufig als „*Stone-Holsti-Definition*" nach Holsti (1969) beschrieben; Woodrum (1984) beschreibt die Zusammenarbeit wie folgt: „In a collaborative effort by two leaders in content analysis methodology, Phillip Stone and Ole Holsti define content analysis (...)".

Vordergrund der Analyse.[239] Kabanoff (1997) greift die Formulierung von Stone u.a. (1966) auf und ergänzt sie durch die nachfolgende Definition[240]:

> *„Any technique involving the use of computer software for systematically and objectively identifying specified characteristics within text in order to draw inferences from text."[241]*

Die Inhaltsanalyse reicht dabei von der Gewinnung und Extraktion relevanter Textpassagen zur Unterstützung eines manuellen Kodiervorgangs bis hin zur hoch automatisierten Kodierung von Texten ohne menschlichen Eingriff. Dies erfolgt durch die Anwendung spezieller Software und unter Spezifikation eines jederzeit wiederholbaren Prozesses. Dadurch wird vor allem bei großen zu analysierenden Textmengen die rechnergestützte Inhaltsanalyse zu einer sehr effizienten und stabilen Analysemethodik. Im Ursprung als qualitativ anzusehende Daten können so in einer quantitativen Form rechnergestützt analysiert werden.[242]

Die Verwendung der Inhaltsanalyse als Methodik im Rahmen von Untersuchungen zu Organisationsstrukturen ist seit den 90er-Jahren deutlich angestiegen. Dazu beigetragen hat nicht zuletzt die breite Verfügbarkeit von Software.[243] Duriau u.a. (2007) haben in ihrer Arbeit 98 Studien zwischen 1980 und 2005 betrachtet und beschreiben einen bemerkbaren Anstieg in deren Sophistikation und Qualität. Die Inhaltsanalyse bietet als wissenschaftliche Methodik eine Vielzahl an Vorteilen gegenüber alternativen Verfahren. Nachfolgend werden die wesentlichen dargelegt:

---

[239] Vgl. Paisley (1968)

[240] Kabanoff (1997) verwendet den Begriff „Computer-Aided Text Analysis" (CATA) und legt damit seine Präferenz des Terms „Textanalyse" im Vergleich zum eher gebräuchlichen Begriff „Inhaltsanalyse" dar. „Textanalyse" deutet allerdings darauf hin, dass sich die Analyse auch auf andere Attribute des Textes, neben dem Inhalt, konzentriert. Vgl. Pollach (2012), S. 265 f.; Mayring (2010), S. 11; andere Arbeiten verwenden den Begriff synonym. Vgl. Duriau u.a. (2007), S. 5 und S. 22; die vorliegende Arbeit bezieht sich auf die inhaltliche Analyse des Textes und verwendet daher den Begriff „Inhaltsanalyse".

[241] Kabanoff (1997), S. 507

[242] Vgl. Kabanoff (1997); Duriau u.a. (2007); dies zahlt im Speziellen auf den von Gassmann/Zedtwitz (1999), S. 248 formulierten weiteren Forschungsbedarf ein: „The organizational types and trends need to be verified quantitatively on a wider basis."

[243] Vgl. Duriau u.a. (2007)

- Die Methodik erhöht die Replizierbarkeit der Analyse und gilt aufgrund der Anpassungsmöglichkeit bei potentiellen Schwachstellen als sicher und effizient.[244]

- Die thematischen Anwendungsbereiche bei organisatorischen Fragestellungen sind weitreichend. So werden in der Literatur unter anderem die Anwendungsbereiche Corporate Social Responsibility, Organizational Cognition, Strategie, Technologie- und Innovationsmanagement sowie Organisationstheorie genannt.[245]

- Es besteht eine so genannte analytische Flexibilität, das heißt der Inhalt kann in verschiedenen Prozessstufen (zum Beispiel im ersten Schritt durch eine reine Häufigkeitsanalyse und im zweiten Schritt durch ergänzende Interpretation) analysiert werden.[246]

- Das Verfahren eignet sich für longitudinale Forschungsfragestellungen, da die zu analysierenden Objekte, wie beispielsweise Geschäftsberichte, über einen Zeitraum vergleichbar sind. Dabei scheitert die Inhaltsanalyse nicht daran, dass Fragen über vergangene Ereignisse (oder wie in vorliegender Arbeit zeitlich zurückliegende F&E-Organisationsstrukturen) von Interviewpartnern aufgrund mangelnder Erinnerung nicht adäquat beantwortet werden können.[247]

- Die der Analyse zugrunde liegenden Objekte sind, zum Beispiel bei Analysten-Reports, mit anderer Zielsetzung entwickelt worden, sind also „natural", und damit hinsichtlich der Fragestellung der Inhaltsanalyse unvoreingenommen.[248]

- Der Zugang zu Informationen ist, unter anderem aufgrund der steigenden Verfügbarkeit von digitalen Textarchiven, vergleichsweise einfach und nicht abhängig von Neigungen der Interviewpartner oder Zielpersonen (so gilt zum

---

[244] Vgl. Carley (1997), S. 556 ff.; Woodrum (1984), S. 6; Babbie (1975), S. 234; Tallerico (1991), S. 279
[245] Vgl. Woodrum (1984), S. 3; Duriau u.a. (2007), S. 8 ff.; Kabanoff (1997), S. 508 ff.
[246] Vgl. Duriau u.a. (2007), S. 6
[247] Vgl. Carley (1997), S. 559; Woodrum (1984), S. 6; Wolfe u.a. (1993), S. 644 f.; Morris (1994), S. 904
[248] Vgl. Woodrum (1984), S. 2; Kabanoff (1997), S. 508 ff.

Beispiel die Verfügbarkeit von Führungskräften bei Fragebogentechniken als schwierig).[249]

- Die Methodik kann bei Verfügbarkeit der zu analysierenden Objekte dank rechnergestützter Verfahren und Datenbankverwaltungssystemen einfach skaliert werden.[250]

Die genannten Vorteile der Inhaltsanalyse haben dazu beigetragen, dass diese im Rahmen von wissenschaftlichen Arbeiten sowohl im Bereich der Organisationstheorie als auch in anderen Themengebieten deutlich angestiegen ist.[251] Neben einer Vielzahl von Vorteilen der Inhaltsanalyse gelten die *Reliabilität* und die *Validität* als die größten Herausforderungen der Methode.[252]

*Reliabilität* beschreibt im Rahmen der Inhaltsanalyse die Konsistenz der Messung und wird von Short u.a. (2010, S. 329) wie folgt definiert:[253]

> *„Reliability refers to the consistency achieved in construct measurement in terms of its stability, dependability, and predictability. "*

Das heißt, bei einer Wiederholung sind, unabhängig von der zeitlichen Durchführung und individuellen Besetzung, die gleichen Ergebnisse zu erwarten.[254] Um den Reliabilitätsanforderungen gerecht zu werden, wird in der Literatur die Verwendung computergestützter Inhaltsanalysen empfohlen.[255] Die Methodik besitzt vor allem über einen langen Zeitraum eine hohe Zuverlässigkeit hinsichtlich der „Test-Retest"-Reliabilität.[256] Bei manuellen Kodiervorgängen ist eine Überprüfung der Konsistenz der Klassifizierung notwendig. Dazu muss die Reproduzierbarkeit zwischen mehreren Kodierern nachgewiesen werden, indem quantitative Bewertungen der *Reliabilität*

---

[249] Vgl. Morris (1994), S. 903 f.; Duriau u.a. (2007), S. 7; auch die Beantwortung von Fragestellungen durch die richtige (also die mit dem notwendigen Wissen) und vergleichbare (also über mehrere Unternehmen) Hierarchieebene ist vor allem bei Fragestellungen wie in vorliegender Arbeit zu transnationalen Organisationsnetzwerken (über zehn Jahre) vergleichsweise schwierig.

[250] Vgl. Wolfe u.a. (1993), S. 644 f.

[251] Vgl. Duriau u.a. (2007), S. 5

[252] Vgl. Duriau u.a. (2007), S. 21; Morris (1994), S. 905 ff.

[253] Short u.a. (2010) beziehen sich dabei auf Kerlinger/Lee (2000)

[254] Vgl. Insch u.a. (1997), S. 15 f.

[255] Vgl. Dowling/Kabanoff (1996), S. 63

[256] Vgl. Schnurr u.a. (1986), S. 605 ff.; Short u.a. (2010), S. 329 f.; Vergleiche zwischen computergestützten und manuellen Kodierungsverfahren haben ergeben, dass die computergestützte Inhaltsanalyse akkurater ist. Vgl. Rosenberg u.a. (1990)

durchgeführt werden.[257] In der Literatur finden dafür auch die Begriffe „Intercoderreliabilität"[258] und „Intraclass Correlation"[259] Anwendung. Die vorliegende Arbeit trägt dieser Anforderung Rechnung, indem die *Reliabilität* durch die Kennzahlen *prozentuale Übereinstimmung*, *Scott's pi* und *Cohen's kappa* gemessen und überprüft wird.[260]

Die *prozentuale Übereinstimmung* gilt unter anderem aufgrund der einfachen Berechnung als weit verbreitete Reliabilitätskennzahl.[261] Dabei werden die übereinstimmend kodierten Objekte als Anteil der insgesamt kodierten Objekte berechnet.[262] In der wissenschaftlichen Literatur werden Übereinstimmungswerte[263] ab 80 Prozent als Anzeichen für hohe *Reliabilität* beschrieben.[264] Die Limitation der *prozentualen Übereinstimmung* liegt darin, dass die Wahrscheinlichkeit einer zufälligen Übereinstimmung nicht berücksichtigt und adjustiert wird.[265]

Diese zufällige Übereinstimmung wird bei den Reliabilitätskennzahlen *Scott's pi* und *Cohen's kappa* berücksichtigt. Dabei sind beide Kennzahlen von derselben konzeptuellen Formel abgeleitet:[266]

$$Pi\ or\ Kappa = \frac{P\ddot{U}_g - P\ddot{U}_z}{1 - P\ddot{U}_z} \tag{1}$$

Sowohl *Scott's pi* als auch *Cohen's kappa* korrigieren die prozentuale Übereinstimmung ($P\ddot{U}_g$) um den Effekt der zufälligen Übereinstimmung ($P\ddot{U}_z$). Der Unterschied zwischen *Scott's pi* und *Cohen's kappa* liegt in der Art und Weise, wie die zufällige Übereinstimmung ($P\ddot{U}_z$) berechnet wird. Für eine detaillierte Ausführung der Unterschiede sowie eine Berechnungsanleitung wird auf Neuendorf (2002, S. 150

---

[257] Vgl. Insch u.a. (1997), S. 15 f.; Morris (1994), S. 905 ff.

[258] Mayring (2010), S. 117

[259] Hughes/Garrett (1990), S. 186: "(...) an intraclass correlation is a measure of agreement. Hence, it is sensitive to differences between the means and variances of distributions; as these differences increase, the magnitude of the intraclass correlation decreases." Hughes/Garrett (1990) beziehen sich dabei auch auf Robinson (1957)

[260] Die Vorgehensweise deckt sich mit vergleichbaren Arbeiten. Vgl. u.a. Dicenta (2015); Schiffelholz (2014)

[261] Vgl. Neuendorf (2002), S. 149

[262] Vgl. Hughes/Garrett (1990), S. 186

[263] Als Untergrenzen für eine hohe Reliabilität sind in der Literatur, soweit bekannt, keine allgemein akzeptierten Grenzwerte beschrieben. Vgl. Short u.a. (2010), S. 328

[264] Vgl. Neuendorf (2002), S. 143; Riffe u.a. (2005), S. 151

[265] Vgl. Neuendorf (2002), S. 149

[266] Vgl. Neuendorf (2002), S. 151

ff.) verwiesen. Beide Kennzahlen gelten aufgrund der Tatsache, dass Übereinstimmung nur in Abhängigkeit der Wahrscheinlichkeit zugeschrieben wird, als überaus konservativ.[267] Für Ergebnisse, die um den Effekt der zufälligen Übereinstimmung bereinigt wurden[268] und zwischen 40 und 75 Prozent liegen, spricht man von moderater bis guter Übereinstimmung. Werte ab 75 Prozent gelten als exzellente Übereinstimmung.[269]

Neben der *Reliabilität* muss für die Inhaltsanalyse die *Validität* sichergestellt sein.[270] Hier wird in der Literatur zwischen *externer* und *interner Validität* unterschieden. Erstes Hauptaugenmerk der so genannten *externen Validität* liegt auf der Relevanz des Untersuchungsgegenstandes, das heißt, es müssen entsprechend der Forschungsfrage geeignete und aussagekräftige Dokumente für die Inhaltsanalyse ausgewählt werden.[271] Short u.a. (2010, S. 329) fassen diesen Punkt zusammen, indem sie sagen: „Key consideration is that the narrative text being analyzed should provide an adequate setting with the construct that content analysis is being used to detect." Die der Inhaltsanalyse zugrunde liegende Auswahl des Untersuchungsgegenstandes wird in vorliegender Arbeit in Abschnitt 3.2.2 näher beschrieben. Das zweite Hauptaugenmerk der *externen Validität* liegt auf der Auswahl der Stichprobe. Dies ist vor allem kritisch, da auf Basis der Inhaltsanalyse später verallgemeinerbare Aussagen abgeleitet werden sollen, die auf einer adäquaten Verteilung der Untersuchungseinheiten (Unternehmen) basieren.[272] Der Thematik wurde bereits in Unterkapitel 3.1 Rechnung getragen. Für die *interne Validität* steht im Vordergrund, dass verständliche (plausible) und relevante Wortlisten zur Messung der kategorialen Ausprägung definiert werden. Dabei kann zwischen einem *induktiven* und einem *deduktiven* Vorgehen unterschieden werden. Beim *deduktiven Ansatz* erfolgt basierend auf der Definition des Forschungskonstrukts eine Auswertung der Literatur. Dabei wird eine Liste relevanter Wörter identifiziert, die das Forschungskonstrukt erfassen. Diese wird anschließend durch Experten validiert und bei Bedarf angepasst. Beim *induktiven Ansatz* werden verwendete Wörter aus inhaltlich geeigneten Texten ausgelesen und auf Basis des definierten Forschungskonstrukts relevante Wörter

---

[267] Vgl. Neuendorf (2002), S. 151

[268] Auch für *Scott's pi* und *Cohen's kappa* sind, soweit bekannt, keine allgemein akzeptierten Grenzwerte beschrieben. Vgl. Taylor/Watkinson (2007), S. 53

[269] Vgl. Banerjee u.a. (1999), S. 6; Taylor/Watkinson (2007), S. 53 f.; Landis/Koch (1977), S. 164 f.

[270] Vgl. Morris (1994), S. 905 ff.; Short u.a. (2010), S. 320 ff.

[271] Vgl. Short u.a. (2010), S. 328 f.; Duriau u.a. (2007), S. 21

[272] Vgl. Short u.a. (2010), S. 329

identifiziert. Nach Prüfung der Validität entsteht daraus das Wörterbuch. Grundsätzlich ist auch eine Kombination von deduktiver und induktiver Methode möglich.[273] Short u.a. (2010, S. 327) fassen den wesentlichen Punkt für die Erstellung der Wörterbücher zusammen, indem sie sagen: „(…) the only necessary condition is that researchers can create plausible word lists to measure the construct of interest (…)." Damit stellt die Verfügbarkeit von Wörterbüchern für die Inhaltsanalyse keinen limitierenden Faktor dar und es besteht die Möglichkeit, jederzeit individuelle Wortlisten mit Bezug auf spezifische neue Forschungskonstruktionen zu entwickeln.

Short/Palmer (2008, S. 729 f.) differenzieren drei methodische Ansätze der Inhaltsanalyse und nehmen dabei Bezug auf Deffner (1986).[274] *Human Scored Systems* beschreibt die Klassifizierung von Text mit Hilfe menschlicher Kodierer. Dabei wird zuerst die zu klassifizierende Untersuchungseinheit definiert, bevor die Kategorien und Kodierregeln festgelegt werden. Danach erfolgt die Klassifizierung auf Basis geschulter Kodierer. Der Ansatz der *Individual Word Count Systems* bedient sich so genannter Frequenz- und Häufigkeitsanalysen, um damit die Relevanz vorab gebildeter Kategorien zu messen. Obwohl dieser Analyseansatz ebenfalls durch manuelles Kodieren erfolgen kann, empfiehlt sich aufgrund der Zuverlässigkeit und Kosteneffizienz die Anwendung computergestützter Kodierverfahren.[275] *Artificial Intelligence Systems* berücksichtigen zusätzlich die Syntax von Wörtern und können auf Basis künstlicher Intelligenz und im Rahmen des Kontexts Wörter mit verschiedenen Bedeutungen differenzieren, sind aber damit in Hinblick auf den Prozess weniger transparent.

Die methodischen Vorgehensweisen zur Messung der beiden Variablen *F&E-Streuung* und *Grad der Kooperation* in der vorliegenden Arbeit basieren auf den beiden ersten Ansätzen *Human Scored Systems* und *Individual Word Count Systems*. Dabei kommen sowohl manuelle Kodierung, unter Zuhilfenahme von Software für die Identifikation relevanter Untersuchungseinheiten, als auch vollständig automatisierte Häufigkeits-analysen zur Ableitung von Kategorien zum Einsatz.

Abschließend ist zu konstatieren, dass die Interpretation der inhaltlichen Zusammenhänge, wie sie im Rahmen der Arbeit bei der Untersuchung der Kausalität

---

[273] Vgl. Short u.a. (2010), S. 326 ff.
[274] Vgl. auch Morris (1994), S. 904 f.
[275] Vgl. Morris (1994), S. 905

zum Tragen kommt, die größte Herausforderung der Methodik darstellt. Software kann den Kontext, in dem die entsprechenden Wörter verwendet werden, nur sehr begrenzt erfassen. Pollach (2012, S. 264) sowie auch schon Wolfe u.a. (1993, S. 655) kommen jedoch zu dem Schluss, dass der Einsatz von Software bei der Inhaltsanalyse nicht mehr eine Frage des Ob ist, sondern vielmehr eine Abwägung, welcher rechnergestützte Ansatz angesichts der zu untersuchenden Daten der erfolgversprechendste ist. Zahlreiche Veröffentlichungen, wie beispielsweise McClelland u.a. (2010), Kabanoff/Brown (2008) oder Pollach (2012) legen eindrucksvoll dar, dass sich die Methodik in der internationalen Forschung etabliert hat.

Besonders zwei Überlegungen machen die Inhaltsanalyse für die vorliegende Arbeit zum Instrument der Wahl. Zum einen kann die longitudinale Fragestellung mit einer großen Anzahl älterer Dokumente analysiert werden und zum anderen bietet das Verfahren der Inhaltsanalyse besonders bei schwierigen, subjektiv gefärbten Konstrukten, wie dem vorliegenden Untersuchungsgegenstand im Bereich F&E, die geschilderten Vorteile.

### 3.2.2 Relevanz der Lageberichte als Datengrundlage

In Abschnitt 3.2.1 wurde im Rahmen der *Validität* die hohe Bedeutung des Untersuchungsgegenstandes für die Inhaltsanalyse dargelegt. Nachfolgend soll daher auf die Relevanz der dieser Arbeit zugrunde liegenden Lageberichte als Teil der Geschäftsberichte eingegangen werden.

In der Analyse von Duriau u.a. (2007) wurden bei 30 von 98 untersuchten Arbeiten, basierend auf der Methodik Inhaltsanalyse, Geschäftsberichte oder Vollmachten („Proxy Statements") als Datenquelle verwendet.[276] Auch Dirsmith/Covaleski (1983, S. 142) und eine Vielzahl anderer wissenschaftlicher Arbeiten belegen die Bedeutung des Geschäftsberichts als Informationsquelle für die Bewertung und Untersuchung von Unternehmen.[277]

---

[276] Vgl. Duriau u.a. (2007), S. 16 f.; weitere Datenquellen sind unter anderem wissenschaftliche Journale, Handelsmagazine, Interviewnotizen, Studienfragen, Unternehmensleitbilder, Wirtschaftlichkeitsrechnungen und Datenbanken.

[277] Auch Barr u.a. (1992), S. 21 weisen in ihrer Arbeit auf die Verwendung von Geschäftsberichten zur Identifikation der Unternehmensstrategie hin; ebenso Kabanoff u.a. (1995), Gassmann/Zedtwitz

Geschäftsberichte besitzen gegenüber anderen Unternehmensquellen eine Vielzahl an Vorteilen. So gelten sie im Vergleich zu Interviews, vor allem von Führungskräften, und Fragebogentechniken als zuverlässig[278], da zum einen eine nachträgliche Rekonstruktion von Bedeutungszusammenhängen („Retroactive Sensemaking"[279]) vermieden oder zumindest abgeschwächt und zum anderen eine Verzerrung der Erinnerung („Recall Bias"[280]) ausgeschlossen wird. Des Weiteren ist bei Geschäftsberichten von einer hohen *Validität* auszugehen, da Führungskräfte bei ihrer Erstellung einen erheblichen Beitrag leisten; zum Beispiel durch Festlegen des Inhalts, Fassen von Entwürfen, Korrekturlesen oder Einbringung des persönlichen Stils.[281] Geschäftsberichte werden auch als „Unobtrusive Measurement"[282] bezeichnet, da sie im Normalfall für Audienzen ohne Bezug zum Thema der Inhaltsanalyse geschrieben werden.[283] Dennoch werden in der Literatur auch Schwächen der Geschäftsberichte diskutiert. So ist davon auszugehen, dass Unternehmen bei der Erstellung der Geschäftsberichte von Kommunikationsagenturen und Beratern unterstützt werden.[284] Des Weiteren kann es zu Verzerrungen zwischen der Zielsetzung der im Geschäftsbericht genannten Aktion und dem tatsächlichem Ergebnis kommen[285] sowie einem Überhang an positiven Nachrichten.[286] Da aber die Inhaltsanalyse im Rahmen der Arbeit nicht zur Messung von Leistungsindikatoren (oder Geschäftsergebnissen) dient,[287] ist davon auszugehen, dass eine mögliche Verzerrung in diesem Sinne kein Problem darstellt.

Duriau u.a. (2007, S. 17) benennen in Anlehnung an Weber (1990) für die Datensammlung der Inhaltsanalyse drei notwendige Stichprobenentscheidungen in Abhängigkeit des Forschungsvorhabens: erstens die Auswahl der Quelle, zweitens die Definition des Dokumententyps und drittens die Entscheidung für einen spezifischen

---

(1999), Dicenta (2015) und Schiffelholz (2014) greifen für ihre Untersuchung auf Geschäftsberichte zurück.

[278] Vgl. Osborne u.a. (2001), S. 440

[279] Duriau u.a. (2007), S. 17

[280] Barr u.a. (1992), S. 20

[281] Vgl. Bowman (1984), S. 63; D'Aveni/MacMillan (1990), S. 650; Duriau u.a. (2007), S. 17

[282] Bowman (1984)

[283] Vgl. Bowman (1984), S. 63

[284] Vgl. Barr u.a. (1992), S. 21; Abrahamson/Hambrick (1997), S. 519; trotz der Unterstützung kann angenommen werden, dass eine finale Durchsicht und Anpassung durch die Führungskräfte erfolgt.

[285] Vgl. Duriau u.a. (2007), S. 17

[286] Vgl. Clapham/Schwenk (1991), S. 226: "Executives tended to take credit for good outcomes and lay blame on the environment for poor outcomes."

[287] Sondern zur Messung von F&E-Organisationsstrukturen.

Text innerhalb des Dokumententyps.[288] Da der Schwerpunkt der vorliegenden Arbeit auf der Untersuchung von Organisationsstrukturen in F&E liegt, werden im Rahmen der Inhaltsanalyse die Lageberichte, als Teil der Geschäftsberichte, untersucht. Dem zugrunde liegt die Bedeutung des Lageberichts bezüglich des Tätigkeitsfelds F&E. Nach §289 Abs. 2 Nr. 3 HGB ist im Lagebericht auf den Bereich F&E einzugehen. Des Weiteren ist „im Lagebericht (...) der Geschäftsverlauf (...) und die Lage der Kapitalgesellschaft so darzustellen, dass ein den tatsächlichen Verhältnissen entsprechendes Bild vermittelt wird."[289] Allein die Tatsache, dass der Lagebericht obligatorisch und gesetzlich reglementiert ist, spricht für seine Verwendung. Aus den genannten Gründen und unter Berücksichtigung der *Validität* wird im Rahmen der Inhaltsanalyse der Lagebericht als Untersuchungsgegenstand ausgewertet. Die Nutzung des Lageberichts als Basis der Inhaltsanalyse entspricht zudem dem Vorgehen anderer Arbeiten.[290]

### 3.2.3 Messung der F&E-Streuung

Die vorliegende Untersuchung von Organisationsstrukturen in F&E basiert, wie in Abschnitt 2.1.2 beschrieben, auf dem F&E-Organisationsmodell nach Gassmann/Zedtwitz (1999). Die entsprechend den Hypothesen zu untersuchenden Dimensionen dieses Modells sind zum einen die *F&E-Streuung* und zum anderen der *Grad der Kooperation* zwischen F&E-Standorten (vgl. Unterkapitel 2.3). Im folgenden Abschnitt wird die Vorgehensweise bei der Messung der Dimension *F&E-Streuung* mit der zugrunde liegenden Methodik der Inhaltsanalyse erläutert.

Die methodische Vorgehensweise zur Messung der *F&E-Streuung* beruht auf einem erweiterten Ansatz der *Human Scored Systems*[291] (vgl. auch Abschnitt 3.2.1). Dabei kommen im Rahmen der Inhaltsanalyse sowohl Computerprogramme für die Identifikation relevanter Untersuchungseinheiten auf Basis von definierten

---

[288] Auch Kabanoff u.a. (1995), S. 1081 wählen spezifische Dokumententypen und Texte passend zur inhaltlichen Fragestellung aus: "For analytic purposes, all sections in the documents that referred to organizational goals and values, such as human resources management policies, statements of corporate philosophy, management overviews, CEOs' annual reports or letters to shareholders, and so on, were identified."

[289] Bundesministerium der Justiz und für Verbraucherschutz (2016)

[290] Vgl. Brandstetter/Klinger (2016); Stein (2011); vgl. auch Mühlbauer (2014)

[291] Vgl. Short/Palmer (2008), S. 729 f.

Wörterbüchern[292] als auch manuelle Kodierung zum Einsatz. Hintergrund ist die spezifische Fragestellung hinsichtlich der *Streuung* von F&E. Es muss daher für die Messung eine inhaltliche Abgrenzung zwischen *Streuung* des Unternehmens im Gesamten und Streuung der F&E gewährleistet sein. Vorab durchgeführte unabhängige Stichprobentests[293] haben ergeben, dass die Information, ob ein Unternehmen F&E national oder international betreibt, häufig aus dem Zusammenhang des Lageberichtes zu erschließen ist. Dabei mussten verschiedene Informationen kombiniert und aus Zusammenhängen rückgeschlossen werden. Ebenso ist die Feststellung des relevanten Zusammenhangs für die Ableitung von Aussagen erfolgsbestimmend.[294] Aus Gründen der *Validität* wurde daher eine methodische Vorgehensweise definiert, die die Vorteile der computergestützten Inhaltsanalyse mit denen der *Human Scored Systems,* also der ausschließlich manuellen Kodierung, kombiniert. Diese Methodik wird im Rahmen der Arbeit als *Textklassifikation*[295] beschrieben:

1. Erstellung einer Gesamtwortliste aus „fremden" Stichprobentexten (induktiver Ansatz)

2. Kodierung der Gesamtwortliste nach F&E-Relevanz

3. Workshop und Erstellung des Wörterbuchs I

4. Identifikation relevanter Textabschnitte in Stichprobentexten auf Basis des Wörterbuchs I

5. Kodierungsanleitung

6. Reliabilitätstests

---

[292] Unter Berücksichtigung der Anforderungen an die *Validität* liegt dabei besonderes Augenmerk auf der Erstellung der Wörterbücher. So mussten diese aufgrund der Tatsache, dass keine geeigneten Wörterbücher existent waren, für die vorliegende Arbeit eigens erstellt werden. Die Wörterbucherstellung beruht auf einem induktiven Ansatz. Vgl. u.a. McClelland u.a. (2010); Doucet/Jehn (1997)

[293] Im Rahmen der Untersuchungskonzeption wurden 20 Unternehmen aus dem Prime Standard (ohne Listung im HDAX und damit außerhalb der Stichprobe, die der empirischen Untersuchung zugrunde liegt) identifiziert. Dabei wurden mindestens zwei Vertreter aus den Branchensektoren *Industriegüter, Automobil, Technologie, Pharma & Health* sowie *Chemie* berücksichtigt.

[294] So ist eine Differenzierung von Begriffen mit verschiedenen Bedeutungen notwendig. Beispielsweise ergibt eine rein statische Suche nach dem Begriff „Entwicklung" Ergebnistreffer wie unter anderem „Entwicklung des Umsatzes", „Geschäftsentwicklung", „Entwicklungsländer" und „Kursentwicklung". Die Feststellung des relevanten Zusammenhangs gilt daher als erfolgskritisch.

[295] Vgl. Wiedemann/Lemke (2016), S. 411

## 7. Kodierung bzgl. der Untersuchungsdimension F&E-Streuung

*Erstellung einer Gesamtwortliste aus fremden Stichprobentexten (induktiver Ansatz):*
Das Verfahren zur Ermittlung des zu untersuchenden Parameters F&E-Streuung soll unabhängig von der zu untersuchenden Stichprobe verwertbare Ergebnisse liefern. Daher wurde entsprechend dem induktiven Ansatz[296] auf Basis einer „fremden" Stichprobe eine Gesamtwortliste erzeugt, die im Weiteren als Basis für das Wörterbuch I diente. Um bei der „fremden" Stichprobe eine ausreichende Ähnlichkeit zum zu untersuchenden Datensatz zu gewährleisten und gleichzeitig Überschneidungen zu vermeiden, wurden für die Auswahl folgende Anforderungen definiert: Das Unternehmen muss erstens ebenfalls Teil des Prime Standards der Deutschen Börse sein, zweitens ebenso einem forschungsintensiven Branchensektor angehören und drittens darf es nicht Teil des Indexportfolios HDAX sein. Insgesamt wurden für die „fremde" Stichprobe 18 Unternehmen definiert, wobei jeder der neun Branchensektoren durch jeweils zwei Unternehmen abgedeckt ist. Um eine mögliche Veränderung der Sprache bzw. der Art des Geschäftsberichtes über den Untersuchungszeitraum abzusichern, wurden für die Unternehmen der „fremden" Stichprobe jeweils Geschäftsberichte aus den Jahren 2002 und 2012 ausgelesen.[297] Somit wurde auf Grundlage von 36 Geschäftsberichten eine Gesamtwortliste[298] mit 25.725 unterschiedlichen Wörtern erstellt.

*Kodierung der Gesamtwortliste nach F&E-Relevanz:* Nach Festlegung und Besprechung von Kodierregeln wurden im Anschluss die 25.725 Wörter der erstellten Gesamtwortliste von zwei unabhängigen Kodierern[299] klassifiziert. Dabei handelte es sich um eine dichotome Zuordnung in die Kategorien *F&E-relevant* und *nicht F&E-relevant.* Um im späteren Prozess eine möglichst vollständige Erfassung aller F&E-relevanten Textabschnitte sicherzustellen, wurden ebenso Wörter, die nicht

---

[296] Vgl. Short u.a. (2010), S. 328

[297] Lediglich bei der Graphit Kropfmuehl AG musste für die „fremde" Stichprobe auf die Geschäftsberichte der Jahre 2005 und 2011 zurückgegriffen werden, da für dieses Unternehmen keine Berichte vor dem Jahr 2005 zugänglich waren und das Unternehmen seit 2012 nicht mehr Teil des Prime Standards ist.

[298] Die Gesamtwortliste enthält alle in den Geschäftsberichten der „fremden" Stichprobe auftretenden Wörter sowie eine Angabe zur Häufigkeit des Vorkommens.

[299] Insgesamt wirkten bei der Inhaltsanalyse zur Messung der *F&E-Streuung* drei Kodierer mit: der Autor der vorliegenden Arbeit (Doktorand), ein Masterand und ein Bachelorand, jeweils im Studium des Wirtschaftsingenieurwesens (an der Kodierung der Gesamtwortliste sowie bei der Erstellung des Wörterbuchs waren lediglich zwei Kodierer beteiligt); alle drei Kodierer verfügten über relevante praktische Erfahrung.

ausschließlich in einem F&E-Zusammenhang gebraucht werden, als F&E-relevant definiert. Des Weiteren war die einmalige Nennung des jeweiligen Wortes in der Gesamtwortliste als Relevanzkriterium ausreichend.[300]

*Workshop und Erstellung des Wörterbuchs I:* Im Rahmen eines Workshops erfolgte ein Abgleich der Ergebnisse. Sofern ein Wort durch beide Kodierer der Kategorie *F&E-relevant* zugeordnet wurde, wurde es in das Wörterbuch I aufgenommen. Bei einer abweichenden Kodierung wurde das betreffende Wort im Zuge des Workshops diskutiert und durch erneute Betrachtung des Wortes eine gemeinsame Zuordnung vorgenommen. Das Ergebnis war eine Liste aller F&E-relevanten Wörter, die im Rahmen dieser Arbeit als Wörterbuch I definiert ist.

*Identifikation relevanter Textabschnitte in Stichprobentexten auf Basis des Wörterbuchs I:* Mit Hilfe des Computerprogramms RapidMiner wurden basierend auf dem Wörterbuch I F&E-relevante Textabschnitte identifiziert. Aufgrund der Tatsache, dass eine Einteilung von Unternehmen bezüglich der F&E-Streuung in vielen Fällen nur aus einer Kombination von Informationen erfolgen kann, wurde durch das Programm RapidMiner eine Extraktion des jeweiligen Satzes (mit dem F&E-relevanten Schlagwort) zusammen mit seinem vorhergehenden und nachfolgenden Satz umgesetzt. Die Extraktion der daraus entstehenden drei Sätze in Reihe (je F&E-relevantem Schlagwort) stellt im Regelfall sicher, dass der inhaltliche Zusammenhang des Textes nicht verloren geht.[301]

*Kodierungsanleitung:* Mit Hinblick auf die *Reliabilität* erfolgte im Rahmen der Kodierungsanleitung das Training der beteiligten Kodierer. Dabei lag der Schwerpunkt auf der Differenzierung der Kategorien *domestic-F&E* und *dispersed-F&E*, wobei *domestic-F&E* Unternehmen mit nationaler F&E beschreibt und *dispersed-F&E* Unternehmen mit internationaler F&E.[302] Im Sinne einer vollständigen Abdeckung der

---

[300] Dies ist als Besonderheit der vorliegenden Arbeit zu werten, da sonst im Rahmen der Inhaltsanalyse häufig nur Wörter in Betracht kommen, die innerhalb der Gesamtwortliste eine Mehrfachnennung verzeichnen.

[301] Dieser Zusammenhang ist für den Kodierungsprozess in vielen Fällen relevant und lässt sich durch folgendes Beispiel darstellen: Satz (1) „Unsere gesamte F&E ist auf drei Standorte verteilt.", Satz (2) Dabei konzentriert sich der Standort München auf die Produktgruppe Zylinder und die Standorte Nürnberg sowie Augsburg auf die Produktgruppe Kolben." So ist lediglich im Zusammenhang der beiden Sätze ersichtlich, dass es sich um eine nationale, also *domestic-F&E* im Sinne dieser Arbeit handelt. Vgl. auch Abschnitt 2.3.1

[302] Vgl. auch Unterkapitel 2.3; im Sinne einer besseren Abstufung wurden zusätzlich die Subkategorien *Tendenz-domestic-F&E* und *Tendenz-dispersed-F&E* berücksichtigt.

Auswahl wurde des Weiteren für Fälle, in denen eine Zuordnung nicht möglich war, die Kategorie *keine Angabe möglich* eingeführt.[303]

*Reliabilitätstests:* Für die Überprüfung der *Reliabilität* zwischen den einzelnen Kodierern wurden basierend auf einer Reliabilitätsstichprobe verschiedene Kennzahlen berechnet. Die methodische Vorgehensweise orientiert sich dabei an Perreault/Leigh (1989, S. 146), wonach für Kodierungen großer Stichproben eine Aufteilung erfolgt und die Überprüfung der *Reliabilität* auf Basis einer zufällig ausgewählten Teilstichprobe[304] („Random Sample") durchgeführt wird.[305] Tabelle 3.2 zeigt die Ergebnisse für die in Abschnitt 3.2.1 vorgestellten Kennzahlen *Prozentuale Übereinstimmung, Scott's pi* und *Cohen's kappa* für die Kodierpaare.

**Tabelle 3.2: Reliabilitätskennzahlen**

| Zusammensetzung der Reliabilitätspaarungen | | Prozentuale Übereinstimmung | Scott's pi | Cohen's kappa |
|---|---|---|---|---|
| Paar 1 | Kodierer 1 / Kodierer 2 | 95,0% | 77,7% | 77,8% |
| Paar 2 | Kodierer 2 / Kodierer 3 | 85,0% | 71,5% | 71,6% |
| Paar 3 | Kodierer 1 / Kodierer 3 | 90,0% | 82,6% | 82,7% |
| **Mittelwert (Paare 1, 2, 3):** | | **90,0%** | **77,3%** | **77,4%** |

Quelle: Eigene Darstellung

Die Werte für die *Prozentuale Übereinstimmung* liegen zwischen allen Kodierern bei über 80 Prozent. Ein Übereinstimmungswert von 80 Prozent gilt in der Literatur bereits als ein Anzeichen hoher *Reliabilität*.[306] Die Werte für *Scott's pi* und *Cohen's kappa* liegen für alle Kodierpaare bei über 70 Prozent, für Paar 3 sogar bei über 80 Prozent. Da bereits ab 40 Prozent von moderater Übereinstimmung gesprochen werden kann und Werte ab 75 Prozent als exzellente Übereinstimmung[307] gelten (vgl.

---

[303] Vgl. Neuendorf (2002), S. 50

[304] Um bei der Teilstichprobe eine möglichst repräsentative Abdeckung aller Stichprobenjahre zu erhalten, wurden für jedes der zehn untersuchten Jahre jeweils zwei Unternehmen berücksichtigt.

[305] Vgl. Perreault/Leigh (1989), S. 146: "With large-scale projects, especially in large-sample (...) research applications, using multiple judges to code every response may not be practical (economical). In that case, it is best to start the coding process on a random sample of responses using multiple judges (coders) and to evaluate the reliability of the coding process before the judges begin independent coding of different subsets of the data."

[306] Vgl. Neuendorf (2002), S. 143; Riffe u.a. (2005), S. 151

[307] Vgl. Banerjee u.a. (1999), S. 6; Taylor/Watkinson (2007), S. 53 f.; Landis/Koch (1977), S. 164 f.

auch Abschnitt 3.2.1), ist für die durchgeführte Kodierung von einer hohen *Reliabilität* auszugehen.

*Kodierung bzgl. der Untersuchungsdimension F&E-Streuung:* Schwerpunkt der Messung der Untersuchungsdimension *F&E-Streuung* war die Kodierung aller in der Stichprobe enthaltenen Unternehmensjahre (vgl. Unterkapitel 3.1) auf Basis der zuvor extrahierten Textabschnitte in die Kategorien *domestic-F&E, dispersed-F&E* oder *keine Angabe möglich*. Die Kodierung erfolgte durch drei Kodierer[308] mit größter Sorgfalt.[309] Insgesamt wurden 888 Unternehmensjahre kodiert. Beim Aktienindex DAX30 beinhalten die Unternehmensjahre im Durchschnitt 330 Sätze. Das heißt, allein für den DAX30 wurden damit im Rahmen der Kodierung 54.380 Sätze ausgewertet.[310] Insgesamt konnten 484 Unternehmensjahre als *dispersed-F&E* und 114 Unternehmensjahre als *domestic-F&E* klassifiziert werden. Bei 290 Unternehmens-jahren war *keine Angabe möglich*. Damit konnten in Summe über 67 Prozent der betrachteten Unternehmensjahre einer Streuungskategorie, also *domestic-F&E* oder *dispersed-F&E*, zugeordnet werden.[311] Diese Ergebnisse dienen als Ausgangsbasis für die Definition der Variablen.

### 3.2.4  Messung des Kooperationsgrads

Nachdem in Abschnitt 3.2.3 die methodische Vorgehensweise bei der Messung der Dimension *F&E-Streuung* erläutert wurde, soll im vorliegenden Abschnitt die Methodik zur Operationalisierung und Messung der Untersuchungsdimension *Grad der Kooperation* auf Basis der Inhaltsanalyse (vgl. Abschnitt 3.2.1) dargelegt werden.

Die methodische Vorgehensweise basiert bei der Untersuchungsdimension *Grad der Kooperation* auf dem Ansatz der *Individual Word Count Systems* (vgl. Abschnitt 3.2.1) und bedient sich einer Häufigkeitsanalyse, um damit den Ausprägungsgrad der *Kooperation* zu messen. Entsprechend den Ausführungen in Abschnitt 3.2.1 liegen die

---

[308] Vgl. auch Fußnote 299

[309] Um einen möglichst sicheren Kodierprozess zu gewährleisten, erfolgten im Voraus bereits eine sorgfältige Auswahl der Kodierer sowie ein iterativer Trainingsprozess mit detaillierten Kodierungsanleitungen; die Unternehmensjahre wurden zwischen den Kodierern nach Aktienindizes aufgeteilt.

[310] Die durchschnittliche Anzahl der Sätze pro Unternehmensjahr ist bei den Aktienindizes TecDAX und MDAX tendenziell geringer.

[311] Die Subkategorien *Tendenz-domestic-F&E* und *Tendenz-dispersed-F&E* wurden dabei den jeweiligen Oberkategorien zugeordnet.

Stärken von *Individual Word Count Systems* bei der automatisierten Anwendung und der dadurch hohen Zuverlässigkeit und Kosteneffizienz.

Wie bei der Messung der *F&E-Streuung* kommt auch bei der Untersuchungsdimension *Grad der Kooperation* ein Wörterbuch zur Anwendung. Da dieses im Speziellen den Ausprägungsgrad der Dimension *Grad der Kooperation* messen soll, galt die Auswahl der richtigen Schlagwörter als erfolgskritisch. Aufgrund der Tatsache, dass in der Managementliteratur kein geeignetes Wörterbuch existent war, erfolgte im Rahmen dieser Arbeit die Erstellung eines neuen Wörterbuchs.[312] Um mit diesem Wörterbuch eine valide Messung des Kooperationsgrads zu erreichen, wurden Konzepte und Tools im Bereich F&E definiert, die mit einem hohen Kooperationsgrad einhergehen. Die vorliegende Arbeit orientiert sich dafür an der Empfehlung von Short u.a. (2010, S. 328) für eine deduktive Vorgehensweise. Die deduktive Vorgehensweise ist bei der Messung des Kooperationsgrads vor allem aufgrund der Literaturprüfung von Vorteil. Diese ist notwendig, um relevante Konzepte und Tools überhaupt zu identifizieren. Short u.a. (2010, S. 327 f.) sprechen sich dabei für ein stufenweises Verfahren aus.

Die Messung der Untersuchungsdimension *Grad der Kooperation* erfolgte anhand der nachstehenden Struktur:[313]

1. Definition des Forschungskonstrukts

2. Bewertung des Forschungskonstrukts und Prüfung der bestehenden Literatur

3. Erstellung des Wörterbuchs II

4. Validierung des Wörterbuchs und Reliabilitätstests

5. Durchführen der Häufigkeitsanalyse auf Basis des Wörterbuchs II

*Definition des Forschungskonstrukts:* Die Untersuchungsdimension *Grad der Kooperation* basiert auf dem F&E-Organisationsmodell von Gassmann/Zedtwitz (1999). Dabei impliziert der Kooperationsgrad die Intensität der Kooperation zwischen den F&E-Standorten und wird zusätzlich durch die beiden Ausprägungen *Wettbewerb*

---

[312] Vgl. Abschnitt 3.2.1.

[313] Short u.a. (2010) beschreiben auch die Vorteilhaftigkeit einer Kombination von deduktiver und induktiver Vorgehensweise. Dies begründen die Autoren im Wesentlichen durch die Vorteile eines Knowhow-Transfers zwischen Theorie und Praxis. Die gewählte methodische Vorgehensweise für die Erstellung des Wörterbuchs zur Messung der *Kooperation* beruht im Wesentlichen auf einem deduktiven Ansatz, berücksichtigt aber zusätzlich, aufgrund der Verwendung der Gesamtwortliste von Wörterbuch I, die Identifikationsbreite des induktiven Ansatzes.

und *Kooperation* beschrieben (vgl. Abschnitt 2.3.2). Theoretisch wäre eine Messung dieser Ausprägungen auf Basis von zwei getrennten Wörterbüchern möglich. Dieser Ansatz wurde im Rahmen der vorliegenden Arbeit allerdings aufgrund des zu ermittelnden Forschungskonstrukts verworfen. So beziehen Gassmann/Zedtwitz (1999) die Untersuchungsdimension *Kooperation* sehr konkret auf F&E-Standorte, indem sie sagen: „We classified R&D organizations according to (...) the degree of cooperation between individual R&D units"[314]. Eine reine Bewertung der beiden Ausprägungen hätte damit keinen ausreichenden F&E-Bezug. Das Forschungskonstrukt wurde daher über eine Ausprägung der *Kooperation* im Sinne der F&E definiert und für die Messung primär eine deduktive Vorgehensweise gewählt.

*Bewertung des Forschungskonstrukts und Prüfung der bestehenden Literatur:* Entsprechend dem definierten Forschungskonstrukt erfolgte eine Prüfung relevanter Fachliteratur. Um zusätzlich die Identifikationsbreite eines induktiven Verfahrens zu nutzen, wurde ferner die Gesamtwortliste der „fremden" Stichprobentexte (vgl. Abschnitt 3.2.3) auch hinsichtlich der Dimension *F&E-Kooperation* berücksichtigt.

*Erstellung des Wörterbuchs II:* Auf Basis der Erkenntnisse aus den ersten beiden Schritten wurden durch zwei Kodierer[315] spezifische Schlagwörter, die für einen hohen Grad an F&E-Kooperation stehen, definiert[316]. Schlagwörter mit einer Mehrfachbedeutung außerhalb des Forschungszusammenhangs wurden bewusst nicht berücksichtigt, um eine Verzerrung bei der anschließenden Häufigkeitsanalyse auszuschließen.[317] Im Nachgang wurden für alle als relevant definierten Schlagwörter mögliche Flexionsformen ergänzt sowie unterschiedliche Schreibweisen[318] hinzugefügt. Das Ergebnis ist eine Liste mit 172 Schlagwörtern, die für einen hohen Grad der Kooperation stehen. Diese Liste ist im Rahmen der Arbeit als Wörterbuch II definiert.

---

[314] Gassmann/Zedtwitz (1999), S. 231

[315] Bei der Wörterbucherstellung für den *Grad der Kooperation* wirkten zwei Kodierer als Hauptkodierer mit: der Autor der vorliegenden Arbeit (Doktorand) sowie ein Bachelorand im Studium des Wirtschaftsingenieurwesens. Beide waren in Hinblick auf den Untersuchungsgegenstand der Arbeit und die Quelle des jeweils vorliegenden Berichtes „blind".

[316] Sofern unter den Kodierern Einigkeit herrschte, wurde das Wort als relevant definiert. Bei Uneinigkeit wurde das betreffende Wort im Rahmen eines Workshops diskutiert und durch erneute Betrachtung des Wortes eine gemeinsame Entscheidung getroffen.

[317] So deutet beispielsweise das Wort „Austausch" auf eine *Kooperation* hin, kann aber ebenfalls in einer Vielzahl von anderen Zusammenhängen Anwendung finden. Eine Aufnahme in das Wörterbuch II wäre daher irreführend. Als Gegenbeispiel ist die Anwendung des Schlagwortes „24-Stunden Entwicklung" in einem F&E-Kooperations-Kontext wahrscheinlich.

[318] Zum Beispiel mit und ohne Bindestrich, „&" und „+", Komma und Punkt.

*Validierung des Wörterbuchs und Reliabilitätstests:* Das definierte Wörterbuch wurde im Weiteren durch zwei Experten aus dem Bereich F&E rezensiert und überprüft.[319] Dadurch wurde die Relevanz der definierten Schlagwörter in Bezug auf den *Grad der Kooperation* in einem Praxiskontext diskutiert und für relevant befunden. Ebenso wurde zur Überprüfung der Reliabilität des Vorgehens eine Reliabilitätsprüfung vorgenommen. Zwei zufällig gezogene Stichproben aus der Gesamtwortliste von jeweils mindestens 15 Prozent wurden von zwei weiteren Kodierern kodiert.[320] Bei der Überprüfung lag die Übereinstimmung der Ergebnisse der beiden Hauptkodierer bei 90 Prozent mit den Ergebnissen von Kodierer drei und bei 89 Prozent mit denen von Kodierer vier.[321] Unter Berücksichtigung der diskutierten Grenzwerte (vgl. Abschnitt 3.2.1) sprechen diese Werte für eine exzellente Übereinstimmung. Insgesamt ist damit für die durchgeführte Kodierung von einer hohen *Reliabilität* auszugehen.

*Häufigkeitsanalyse auf Basis des Wörterbuchs II:* Mit Hilfe der Computersoftware RapidMiner wurde eine automatisierte Häufigkeitsanalyse auf Basis des Wörterbuchs II durchgeführt. Dabei wurde für alle der 888 untersuchten Unternehmensjahre festgestellt, wie häufig jedes Wort des Wörterbuchs II auftritt. Die Ergebnisdatei der Computersoftware RapidMiner wird als Matrix dargestellt, wobei jede Zeile ein Unternehmensjahr und jede Spalte ein Schlagwort des Wörterbuchs II repräsentiert. Die absoluten Trefferhäufigkeiten sind in den jeweiligen Kreuzungen abgetragen. Diese Datei dient als Grundlage für die in Unterkapitel 3.4 beschriebene Berechnung der Variablen.

### 3.3 Patentdatenerhebung zur Messung der F&E-Effizienz

Die F&E-Effizienz wird in der vorliegenden Arbeit mittels Patentdaten erklärt.[322] Dafür erfolgte eigens für die definierte Stichprobe eine Patentdatenerhebung in Zusammenarbeit mit dem Fraunhofer-Institut für System- und Innovationsforschung. Unterkapitel 3.3 beschreibt die Patentdatenerhebung. In Abschnitt 3.3.1 wird dabei

---

[319] Vgl. Short u.a. (2010), S. 327: „Ideally, word lists are assessed by a judge or panel of experts who are knowledgeable in the specific topic."; die bei der Prüfung des Wörterbuchs II eingesetzten Experten besitzen umfangreiche Industrieerfahrung im Bereich F&E aus mehreren Großunternehmen.

[320] Vgl. Vorgehen mit Ferrier/Lyon (2004), S. 322

[321] Vgl. Vorgehen mit Deephouse (2000), S. 1101 f.; Perreault/Leigh (1989), S. 146; bei Kodierer drei handelt es sich um einen Studenten des Wirtschaftsingenieurwesens im Master-Studium mit abgeschlossenem Bachelor; bei Kodierer vier handelt es sich um eine Führungskraft mit leitender Funktion in einem deutschen Industriekonzern.

[322] Vgl. Unterkapitel 2.4

zunächst auf die Eignung der PATSTAT-Datenbank als Datenquelle eingegangen. Danach werden in Abschnitt 3.3.2 die Patentfamilien als Indikator und Messgröße erörtert, bevor in Abschnitt 3.3.3 die methodische Vorgehensweise und Messung der Patentfamilien erläutert wird.

### 3.3.1 Eignung der PATSTAT-Datenbank des Europäischen Patentamts (EPA) als Datenquelle

Patentstatistiken werden häufig als Indikator für die Innovationsaktivität von Unternehmen genutzt (vgl. Unterkapitel 2.4). In den vergangenen Jahrzenten ist neben der Patentaktivität auch die Nachfrage nach Patentdaten und -statistiken stark angestiegen.[323]

Das Europäische Patentamt (EPA) hat im Auftrag der OECD-Taskforce für Patentstatistiken eine Datenbank zur Unterstützung statistischer Patentuntersuchungen entwickelt. Diese Datenbank wird als die „EPO Worldwide Patent Statistical Database" bezeichnet; häufig findet dafür die Abkürzung PATSTAT Anwendung. Die Datenbank wird koordiniert vom Wiener Büro des Europäischen Patentamtes.[324] Das EPA ist neben einer Reihe weiterer Patentämter[325] aktives Mitglied der Taskforce für Patentstatistiken der Organisation für wirtschaftliche Zusammenarbeit und Entwicklung (OECD).[326]

Die PATSTAT-Datenbank stellt eine Zusammenfassung von Daten etlicher Patentämter weltweit dar[327] und enthält Patentinformationen aus über 100 Ländern. PATSTAT weist 67 Millionen Patentanmeldungen sowie 35 Millionen erteilte Patente aus. Dabei handelt es sich um Rohdaten, die für statistische Auswertungen auf einen Datenbank-Server geladen werden müssen.[328] PATSTAT selbst basiert zum Großteil auf der internen Datenbank DocDB des Europäischen Patentamtes und beinhaltet unter anderem Informationen bezüglich Patentanmelder, Erfinder, Zitationen, Patentfamilien, Daten der ersten Einreichung („Priority Filing"), Technologieklassen

---

[323] Vgl. European Patent Office (2014), S. 11
[324] Vgl. European Patent Office (2014), S. 2 ff.
[325] Weitere Patentämter der OECD-Taskforce für Patentstatistiken sind World Intellectual Property Organisation (WIPO), Japanese Patent Office (JPO), US Patent and Trademark Office (USPTO), Korean Intellectual Property Office (KIPO), US National Science Foundation (NSF) sowie European Commission (EC). Vgl. European Patent Office (2014), S. 2
[326] Vgl. European Patent Office (2014), S. 2
[327] Vgl. Patel (2007), S. 9
[328] Vgl. European Patent Office (2013)

und Patentgültigkeit.[329] Bei der Anmeldung eines europäischen Patentes erfolgt die Veröffentlichung 18 Monate nach dem Anmelde- bzw. dem frühesten Prioritätstag.[330] Dies gilt es im Besonderen bei der Patentdatenerhebung zu berücksichtigen (vgl. Abschnitt 3.3.3). Die Inhalte der PATSTAT-Datenbank beschränken sich auf veröffentlichte Patente, das heißt, Anmeldungen sind in der Regel nicht dokumentiert, wenn sie sich innerhalb der 18-Monate-Phase befinden, zurückgezogen oder abgelehnt wurden. In diesem Zusammenhang ist zu berücksichtigen, dass das United States Patent and Trademark Office (USPTO) lediglich einen Teil aller angemeldeten Patente nach 18 Monaten veröffentlicht, da deren Anmelder die Möglichkeit haben, eine Publikation zu verhindern. Dies ist möglich, sofern sich die Patentanmeldung auf ein rein nationales US-Patent bezieht, und wird von Anmeldern genutzt, um die Offenlegung des Patents bzw. der Erfindung hinauszuzögern.[331] Da sich die vorliegende Arbeit allerdings auf die Untersuchung deutscher Aktiengesellschaften reduziert, ist eine reine Patentanmeldung in den Vereinigten Staaten als unwahrscheinlich anzusehen.

Neben der hohen Datenverfügbarkeit besitzt PATSTAT weitere Vorzüge. Aufgrund der zur Verfügung stehenden Rohdaten besteht ein besonders hoher Grad an Autonomie. So können individuelle und spezifische Auswertungen nach Ländern, Technologieklassen, Unternehmen sowie Erfindern durchgeführt werden. Des Weiteren erlaubt eine Schlagwortsuche zusätzliche Möglichkeiten der Auswertung. Unter den Patentdatenbanken gilt PATSTAT als Standard.[332] Dies zeigt sich unter anderem darin, dass eine Vielzahl von Datenbanken anderer Institutionen auf PATSTAT aufbaut oder zumindest eine Verknüpfung sicherstellt.[333] Als Beispiel gelten hier vereinheitlichte IDs zwischen PATSTAT und anderen Datenbanken, die wiederum die Möglichkeit schaffen, Analysen über reine Patentdaten hinaus zu erweitern.[334]

---

[329] Vgl. Patel (2007), S. 8 f.; Tarasconi/Kang (2015), S. 6 f.

[330] Die Patentanmeldung kann auf Antrag des Anmelders auch vor Ablauf der Frist von 18 Monaten veröffentlich werden. Es erfolgt keine Veröffentlichung, sofern die Patentanmeldung vor Abschluss der Publikationsvorbereitungen zurückgewiesen oder zurückgenommen wurde. Vgl. Europäisches Patentamt (2015), S. 51

[331] Vgl. Patel (2007), S. 8 f.; Neuhäusler (2008), S. 5 ff.

[332] Tarasconi/Kang (2015), S. 7 f.

[333] Zum Beispiel: ECOOM-EUROSTAT-EPO PATSTAT Person Augmented Table (EEE-PPAT), OECD Harmonised Applicant Names (HAN) oder OECD REGPAT DATABASE.

[334] Vgl. Tarasconi/Kang (2015), S. 7 f.

Als wesentliche Herausforderung der PATSTAT-Datenbank gilt die Tatsache, dass Namen von Patentanmeldern nicht vereinheitlicht sind. Ein und derselbe Anmelder kann auf diese Weise in PATSTAT, beispielsweise aufgrund von Tippfehlern im Zuge des Anmeldeprozesses oder unterschiedlicher Schreibweisen, mit mehreren Namen gelistet sein. Des Weiteren werden die Patente nicht ausschließlich durch den Mutterkonzern angemeldet, was umfangreiche Zuordnungen beispielsweise von Landes- bzw. Tochter- zu Muttergesellschaften bedingt.[335] Zwar bietet die PATSTAT-Datenbank verschiedene Unterstützungen zur Namensharmonisierung, jedoch beschreibt Patel (2007, S. 10) die dennoch notwendige Prüfung und individuelle Zuordnung der Namen (vgl. zur methodischen Vorgehensweise Abschnitt 3.3.3). Die Patentdatenauswertung der vorliegenden Arbeit nutzt die Harmonisierungs-unterstützung des ECOOM-EUROSTAT-EPO PATSTAT Person Augmented Table (EEE-PPAT), die in Zusammenarbeit von ECOOM, EUROSTAT und SOGETI entsteht.[336] Patel (2007) beschreibt des Weiteren einen möglichen „Home Bias"[337] oder „European-Centered Bias"[338] aufgrund des direkten Bezugs zum Europäischen Patentamt mittels der Datenbank DocDB. Diese potenzielle Verzerrung scheint allerdings aufgrund der hier vorliegenden Untersuchung von deutschen Unternehmen unkritisch.

Zusammenfassend lässt sich konstatieren, dass die PATSTAT-Datenbank wegen der einerseits überaus breiten Abdeckung von Patentämtern weltweit[339] und der andererseits vielfältigen Möglichkeiten statistischer Auswertungen aufgrund von Rohdatenanalysen[340] als hervorragende Quelle für Patentuntersuchungen dient.

---

[335] Vgl. Patel (2007), S. 10; Graevenitz u.a. (2013), S. 536; Bergek/Berggren (2004), S. 1291; Tarasconi/Kang (2015), S. 10 f.; Patel (1996), S. 42 beschreibt dieses Problem ebenso für das amerikanische Patentamt: „The main difficulty with the primary data is that many patents are granted under the names of subsidiaries and divisions that are different from those of the parent companies and are therefore listed separately. In addition the names of companies are not unified in the sense that the same company may appear several times in the data, with a slightly different name in each case. Consolidating patenting under the names of parent companies can only be done manually (…)."

[336] Vgl. European Patent Office (2014), S. 13; Tarasconi/Kang (2015), S. 11: „The methodology [of the EEE-PPAT database] involved more than 4000 text cleaning patterns to remove most common misspellings and to impose uniform character sets (replacing accents, umlauts and non-common characters with their plain version)." Vgl. auch Peeters u.a. (2009)

[337] Patel (2007), S. 16 schreibt in Bezug auf das Europäische Patentamt: „(...) there may be a 'home' bias in relation to the European companies and inventors."

[338] Vgl. Tarasconi/Kang (2015), S. 9

[339] Vgl. Patel (2007), S. 9

[340] Vgl. European Patent Office (2014), S. 2

Tarasconi/Kang (2015, S. 1) bezeichnen PATSTAT als eine der meistgenutzten Patentdatenbanken für Wissenschaftler. So wird die PATSTAT-Datenbank von einer Vielzahl wissenschaftlicher Arbeiten für unterschiedlichste Fragestellungen genutzt. Martínez (2011) untersucht auf Basis von PATSTAT-Daten unterschiedliche Definitionen von Patentfamilien. Graevenitz u.a. (2013) untersuchen das Auftreten und die Entwicklung von Patent-Clustern („Patent Thickets") mit Hilfe der PATSTAT-Datenbank.[341] Frietsch u.a. (2013) untersuchen basierend auf PATSTAT unterschiedliche Anmelderouten („Filing Routes") und die Wahrscheinlichkeit für eine Patenterteilung am EPA.[342] Abramovsky u.a. (2008) kombinieren PATSTAT-Daten mit Bilanzdaten und analysieren Standorte in Europa hinsichtlich ihres Innovationsaufkommens. Aufgrund der dargelegten Gründe greift die vorliegende Arbeit ebenfalls auf PATSTAT als Datenquelle zurück. Die zugrunde liegende Patentdatenauswertung basiert auf der EPO Worldwide Patent Statistical Database – 2014 Spring Edition.

### 3.3.2 Anmeldungen von Patentfamilien als Indikator und Messgröße

Wie beschrieben baut eine Vielzahl wissenschaftlicher Studien auf Patentdaten auf (vgl. Unterkapitel 2.4). Im Rahmen der vorliegenden Arbeit sollen aufgrund von Patentdaten Aussagen hinsichtlich der Effizienz von F&E getroffen werden. Griliches (1990) untersucht in seiner Arbeit[343] die Patentanzahl als ökonomischen Indikator und belegt den Zusammenhang zwischen Anzahl der Patente und F&E-Ausgaben. Auch Scherer (1965) konstatiert in seiner frühen Arbeit „(...) patent statistics are likely to measure run-of-the-mill industrial inventive output (...).“[344] Obwohl die Patentanzahl als Analyseart hinsichtlich der Zielstellung der vorliegenden Arbeit als folgerichtig erscheint (vgl. Unterkapitel 2.4), ist eine Konkretisierung des zu erhebenden Objektes notwendig. Sofern ein Patentanmelder seine Erfindung in mehreren Ländern schützen möchte, muss in jedem der zuständigen (nationalen) Patentämter eine Anmeldung geschehen. Daraus folgt, dass die erste Anmeldung („Priority Filing") eine Reihe von Folgeanmeldungen, so genannte „Subsequent Filings"[345] nach sich zieht.[346] Im

---

[341] Vgl. Graevenitz u.a. (2013), S. 521
[342] Vgl. Frietsch u.a. (2013), S. 8
[343] Vgl. auch Griliches (1998a)
[344] Scherer (1965), S. 1098
[345] „Subsequent Filings" werden in anderen Arbeiten unter anderem auch als „External Patents", „External Equivalents", „Duplicated Patents", „Multiple Applications", „Secondary Filings" oder „Patent Family Members" bezeichnet. Vgl. Martínez (2011), S. 40

Rahmen von Untersuchungen internationaler Patentanmeldungen bei mehreren Patentämtern (vgl. Abschnitt 3.3.1) kann es daher zu redundanten Zählungen (Doppelzählungen) von Erfindungen kommen. Dies wiederum würde zu einer starken Verzerrung der Ergebnisse führen.[347] „If a user does (…) count international patent applications without considering the patent family, then the user will obtain exaggerated counts."[348] Das USPTO definiert eine Patentfamilie wie folgt:

> *„A patent family is the same invention disclosed by a common inventor(s) and patented in more than one country."* [349]

Wenn eine Patentanmeldung für die gleiche Erfindung in mehreren Ländern vorgenommen wird, so wird das Ursprungspatent zusammen mit allen Auslandspatenten als Patentfamilie bezeichnet, und zwar mit so vielen „Mitgliedern", wie es derzeit Anmeldungen gibt.[350] Die Auswertung von Patentfamilien kann damit zur Vermeidung von Doppelzählungen genutzt werden[351] und ist daher für die dieser Arbeit zugrunde liegende Analyse notwendig. Damit wird, in diesem Fall pro Unternehmen, die Anzahl der Erfindungen gezählt, die zu einem Patent angemeldet wurden, unabhängig davon, an welchem Amt (bzw. welchen Ämtern) die Anmeldung erfolgte.[352] Auch Patel (2007, S. 16) empfiehlt für die Analyse von internationalen Patenten die Auswertung von Patentfamilien[353] und Martínez (2011, S. 40) legt dar, dass die meisten Arbeiten Patentfamilien als gegebenen Standard ansehen. Patentfamilien können des Weiteren genutzt werden, um einen möglichen „Home Bias" zu neutralisieren, Anmeldungen basierend auf den Patentübertragungen zwischen Ländern zu prognostizieren, die Internationalisierung von Technologien zu analysieren sowie Patentwerte auf Basis der zugrunde liegenden Folgeanmeldungen

---

[346] Vgl. Martínez (2011), S. 39 f.
[347] Vgl. Grupp (1998), S. 151 f.
[348] Tarasconi/Kang (2015), S. 13
[349] United States Patent and Trademark Office (o.J.)
[350] Vgl. Grupp (1998), S. 151 f.
[351] Vgl. Martínez (2011), S. 41; Grupp (1998), S. 151 f.
[352] Vgl. Tarasconi/Kang (2015), S. 12 ff.
[353] Vgl. Patel (2007), S. 16: "Our recommendation for future activities for analysing patents for the assessment of international R&D structures of MNEs would to use patent families instead of filings at specific patent offices (…)."

abzuschätzen.[354] Für eine weitere und tiefergehende Diskussion in Hinblick auf die Patentfamilien wird an dieser Stelle auf Martínez (2011) verwiesen.

Wie in Unterkapitel 2.4 erläutert können bei Analysen zur Patentanzahl sowohl Patentanmeldungen als auch Patenterteilungen erhoben werden. Um sowohl der zeitlichen Problematik der Patenterteilung als auch einer möglichen Verzerrung durch eine nicht zustande kommende Erteilung gerecht zu werden (vgl. Unterkapitel 2.4), erfolgt für die vorliegende Untersuchung eine Auswertung der Patentanmeldungen. Diese Vorgehensweise entspricht der Methodik anderer Arbeiten.[355]

### 3.3.3 Methodische Vorgehensweise der Patentdatenerhebung und Messung der Patentfamilien

Entsprechend der Hypothesendefinition werden im folgenden Abschnitt die methodische Vorgehensweise der dieser Arbeit zugrunde liegenden Patentdaten-erhebung sowie die Messung der Patentfamilien vorgestellt.

Für die Operationalisierung wurde in Zusammenarbeit mit dem Fraunhofer-Institut für System- und Innovationsforschung ein siebenphasiger Prozess definiert. Zielsetzung ist die Identifikation der Anzahl angemeldeter Patentfamilien pro Unternehmen und Betrachtungsjahr. Als Basis der Patentdatenerhebung dient die PATSTAT-Datenbank (vgl. Abschnitt 3.3.1). Wie beschrieben stellt die fehlende Vereinheitlichung von Unternehmen in PATSTAT eine grundsätzliche Herausforderung dar[356] und steht daher bei der methodischen Vorgehensweise im Zentrum der Betrachtung. Bei der dieser Arbeit zugrunde liegenden Patentdatenerhebung wurden daher zuerst relevante Unternehmen über eine Schlagwortsuche identifiziert, bevor auf Basis einer finalen Abfrageliste die tatsächliche Anzahl an angemeldeten Patentfamilien festgestellt wurde. Die methodische Vorgehensweise ist in folgende sieben Phasen unterteilt:[357]

---

[354] Vgl. Martínez (2011), S. 41 f.; anstatt „Home Bias" verwendet Martínez (2011) den Begriff „Home Advantage".

[355] Vgl. u.a. Hall u.a. (1986); Le Bas/Sierra (2002); Hagedoorn/Cloodt (2003), S. 1375 konstatieren des Weitern, dass zwischen Anmeldungen und Erteilungen kein systematischer und wesentlicher Unterschied besteht. Vgl. auch Unterkapitel 2.4

[356] Vgl. Graevenitz u.a. (2013), S. 536; Patel (1996), S. 42; Tarasconi/Kang (2015), S. 10 f.

[357] Die methodische Vorgehensweise wurde in Abstimmung mit Peter Neuhäusler vom Fraunhofer-Institut für System- und Innovationsforschung (ISI) definiert. Zur Stabilisierung des Vorgehens wurde im Voraus eine Vielzahl an Testabfragen der PATSTAT-Datenbank durchgeführt. Die Durchführung der Datenbankabfrage als solche erfolgte durch Unterstützung des Fraunhofer-Instituts für System- und Innovationsforschung. Die Phasen vier, fünf und sieben wurden aus

1. Identifikation relevanter Unternehmen in Abhängigkeit des Untersuchungszeitraums und Konstruktion der Sub-Prime-IDs

2. Festlegung relevanter Schlagwörter je Unternehmen

3. Abfrage der PATSTAT-Datenbank unter Verwendung der Schlagwortlisten (Schlagwortabfrage)

4. Identifikation relevanter Patentanmelder auf Basis der Schlagwortabfrage

5. Erstellung der finalen Abfrageliste mit zugehörigen PATSTAT-IDs

6. Finale Abfrage der PATSTAT-Datenbank

7. Konsolidierung der Sub-Prime- und Prime-IDs

*Identifikation relevanter Unternehmen in Abhängigkeit des Untersuchungszeitraums und Konstruktion der Sub-Prime-IDs:* Alle Unternehmen der zugrunde liegenden Stichprobe weisen eindeutige Identifikationsnummern, so genannte *Prime-IDs* auf. Um Fusionen und Abspaltungen von Unternehmen[358] bei der Patentdatenerhebung berücksichtigen zu können, wurden den *Prime-IDs* unter Beachtung des Untersuchungszeitraumes und sofern notwendig so genannte *Sub-Prime IDs* zugeordnet. Diese Konstruktion auf Unternehmensebene ermöglichte einerseits zugekaufte Unternehmen und andererseits verkaufte Unternehmensteile bei der Erhebung zu berücksichtigen. So wurde beispielsweise für den Verkauf von Chrysler durch die Daimler AG im Jahr 2007 eine Unteridentifikationsnummer für das Unternehmen Chrysler angelegt und damit eine zeitlich beschränkte Zuordnung zur Daimler AG hergestellt. Da diese Information für die Konsolidierung der Patentfamilien am Ende des Prozesses ausschlaggebend ist, war eine genaue zeitliche Abgrenzung der *Sub-Prime-IDs* erforderlich.

*Festlegung relevanter Schlagwörter je Unternehmen:* Basierend auf dem Wortstamm des jeweiligen Unternehmensnamens wurden Schlagwörter definiert. Dabei wurden für die Verarbeitung in PATSTAT für alle Schlagwörter Umlaute und „ß" entfernt sowie eine Transformation in Großbuchstaben durchgeführt. Die Schlagwörter wurden um gängige Abkürzungen bzw. Ausformulierungen und in Sonderfällen um

---

Gründen der Objektivität von zwei Personen, dem Autor der Arbeit (Doktorand) sowie einem Bachloranden im Studium des Wirtschaftsingenieurwesens, durchgeführt.

[358] Vgl. Abschnitt 3.3.1; häufig findet hier der Begriff *Mergers & Acquisitions* Anwendung.

Markennamen ergänzt. So wurden beispielsweise für die BMW AG neben „BMW" unter anderem auch „Bayerische Motoren Werke" als Schlagwort berücksichtigt.

*Abfrage der PATSTAT-Datenbank unter Verwendung der Schlagwortlisten (Schlagwortabfrage):* Unter Verwendung der definierten Schlagwortlisten wurden SQL-Abfragen für die PATSTAT-Datenbank geschrieben, wobei jedem der 120 Unternehmen der Stichprobe sowie den zugeordneten *Sub-Prime-IDs* ein eigener Abfragecode, individualisiert durch die Schlagwortliste, zugrunde lag. Auf Basis dieser SQL-Codes wurde die Abfrage der PATSTAT-Datenbank durchgeführt. Dabei kam die Harmonisierungsunterstützung des ECOOM-EUROSTAT-EPO PATSTAT Person Augmented Table (EEE-PPAT) zur Anwendung (vgl. Abschnitt 3.3.1). Um möglichst frühzeitig Privatpersonen als Patentanmelder zu exkludieren, wurden Patentanmeldungen in PATSTAT, bei denen der Anmelder dem Erfinder entspricht, nicht berücksichtigt. Das Ergebnis der Datenbankabfrage war ein Textskript, das pro Unternehmen alle Patentanmelder auf Basis der Suchbegriffe (Schlagwörter) enthielt. Darin enthalten waren die Patentanmelder mit der jeweiligen PATSTAT-ID[359] und dem Namen des Anmelders sowie die jeweilige Anzahl der angemeldeten Patente für den Betrachtungszeitraum.

*Identifikation relevanter Patentanmelder auf Basis der Schlagwortabfrage:* Die Ergebnisdatei aus der Schlagwortabfrage wurde mit Hilfe von Microsoft Excel aufbereitet. In Hinblick auf die finale Messung der Patentfamilien mussten alle relevanten Anmelder identifiziert werden. Für diese Auswahl wurden genaue Kriterien festgelegt und in einem Codebook dokumentiert. Danach wurden Patentanmelder als relevant klassifiziert, sofern sich diese eindeutig dem jeweiligen Unternehmen, also der *(Sub-)Prime-ID*, zuordnen ließen. Anmelder wurden als nicht relevant gewertet, sofern es sich entweder um eine Privatperson[360] handelte oder um ein Unternehmen, das nicht der *(Sub-)Prime-ID* zuzuordnen war. Beispielsweise ergab die Abfrage für die Bayer AG mit dem Schlagwort „Bayer" neben relevanten Treffern auch Anmelder wie „Bayerische Motoren Werke" oder „Tiergesundheitsdienst Bayern". Als Klassifizierungsrichtlinie dienten Informationen verschiedener Unternehmensdatenbanken. Eine Vielzahl von Patentanmeldungen findet auf Ebene

---

[359] In der PATSTAT-Datenbank ist jedem Patentanmelder eine PATSTAT-Identifikationsnummer, die so genannte PATSTAT-ID, zugewiesen.

[360] Trotz der Nichtberücksichtigung von Patentanmeldern, bei denen der Anmelder dem Erfinder entspricht, werden zum Teil Privatpersonen identifiziert.

der Landes- oder Tochtergesellschaften statt.[361] Ebenso werden häufig Unternehmenssparten für die Anmeldung von Patenten genutzt. So ergaben sich aus der Schlagwortabfrage für die Bayer AG unter anderem Patenanmeldungen für die „Bayer Bioscience", die „Bayer Chemicals" und die „Bayer Consumer Care". Insgesamt wurden auf Basis der Schlagwortabfrage für die Bayer AG 192 von 349 identifizierten Anmeldern als relevant klassifiziert.

*Erstellung der finalen Abfrageliste mit zugehörigen PATSTAT-IDs:* Basierend auf den bisherigen Ergebnissen wurde je *(Sub-)Prime-ID* eine Liste relevanter *PATSTAT-IDs* definiert. Nach einer detaillierten Prüfung erfolgte eine Konsolidierung in die Gesamtliste für die finale PATSTAT-Abfrage zur Ermittlung der Anzahl der angemeldeten Patentfamilien. Diese Gesamtliste enthielt 123 *Sub-Prime-* und *Prime-IDs* sowie 2.548 zugeordnete *PATSTAT-IDs*, wobei in der PATSTAT-Datenbank nicht für alle *(Sub-)Prime-IDs* Patentanmelder dokumentiert waren.[362] Im Mittel wurden damit pro *(Sub-)Prime-ID* 21 Patentanmelder (*PATSTAT-IDs*) zugeordnet.

*Finale Abfrage der PATSTAT-Datenbank:* Für die finale Datenbankabfrage erfolgte eine Spezifikation der Abfrageattribute in Hinblick auf die Patentart, den Untersuchungszeitraum und die zu berücksichtigenden Patentämter.[363] Für die dieser Arbeit zugrunde liegende Patentdatenerhebung wurde die Anzahl der angemeldeten Patentfamilien (vgl. Abschnitt 3.3.2) pro Unternehmen und pro Jahr zwischen 2002 und 2012 ausgewertet.[364] Dabei erfolgte keine Einschränkung auf einzelne Patentämter.

*Konsolidierung der Sub-Prime- und Prime-IDs:* Abschließend erfolgte die Konsolidierung aller zu Beginn erstellten *Sub-Prime-* und *Prime-IDs*. Dabei wurden die angemeldeten Patentfamilien der *Sub-Prime-IDs* unter Berücksichtigung der relevanten Jahre den übergeordneten *Prime-IDs* zugeteilt. Aufgrund der zeitverzögerten Kausalität zwischen Ursache und Wirkung bei Patenten erfolgte die Konsolidierung jeweils ein Jahr zeitversetzt.[365] Ergebnis der Patentdatenerhebung ist

---

[361] Vgl. Tarasconi/Kang (2015), S. 12
[362] Das heißt, für die jeweiligen Unternehmen wurden unter dem entsprechenden Unternehmensnamen innerhalb des Betrachtungszeitraumes keine Patente angemeldet.
[363] PATSTAT ermöglicht beispielsweise eine Reduktion auf einzelne Patentämter.
[364] Das Betrachtungsjahr 2012 ist aufgrund der Veröffentlichungszeit (vgl. Abschnitt 3.3.1) nicht vollständig und wird daher für die weitere Arbeit nicht berücksichtigt.
[365] Vgl. Peters/Schmiele (2011), S. 11: "Since it takes time to translate research efforts into new products or processes, success variables like profitability need to be measured in appropriate time

eine Matrix mit absoluten Häufigkeiten angemeldeter Patentfamilien pro Unternehmen und Jahr. Diese Ergebnismatrix dient als Basis für die Definition der Variablen F&E-Effizienz (vgl. folgendes Unterkapitel 3.4).

## 3.4 Variablendefinition

Im vorliegenden Unterkapitel 3.4 erfolgt die Definition der Variablen, welche die Basis für die empirische Untersuchung in Kapitel 4 darstellen. Hierzu wird in Abschnitt 3.4.1 zuerst auf die endogenen Variablen eingegangen, bevor in Abschnitt 3.4.2 die exogenen Variablen vorgestellt werden. Tabelle 3.3 liefert eine Übersicht der im Folgenden detailliert erläuterten Variablen.

### 3.4.1 Endogene Variablen

Nachfolgend werden die der empirischen Untersuchung zugrunde liegenden endogenen Variablen vorgestellt. Hierzu wird zuerst auf die beiden Variablen *F&E-Streuung* und *Grad der Kooperation* basierend auf der Inhaltsanalyse eingegangen, bevor anschließend die endogene Variable *F&E-Effizienz* basierend auf der Patentdatenerhebung dargestellt wird.

**F&E-Streuung**

Zur Überprüfung der Hypothesen H1 bis H3 im Analyseteil A wird auf Basis der durchgeführten Textklassifikation als Teil der Inhaltsanalyse der Lageberichte (vgl. Abschnitt 3.2.3) die Variable *F&E-Streuung* definiert. In der vorliegenden empirischen Untersuchung erfolgt eine Differenzierung zwischen den beiden extremen Ausprägungen der Streuungsdimension nach Gassmann/Zedtwitz (1999). Die Variable *F&E-Streuung* wird damit als binäre Variable kodiert. Dies bedeutet, die *F&E-Streuung* kann eine von zwei Ausprägungen annehmen. Damit wird in einem Unternehmensjahr entweder eine *domestic-* oder eine *dispersed-*F&E-Organisationsstruktur verfolgt. Die Kodierung im Rahmen der Inhaltsanalyse zeigte für 598 Unternehmensjahre eine Klassifizierung in entweder *domestic* oder *dispersed*.[366] Unternehmensjahre, in denen eine *domestic-*F&E-Organisationsstruktur

---

after the operations, to be evaluated where executed."; Chen u.a. (2012), S. 1549: "To facilitate causal inference, we lag the measures of the independent variable, moderating variables, and control variables to dependent variable by one year."

[366] Die im Sinne einer besseren Abstufung eingeführten Subkategorien *Tendenz-domestic-F&E* und *Tendenz-dispersed-F&E* sind dieser Klassifizierung zugeordnet.

verfolgt wurde, wird der Wert null zugewiesen. Unternehmensjahre, in denen eine *dispersed*-F&E-Struktur vorlag, wird der Wert eins zugeschrieben. Wie in Abschnitt 3.2.3 erläutert, konnte auf Basis der Inhaltsanalyse eine Zuordnung für 67 Prozent der Unternehmensjahre erfolgen. Dies führt entsprechend zu einer Verringerung der Stichprobe bei der Analyse der *F&E-Streuung*.

**Grad der Kooperation**

Für die Überprüfung der Hypothesen H4 bis H7 im Analyseteil B erfolgt die Einführung der Variablen *Grad der Kooperation*. Diese beruht auf der in Abschnitt 3.2.4 beschriebenen Inhaltsanalyse nach dem Ansatz der *Individual Word Count Systems*. Die im Rahmen dieser Inhaltsanalyse erzeugte Häufigkeitsmatrix zeigt für jedes Unternehmensjahr die absolute Trefferanzahl der Schlagwörter aus Wörterbuch II. Zunächst wird für jedes Unternehmensjahr eine Summe der Trefferhäufigkeiten gebildet, um so eine Gewichtung des Kooperationsgrads in den jeweiligen Lageberichten zu erhalten. Des Weiteren wird die Länge der jeweiligen Lageberichte ermittelt. Um eine Vergleichbarkeit des Kooperationsgrads über alle Unternehmensjahre zu ermöglichen, wird die Summe der Trefferhäufigkeiten durch die Länge des jeweiligen Lageberichts dividiert.[367] Durch die prozentuale Betrachtung der Häufigkeit als Anteil der Gesamtlänge eines Lageberichts wird gewährleistet, dass aufgrund der Länge des Lageberichts ceteris paribus keine höhere Trefferwahrscheinlichkeit der Schlagwörter besteht. Ebenso wie bei der Variablen *F&E-Streuung* erfolgt für die Variable *Grad der Kooperation* eine Differenzierung zwischen zwei Ausprägungen des Kooperationsgrads nach Gassmann/Zedtwitz (1999). Die Variable *Kooperation* wird damit als binäre Variable kodiert. Dafür wird zusätzlich der Median aller prozentualen Anteilswerte ermittelt. Unternehmensjahren, bei denen sich der prozentuale Anteilswert unterhalb des Median befindet, wird der Wert null zugewiesen. Unternehmensjahren, bei denen sich der prozentuale Anteilswert oberhalb des Median befindet, wird der Wert eins zugeschrieben.

---

[367] Vgl. Kabanoff/Hamdan (2014), S. 339 beschreiben die notwendige Berücksichtigung der Textlänge: „(...) controlling for the length of texts being analysed before comparing them; obviously, the longer a text is, the more opportunity there is for different concepts to appear more frequently."

**F&E-Effizienz**

In Hinblick auf die Überprüfung der Hypothesen H8 bis H14 wird basierend auf der Patentdatenerhebung (vgl. Abschnitt 3.3.3) die Variable *F&E-Effizienz* eingeführt. Die im Rahmen der Patentdatenerhebung erstellte Matrix mit absoluten Häufigkeiten angemeldeter Patentfamilien je Unternehmen und Jahr dient als Basis für die Variable *F&E-Effizienz*.[368] Im Bereich der F&E kann von einer zeitverzögerten Kausalität zwischen Ursache und Wirkung ausgegangen werden.[369] Die Auswirkung von F&E auf Erfolgsfaktoren wie die *F&E-Effizienz* gilt es daher mit einem zeitlichen Versatz zu bewerten.[370] Um eine hinreichende Verzögerung zwischen exogenen Einflussfaktoren und der Variablen *F&E-Effizienz* darzustellen, wurden für die vorliegende multivariate Analyse die angemeldeten Patentfamilien um ein Jahr versetzt zwischen 2003 und 2011 betrachtet. Wie in Abschnitt 3.3.3 beschrieben, bildet die Patentdatenerhebung das Jahr 2012 aufgrund der Veröffentlichungszeit nicht vollständig ab und wird daher für die empirische Untersuchung nicht berücksichtigt. Dies führt zu einer Verringerung der Stichprobe bei der Analyse, womit 789 Unternehmensjahre für die Untersuchung der Variablen *F&E-Effizienz* zur Verfügung stehen.

### 3.4.2 Exogene Variablen

Im folgenden Abschnitt werden die der empirischen Untersuchung zugrunde liegenden exogenen Variablen vorgestellt. Hierzu erfolgt zuerst die Definition der Variablen *Unternehmensalter, Unternehmensgröße* und *F&E-Ratio*. Anschließend wird auf die *Branchenzuordnung* sowie die *Branchen-Cluster* eingegangen. Die in Abschnitt 3.4.1 vorgestellten endogenen Variablen *F&E-Streuung* und *Grad der Kooperation* werden in der empirischen Untersuchung ebenfalls als exogene Variablen verwendet.

**Unternehmensalter**

Das Unternehmensalter wird im Rahmen der vorliegenden Arbeit berechnet durch die Differenz zwischen dem Jahr des Indexeintritts und dem Jahr der Unternehmensgründung. Die benötigten Daten der Unternehmensgründung wurden von Schiffelholz (2014) und Dicenta (2015) übernommen. Damit wird für jedes

---

[368] Vgl. hinsichtlich der Eignung von Patentdaten Unterkapitel 2.4
[369] Vgl. Penner-Hahn/Shaver (2005), S. 128
[370] Vgl. Vorgehen mit Peters/Schmiele (2011), S. 11; Chen u.a. (2012), S. 1549; Kudic (2015), S. 217 ff.

Unternehmen das Unternehmensalter im Eintrittsjahr ermittelt, das über den Untersuchungszeitraum konstant bleibt.

**Unternehmensgröße**

Die Unternehmensgröße basiert auf der Anzahl der Mitarbeiter je Unternehmensjahr. Als Datenquelle fungiert die Datenbank von Thomson Reuters[371]. Informationslücken wurden auf Basis von Geschäftsberichten soweit wie möglich geschlossen.[372] Die Anzahl der Mitarbeiter beinhaltet alle Voll- und Teilzeitangestellten; Saisonarbeiter und Aushilfskräfte werden nicht berücksichtigt. Die Variable Unternehmensgröße berechnet sich durch die logarithmierte Anzahl der Mitarbeiter. Dieses Vorgehen entspricht dem anderer Arbeiten.[373]

**F&E-Ratio**

Das F&E-Ratio berechnet sich als prozentualer Anteil der F&E-Aufwendungen am Umsatz. Damit werden die Ausgaben für F&E ins Verhältnis zum Umsatz gesetzt und eine Verzerrung bei kleinen bzw. großen Unternehmen ausgeschlossen. Datenbasis für sowohl die F&E-Aufwendungen als auch für den Umsatz ist die Datenbank COMPUSTAT GLOBAL des Anbieters Standard & Poor's. Die Berechnung des F&E-Ratios entspricht dem Ansatz anderer Arbeiten im Bereich des Innovationsmanagements. Häufig findet dabei auch die Bezeichnung „R&D Intensity" Anwendung.[374] In der Managementliteratur werden F&E-Aufwendungen überwiegend als Input-Indikator genutzt,[375] was dem Vorgehen dieser Arbeit entspricht.

**Branchenzuordnung**

Die Branchenzuordnung eines Unternehmens erfolgt basierend auf der Sektorenklassifizierung der Deutschen Börse. Dort erfolgt eine Einteilung in 18 Sektoren. Diese richtet sich nach dem Umsatzschwerpunkt des jeweiligen Unternehmens.[376] Für 22 von 120 Unternehmen konnte keine Einteilung über die

---

[371] Stand der Datenabfrage 03.07.2014
[372] Die Ergänzung von Unternehmensgrößen bei Lücken der Thomson Reuters-Datenbank erfolgt durch den Autor der Arbeit sowie einen weiteren Doktoranden am Institut für Unternehmensführung des Karlsruher Instituts für Technologie.
[373] Vgl. u.a. Bouquet u.a. (2009), S. 119; Zhou/Wu (2010), S. 553
[374] Vgl. Gassmann/Zedtwitz (1999); Roberts (2001); Zhou/Wu (2010); Bouquet u.a. (2009); Chen u.a. (2012); Ambos (2005)
[375] Vgl. Hagedoorn/Cloodt (2003), S. 1368
[376] Vgl. Deutsche Börse AG (2013b), S. 11 f.

Deutsche Börse gefunden werden. Hierzu wurde auf Basis der Sektorendefinition eine Zuordnung von zwei unabhängigen Kodierern vorgenommen.[377] Die Untersuchung im Rahmen der vorliegenden Arbeit konzentriert sich entsprechend den vorliegenden Forschungsfragen ausschließlich auf die forschungsintensiven Sektoren (vgl. Abschnitt 3.1.1)[378] und geht in Form von neun Dummy-Variablen in die Untersuchung ein.

**Branchen-Cluster**

Die Zuordnung zum Branchen-Cluster erfolgt aufbauend auf den multivariaten Ergebnissen des Analyseteils A (vgl. Abschnitt 4.3.2.1). Auf Basis der Regressionsanalysen zur *F&E-Streuung* lassen sich die beiden Branchen-Cluster *domestic* und *dispersed* unterscheiden. Die Zuordnung der Unternehmen zu einem der beiden Branchen-Cluster erfolgt über die Branchenzuordnung des jeweiligen Unternehmens.

**F&E-Streuung und Grad der Kooperation**

Die in Abschnitt 3.4.1 vorgestellten endogenen Variablen *F&E-Streuung* und *Grad der Kooperation* finden in der empirischen Untersuchung ebenfalls als exogene Variablen Anwendung.[379] Zur Variablendefinition wird an dieser Stelle auf die Beschreibung der endogenen Variablen in Abschnitt 3.4.1 verwiesen.

---

[377] Diese Datenerhebung und Zuordnung erfolgte im Rahmen einer weiteren Dissertation am Institut für Unternehmensführung am Karlsruher Institut für Technologie (vgl. Dicenta (2015). Bei vier Unternehmen zeigte die Kodierung eine Abweichung. Für diese Fälle erfolgte eine finale Entscheidung durch den Autor.

[378] Die aus dem Abgleich der NIW/ISI/ZEW-Liste in Abstimmung mit dem Fraunhofer-Institut für System- und Innovationsforschung (ISI) hervorgehenden forschungsintensiven Branchen des HDAX sind die Sektoren *Industriegüter, Automobil, Technologie, Chemie, Pharma & Health, Telekommunikation, Konsumgüter, Grundstoffe* und *Software*.

[379] Siehe Analyseteile B und C

## Tabelle 3.3: Variablenübersicht

| Variable | Art der Variable | Quelle [Datenbasis] | Definition |
|---|---|---|---|
| F&E-Streuung | Endogen und exogen | Inhaltsanalyse [Lageberichte] | Dichotome Klassifizierung in *domestic*- oder *dispersed*-F&E-Organisationsstruktur |
| Grad der Kooperation | Endogen und exogen | Inhaltsanalyse [Lageberichte] | Dichotome Klassifizierung; Trefferhäufigkeit Wörterbuch II dividiert durch Länge des Lageberichts in Abhängigkeit zum Median |
| F&E-Effizienz | Endogen | Patentdatenerhebung [PATSTAT] | Absolute Häufigkeit angemeldeter Patentfamilien |
| Unternehmensalter | Exogen | Schiffelholz (2014); Dicenta (2015) | Differenz zwischen dem Jahr des Indexeintritts und dem Jahr der Unternehmensgründung |
| Unternehmensgröße | Exogen | Thomson Reuters[1] | Logarithmierte Anzahl der Mitarbeiter |
| F&E-Ratio | Exogen | COMPUSTAT[1] | Prozentualer Anteil der F&E-Aufwendungen am Umsatz |
| Branchensektor | Exogen | Deutsche Börse[2] | Zuordnung der Unternehmen zu den Branchensektoren |
| Branchen-Cluster | Exogen | Analyseteil A der vorliegenden Arbeit | Zuordnung der Unternehmen zu den Branchen-Clustern *domestic* oder *dispersed* |

1) Informationslücken wurden auf Basis von Geschäftsberichten soweit möglich geschlossen / 2) Sofern keine Einteilung über die Deutsche Börse möglich war, wurde eine Zuordnung auf Basis der Sektorendefinition vorgenommen / Zugrunde liegende Branchensektoren: *Industriegüter*, *Automobil*, *Technologie*, *Chemie*, *Pharma & Health*, *Telekommunikation*, *Konsumgüter*, *Grundstoffe* und *Software* / Quelle: Eigene Darstellung

# 4 Empirische Untersuchung

Zur Überprüfung der in Unterkapitel 2.5 definierten Hypothesen werden im folgenden Kapitel die Ergebnisse der empirischen Untersuchung dargestellt. Dazu erfolgt zunächst in Unterkapitel 4.1 eine deskriptive Analyse wesentlicher Untersuchungsgegenstände. Unterkapitel 4.2 geht im Weiteren auf die Panel-Struktur des Datensatzes ein, bevor in den Unterkapiteln 4.3 und 4.4 die multivariaten Hypothesenüberprüfungen der endogenen Variablen erfolgen (Analyseteile A, B und C). Abschließend werden in Unterkapitel 4.5 die Ergebnisse der empirischen Untersuchung diskutiert.

## 4.1 Deskriptive Analyse

Tabelle 4.1 zeigt die Charakteristika der in der empirischen Untersuchung verwendeten endogenen und exogenen Variablen. Dabei werden Anzahl der Beobachtungen, Mittelwerte, Lagemaße des 0,25-Quantil, 0,5-Quantil und 0,75-Quantil sowie die jeweiligen Minimum- und Maximum-Werte der Variablen beschrieben. Die deskriptive Analyse untersucht die Variablen in univariater Form und berücksichtigt jeweils alle für die Variable vorliegenden Beobachtungen. Bei den Dummy-Variablen geben die Mittelwerte jeweils Auskunft über den prozentualen Anteil der Variablen an den zugrunde liegenden Beobachtungen. So zeigt sich aus der deskriptiven Statistik beispielsweise für den Sektor *Chemie*, dass zehn Prozent der Unternehmen der vorliegenden Stichprobe diesem Branchensektor angehören. Der Mittelwert der Variablen *F&E-Streuung* gibt Auskunft darüber, dass 81 Prozent der untersuchten Unternehmensjahre durch eine internationale F&E gekennzeichnet sind. Dies ist in Anbetracht der Tatsache, dass zum einen neben den DAX30 Konzernen auch das so genannte „Mid Cap", also Unternehmen des MDAX und ebenso des TecDAX, in der Stichprobe vertreten sind und zum anderen der Untersuchungszeitraum bis in das Jahr 2002 zurückgeht, ein überraschend hoher Anteil (vgl. zum Beispiel Abramovsky u.a. (2008); siehe auch Abschnitt 2.2.1). Die Stichprobengröße für die *F&E-Effizienz* liegt aufgrund des um ein Jahr reduzierten Beobachtungszeitraums durch die Patentdatenerhebung (vgl. Abschnitt 3.4.1) bei lediglich 789.

## Tabelle 4.1: Deskriptive Statistik der endogenen und exogenen Variablen

| Endogene Variablen | Art / Detail | Beobacht. | Mittelwert | 0,25-Quantil | Median | 0,75-Quantil | Min-Wert | Max-Wert |
|---|---|---|---|---|---|---|---|---|
| | | | *Deskriptive Statistik* | | | | | |
| F&E-Streuung | Dummy | 598 | 0,81 | 1,00 | 1,00 | 1,00 | 0,00 | 1,00 |
| Grad d. Kooperation | Dummy | 888 | 0,50 | 0,00 | 0,50 | 1,00 | 0,00 | 1,00 |
| F&E-Effizienz | Anzahl Patentfamilien | 789 | 182,12 | 2,00 | 12,00 | 80,00 | 0,00 | 5674,00 |
| *Exogene Variablen* | | | | | | | | |
| Unternehmensalter (im Startjahr) | Jahre | 888 | 81,90 | 21,00 | 78,00 | 124,00 | 4,00 | 433,00 |
| Unternehmensgröße | LN Anzahl Mitarbeiter | 881 | 8,72 | 7,32 | 8,70 | 9,97 | 1,39 | 13,13 |
| F&E-Ratio | F&E Invest / Umsatz | 679 | 0,34 | 0,02 | 0,04 | 0,08 | 0,00 | 49,51 |
| F&E-Ratio / Branchen-Cluster dispersed | IAT | 601 | 0,36 | 0,00 | 0,00 | 0,05 | 0,00 | 49,51 |
| F&E-Ratio / Branchen-Cluster domestic | IAT | 601 | 0,02 | 0,00 | 0,01 | 0,04 | 0,00 | 0,16 |
| F&ERatio / B.-C. dispersed / F&E-Streuung | IAT | 453 | 0,40 | 0,00 | 0,00 | 0,07 | 0,00 | 49,51 |
| F&ERatio / B.-C. dispersed / (1 - F&E-Streuung) | IAT | 453 | 0,00 | 0,00 | 0,00 | 0,00 | 0,00 | 0,56 |
| F&ERatio / B.-C. domestic / F&E-Streuung | IAT | 453 | 0,02 | 0,00 | 0,00 | 0,03 | 0,00 | 0,15 |
| F&ERatio / B.-C. domestic / (1 - F&E-Streuung) | IAT | 453 | 0,00 | 0,00 | 0,00 | 0,00 | 0,00 | 0,14 |
| Branchen-Cluster dispersed | Dummy | 789 | 0,41 | 0,00 | 0,00 | 1,00 | 0,00 | 1,00 |
| Branchen-Cluster domestic | Dummy | 789 | 0,59 | 0,00 | 1,00 | 1,00 | 0,00 | 1,00 |
| Branchensektor 1 Industriegüter | Dummy | 888 | 0,34 | 0,00 | 0,00 | 1,00 | 0,00 | 1,00 |
| Branchensektor 2 Automobil | Dummy | 888 | 0,07 | 0,00 | 0,00 | 0,00 | 0,00 | 1,00 |
| Branchensektor 3 Technologie | Dummy | 888 | 0,08 | 0,00 | 0,00 | 0,00 | 0,00 | 1,00 |
| Branchensektor 4 Pharma & Health | Dummy | 888 | 0,14 | 0,00 | 0,00 | 0,00 | 0,00 | 1,00 |
| Branchensektor 5 Chemie | Dummy | 888 | 0,10 | 0,00 | 0,00 | 0,00 | 0,00 | 1,00 |
| Branchensektor 6 Telekommunikation | Dummy | 888 | 0,04 | 0,00 | 0,00 | 0,00 | 0,00 | 1,00 |
| Branchensektor 7 Konsumgüter | Dummy | 888 | 0,10 | 0,00 | 0,00 | 0,00 | 0,00 | 1,00 |
| Branchensektor 8 Grundstoffe | Dummy | 888 | 0,02 | 0,00 | 0,00 | 0,00 | 0,00 | 1,00 |
| Branchensektor 9 Software | Dummy | 888 | 0,09 | 0,00 | 0,00 | 0,00 | 0,00 | 1,00 |

IAT = Interaktionsterme als Produkt der Hauptterme / B.-C. = Branchen-Cluster / Variablen aus Analyseteil C basieren auf Stichprobengröße 789 da Patentdaten nur bis Periode 9 vorliegen / Quelle: Eigene Darstellung

## Univariate Analyse ausgewählter Zusammenhänge

Im Rahmen der univariaten Analyse werden im Folgenden ausgewählte Zusammenhänge untersucht. Im Zentrum dieser Analyse stehen alle endogenen Variablen, *F&E-Streuung, Grad der Kooperation* und *F&E-Effizienz*, sowie die exogene Variable *F&E-Ratio* aufgrund ihres hohen Stellenwerts in Hinblick auf die *F&E-Effizienz* und ihrer unterschiedlichen Ausprägungsgrade bezüglich der Branchensektoren.

Abbildung 4.1 zeigt die Verteilung der *F&E-Streuung* über alle Jahre sowie in einzelnen Jahresscheiben. Dabei verschiebt sich der prozentuale Anteil der Unternehmen im Verhältnis *domestic* (nationale F&E-Organisation) versus *dispersed* (internationale F&E-Organisation). Bis 2008 bleibt der Anteil von Unternehmen mit einer internationalen F&E-Ausrichtung durchgehend über dem Wert von 78 Prozent.

Im Jahr 2008 fällt der Internationalisierungsgrad auf den niedrigsten Wert in der Untersuchungsreihe und steigt von da an wieder kontinuierlich um insgesamt zehn Prozentpunkte innerhalb von vier Jahren an. Diese Entwicklung könnte als Trend für eine wieder zunehmende Internationalisierung der F&E interpretiert werden, nachdem in den Jahren zwischen 2005 und 2008 eine Abnahme der F&E-Streuung zu konstatieren war. Insgesamt betrachtet lässt sich feststellen, dass die Internationalisierung von F&E über den betrachteten Zeitraum von 2002 bis 2011 zugenommen hat. Diese Entwicklung steht in Einklang mit vorwärtsgerichteten Prognosen anderer Studien[380] und bestätigt das Ergebnis aus der Arbeit von Roberts (2001), wonach "the overall trend in moving R&D to a global platform (...) continues to increase."[381] Auch Ambos (2005) konstatiert in seiner Untersuchung deutscher Unternehmen einen starken Anstieg dezentraler F&E-Einheiten innerhalb der letzten Jahrzehnte. Ebenso beschreibt die Expertenkommission Forschung und Innovation (2014) die deutliche Zunahme der Internationalisierung von F&E deutscher Unternehmen in den letzten Jahren sowie die dadurch entstehende Schwächung des Innovationsstandortes Deutschland.

**Abbildung 4.1: Univariate Analyse der F&E-Streuung über Zeit**

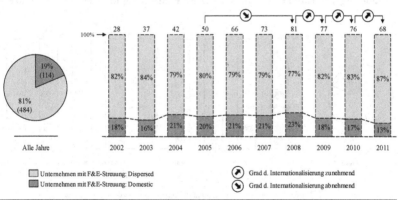

Anzahl der Beobachtungen in der Variable F&E-Streuung: 598 / Quelle: Eigene Darstellung

---

[380] Vgl. zum Beispiel Patel/Pavitt (1991); Gassmann/Zedtwitz (1999), S. 232: „Many companies plan to further increase their number of international R&D sites in the next 5 to 10 years (...)."

[381] Roberts (2001), S. 30f; innerhalb von sechs Jahren steigen die F&E-Investitionen außerhalb der Heimatregion von 15 Prozent auf prognostizierte 22 Prozent, wobei diese Werte durch relativ niedrige Prozentsätze japanischer Unternehmen gedrückt sind (vgl. dazu europäische Unternehmen in 2001 i.H.v. 34,9 Prozent). Vgl. auch Cheng/Bolon (1993)

In Abbildung 4.2 wird die prozentuale Verteilung der Variablen *F&E-Streuung* in den jeweiligen Branchensektoren dargestellt. Dabei zeigen drei der neun untersuchten Branchensektoren eine vollständig einheitliche Ausprägung. So bestehen *Technologie* und *Software* ausschließlich aus Unternehmen, die eine internationale F&E-Strategie verfolgen, während *Grundstoffe* ausschließlich aus Unternehmen mit einer nationalen F&E-Strategie besteht. Dadurch ist bei den genannten Branchensektoren allein durch die Sektorenzuordnung von Unternehmen ein Zusammenhang hinsichtlich der Variablen *F&E-Streuung* gegeben. Dieser, für Variablen mit dichotomer Ausprägung, typische Fall wird in der Literatur als *Complete-Separation* beschrieben.[382] „A complete separation happens when the outcome variable separates a predictor variable or a combination of predictor variables completely."[383] Die *Complete-Separation* der Branchensektoren *Technologie, Software* und *Grundstoffe* lassen hinsichtlich der F&E-Strategie bereits auf eine hohe Bedeutung der Branchen im Allgemeinen schließen. Dies gibt einen ersten Anhaltspunkt bezüglich der in Hypothese H1 formulierten Erwartungshaltung, wonach sich Branchen in Hinblick auf die *F&E-Streuung* unterscheiden und sich Branchen mit mehr von solchen mit weniger *F&E-Streuung* unterscheiden lassen.[384]

**Abbildung 4.2: Univariate Analyse der F&E-Streuung über Branchensektoren**

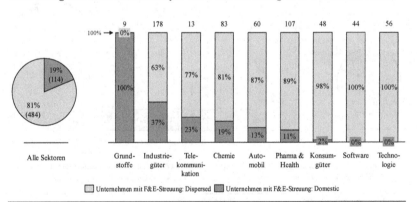

Anzahl der Beobachtungen in der Variable F&E-Streuung: 598 / Quelle: Eigene Darstellung

---

[382] Vgl. Albert/Anderson (1984); Allison (2008)
[383] UCLA (o.J.a)
[384] Im Rahmen der multivariaten Analyse erfolgt daher bei der Untersuchung der endogenen Variable *F&E-Streuung* zusätzlich eine sektorenspezifische Untersuchung.

Die univariate Analyse der *F&E-Streuung* zeigt in Hinblick auf die Branchensektoren weiter, dass auch die übrigen Branchen hinsichtlich der Verteilung zwischen Unternehmen mit internationaler und solchen mit nationaler F&E stark voneinander abweichen. Vor allem der Branchensektor *Industriegüter* ist im Vergleich zu den anderen Branchen[385] deutlich nationaler orientiert. Dagegen ist der Branchensektor *Konsumgüter* mit 98 Prozent sehr nahe an den *Complete-Separation*-Sektoren *Technologie* und *Software* und ist damit stark international ausgerichtet. Unter Berücksichtigung der durch Patentdaten gemessenen „Innovative Activity" deutscher multinationaler Unternehmen in Deutschland i.H.v. 86,1 Prozent[386] (vgl. auch Abschnitt 2.2.1) wird deutlich, wie differenziert unterschiedliche methodische Vorgehensweisen das Thema F&E-Internationalisierung beleuchten.[387] Auch die Messung von F&E-Aufwendungen durch den Stifterverband für die Deutsche Wissenschaft (2013, S. 37) zeigt, dass deutsche Unternehmen gut 70 Prozent ihrer F&E-Ausgaben in Deutschland tätigen. Die dieser Arbeit zugrunde liegende Differenzierung zwischen nationaler und internationaler F&E zeigt dagegen, dass lediglich noch 19 Prozent eine reine nationale F&E-Standortstrategie verfolgen. Dieses Ergebnis steht keineswegs im Widerspruch zu den anderen Arbeiten, zeigt aber deutlich, dass die F&E deutscher Unternehmen bereits stark internationalisiert ist.

Die univariate Analyse des *Kooperationsgrads* zeigt im Vergleich zur Analyse der *F&E-Streuung* eine deutlich homogenere Verteilung zwischen den Branchensektoren (vgl. Abbildung 4.3). Damit lässt sich auf Basis der deskriptiven Analyse noch keine Aussage bezüglich der formulierten Hypothese H4, wonach sich die Branchen in Hinblick auf den *Grad der Kooperation* unterscheiden lassen, treffen. Dennoch zeigt die Analyse, dass sich Branchensektoren in Hinblick auf den *Grad der Kooperation* unterscheiden. So besitzen vor allem Unternehmen des Branchensektors *Grundstoffe* einen wesentlich geringeren *Grad der Kooperation* als die Unternehmen anderer

---

[385] Mit Ausnahme des *Complete-Separation*-Branchensektors *Grundstoffe*.
[386] Vgl. Abramovsky u.a. (2008), S. 51
[387] Vgl. auch Bergek/Bruzelius (2010); Patel (2007), S. 15: „The underlying rationale (...) was to make a direct link between location of R&D facilities and the patent portfolio of a company. (...) there are a number of conceptual reasons why such a task is difficult. The main issue is that both R&D and patenting are proxy measures for innovative activity, i.e. activity leading to the creation of new knowledge useful for the firm to introduce new or improved products and processes. This means that sometimes R&D may result in knowledge that cannot be patented and at the same time many patents may arise from functions within the firm that are separate from the R&D laboratory. Thus even if all the relevant data were available, inferences from comparisons of the geographic distributions of R&D and patenting on a year-by-year basis would have to be treated with caution."

Branchen. Die Branchensektoren *Software* und *Technologie* sind hingegen deutlich stärker kooperiert. Aufgrund der Zusammensetzung des Wörterbuchs II[388] könnte man daraus ableiten, dass *Software* und *Technologie* einen hohen Reifegrad hinsichtlich zukunftsorientierter Methoden und Tools in F&E besitzen. Betrachtet man den zeitlichen Verlauf, so ist festzuhalten, dass der *Grad der Kooperation* über die Jahre zunimmt und am Ende der untersuchten Zeitreihe seinen höchsten Wert der Untersuchungsreihe erreicht. Dies spricht für einen insgesamt steigenden Reifegrad und eine höhere Professionalisierung deutscher Unternehmen in Hinblick auf die Zusammenarbeit und Interaktion von Standorten. Dessen ungeachtet stellt sich die Frage, ob die Zunahme der Kooperation eine Konsequenz der angestiegenen F&E-Internationalisierung ist (vgl. Hypothese H6).

**Abbildung 4.3: Univariate Analyse des Kooperationsgrads**

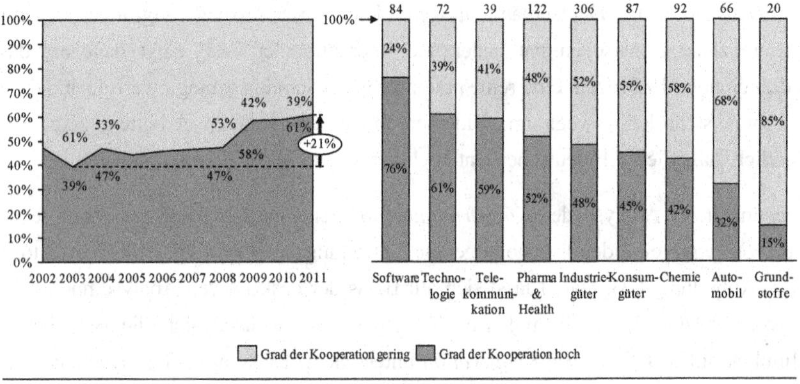

Anzahl der Beobachtungen in der Variable Grad der Kooperation: 888 / Quelle: Eigene Darstellung

Abbildung 4.4 zeigt die Entwicklung der *F&E-Effizienz* im Vergleich zum Bruttoinlandsprodukt (BIP) in Deutschland zwischen 2002 und 2011. Die *F&E-Effizienz*, gemessen an der Anzahl angemeldeter Patentfamilien, zeigt zwischen 2002 und 2009 mit Ausnahme der Jahre 2004 und 2007 einen konstanten Rückgang. Im Vergleich zum BIP in Deutschland ist diese Entwicklung entgegengesetzt (vgl. Abbildung 4.4). Auch die Aussage des European Patent Office (2014), wonach die

---

[388] Das Wörterbuch II beinhaltet Schlüsselwörter die primär für einen hohen *Grad der Kooperation* stehen aber zugleich zukunftsorientierte Methoden und Tools im Bereich Forschung & Entwicklung beschreiben. Vgl. Abschnitt 3.2.4

Patentaktivitäten in den vergangenen Jahrzehnten substantiell angestiegen sind[389], lässt sich in der univariaten Analyse dieser Arbeit nicht erkennen. Eine mögliche Erklärung dafür könnte die Betrachtung der fest definierten Stichprobe innerhalb des Untersuchungszeitraums sein. So kann sich das Gesamtpatentaufkommen durch immer neu hinzukommende Unternehmen durchaus positiv entwickeln, während sich die Anzahl der Patentanmeldungen einer fest definierten Gruppe von Unternehmen negativ fortschreibt.[390] Des Weiteren besteht die Möglichkeit, dass bei der Patentaktivität die Anzahl der Patente innerhalb einer Patentfamilie angestiegen ist, ohne die tatsächliche Anzahl der Patentfamilien zu erhöhen (vgl. Abschnitt 3.3.2). In Hinblick auf die zeitliche Periode nach 2009 zeigt sich eine Erholung der *F&E-Effizienz* und die durchschnittliche Anzahl angemeldeter Patentfamilien je Unternehmen steigt wieder nahezu auf das Niveau von 2006. Anzunehmender Grund für den Tiefpunkt der *F&E-Effizienz* im Jahr 2009 sind die Ausläufer der Weltwirtschaftskrise. So zeigt auch die Entwicklung des BIP in Deutschland in 2009 einen deutlichen Knick nach unten und eine Erholung in den beiden darauffolgenden Jahren (vgl. Abbildung 4.4).

---

[389] Vgl. European Patent Office (2014), S. 11

[390] Auch die dieser Arbeit zugrunde liegende Stichprobe entwickelt sich aufgrund der Veränderung der Indices über den Zeitverlauf. Allerdings ist dieser Zuwachs aufgrund der limitierten Dynamik innerhalb der Indices überschaubar (vgl. auch Unterkapitel 3.1).

**Abbildung 4.4: Entwicklung der F&E-Effizienz im Vergleich zum Bruttoinlandsprodukt zwischen 2002 und 2011**

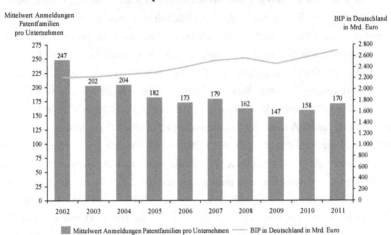

Anzahl der Beobachtungen in der Variable F&E-Effizienz: 888 / Bruttoinlandsprodukt (BIP) saison- und kalenderbereinigt nach Census X-12-ARIMA / Quelle: Eigene Darstellung auf Basis Auswertung PATSTAT-Datenbank; Statistisches Bundesamt (2016)

Auch in Bezug auf die Variable *F&E-Effizienz* unterscheiden sich die Branchensektoren erheblich. Dies steht in Einklang mit den Ergebnissen vorheriger Arbeiten.[391] Abbildung 4.5 zeigt die durchschnittlich Anzahl angemeldeter Patentfamilien für die in der vorliegenden Arbeit untersuchten Branchensektoren. Dabei sind zwei Tatsachen besonders auffällig. Zum einen ist der Branchensektor *Automobil* mit durchschnittlich 700 Anmeldungen weit über dem Niveau der anderen Branchen, zum anderen ist die geringe Anzahl der Anmeldungen im Branchensektor *Pharma & Health* aus Sicht des Autors unerwartet. Eine zumindest teilweise Begründung für die geringe Ausprägung der *F&E-Effizienz* ist, dass in diesem Branchensektor auch Unternehmen der Gesundheitsbranche, wie beispielsweise der Klinikbetreiber *Rhön Klinikum*, subsumiert sind.[392] Des Weiteren ist, wie in Unterkapitel 2.4 erläutert, der Branchensektor *Software* aufgrund des Patentgesetztes

---

[391] Vgl. u.a. Griliches (1998a), S. 335
[392] Des Weiteren erfolgt im Rahmen der univariaten Analyse keine Berücksichtigung der Unternehmensgröße.

in seiner Patentierfähigkeit eingeschränkt.[393] Damit ist das Ergebnis dieses Branchensektors hinsichtlich der F&E-Effizienz mit Vorsicht zu bewerten.

**Abbildung 4.5: Univariate Analyse der F&E-Effizienz nach Branchensektoren**

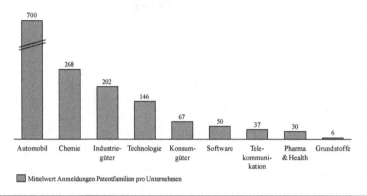

Anzahl der Beobachtungen in der Variable F&E-Effizienz: 888 / Quelle: Eigene Darstellung auf Basis Auswertung PATSTAT-Datenbank

Aufgrund des naheliegenden Zusammenhangs zwischen F&E-Aufwendungen und der Variablen *F&E-Effizienz* (vgl. auch Hypothese H8, wonach zwischen dem *F&E-Ratio* und der *F&E-Effizienz* ein positiver Zusammenhang besteht), soll im Folgenden zusätzlich zu den in diesem Abschnitt untersuchten endogenen Variablen die exogene Variable *F&E-Ratio* einer deskriptiven Analyse unterzogen werden. Abbildung 4.6 zeigt das Verhältnis zwischen F&E-Aufwendungen und dem Umsatz für die untersuchten Branchensektoren. Dabei ist zu konstatieren, dass die Branchen auch bei den Aufwendungen für F&E stark differieren. Unter Betrachtung des Median wenden die Branchensektoren *Pharma & Health*, *Technologie* und *Software* am meisten, mit einem Wert größer zehn Prozent am Umsatz, für F&E auf. *Telekommunikation* und *Grundstoffe* geben gemessen am Umsatz am wenigsten für F&E aus. Auffallend ist vor allem das hohe Aufwandsniveau des Branchensektors *Pharma & Health* mit einem Maximalwert von 49,51[394] im Vergleich zu der geringen Ausprägung der Variablen *F&E-Effizienz*. Ein wesentlicher Treiber des hohen *F&E-Ratios* bei *Pharma & Health* ist die Vertretung von Biotechnologieunternehmen. Diese tätigen häufig und über

---

[393] Vgl. Unterkapitel 2.4; Patel (1996), S. 42; Bundesministerium der Justiz und für Verbraucherschutz (2015), § 1 Abs. 3 Nr. 3 PatG

[394] Dieser außerordentlich hohe Wert ist der Tatsache geschuldet, dass im Geschäftsjahr 2010/2011 bei der Sygnis Pharma AG F&E-Ausgaben i.H.v. 10,5 Mio. € einem Umsatzvolumen i.H.v. 0,2 Mio. € gegenüberstehen.

relativ lange Zeiträume hohe Ausgaben für F&E, ohne dadurch „verhältnismäßigen" Umsatz zu generieren.[395]

**Abbildung 4.6: Univariate Analyse der F&E-Aufwendungen als Anteil am Umsatz**

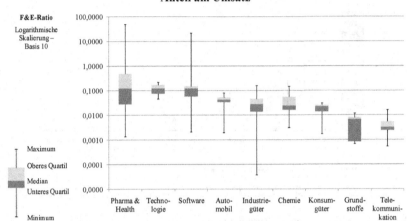

Anzahl der Beobachtungen in der Variable F&E-Ratio: 601 / F&E-Ratio = F&E-Aufwendungen/Umsatz / Quelle: Eigene Darstellung auf Basis von COMPUSTAT-Daten

Nachdem in diesem Abschnitt die Darstellung der univariaten Analysen ausgewählter Zusammenhänge erfolgte, soll im nachfolgenden Unterkapitel 4.2 auf die Struktur des Datensatzes und verwendete Panel-Datenmodelle eingegangen werden.

## 4.2 Panel-Struktur des Datensatzes und verwendete Panel-Datenmodelle

Panel-Daten beschreiben wiederholte Beobachtungen einer Einheit zu unterschiedlichen Zeitpunkten. Sie werden auch als „Longitudinal Data" bezeichnet und unterscheiden sich von so genannten Querschnittsdaten („Cross-Sectional Data"), bei welchen für jede Einheit lediglich eine Messung vorliegt. Die sich in Panel-Datensätzen wiederholenden Einheiten sind beispielsweise Personen, Unternehmen oder Länder.[396] Die Zeitintervalle zwischen den Beobachtungen in Panel-Datensätzen sind identisch. In der Literatur wird zwischen balancierter Panel-Struktur („Balanced

---

[395] Vgl. Helmdach u.a. (2002), S. 23; die Autoren konstatieren in Bezug auf die von ihnen untersuchten Biotechnologie-Unternehmen, dass die Aufwendungen für F&E zumeist deutlich über dem Umsatz liegen. Auch Laskawi (2015), S. 3 f. nennt für deutsche Biotechnologie-Unternehmen im Durchschnitt eine F&E-Quote am Umsatz von 31 Prozent; im Vergleich zur F&E-Quote der gesamten deutschen Industrie von lediglich knapp vier Prozent.

[396] Vgl. Cameron/Trivedi (2009), S. 229; Stock/Watson (2012), S. 53 f.

Panel") und unbalancierter Panel-Struktur („Unbalanced Panel") unterschieden. Eine balancierte Panel-Struktur liegt vor, wenn die individuellen Einheiten für alle Perioden der Messreihe eine Beobachtung vorweisen $(T_i = T \, f\ddot{u}r \, alle \, i)$.[397] Wie in Unterkapitel 3.1 beschrieben besteht die Stichprobe der vorliegenden Arbeit aus 120 Unternehmen und maximal 10 Beobachtungen zwischen den Jahren 2002 und 2011. Da dieser Stichprobe nicht für alle Perioden Beobachtungen vorliegen, handelt es sich dabei um eine unbalancierte Panel-Struktur $(T_i \neq T \, f\ddot{u}r \, einige \, i)$. Unbalancierte Panel treten in der empirischen Forschung häufig auf und ergeben sich zum Beispiel wie in vorliegender Stichprobe durch Austritte oder Ergänzungen von Unternehmen im Zeitverlauf (vgl. auch Unterkapitel 3.1).[398] Des Weiteren ist für den vorliegenden Panel-Datensatz zu konstatieren, dass die Anzahl der individuellen Einheiten (hier Unternehmen) die Anzahl der zeitlichen Perioden deutlich übertrifft ($N > T$) und man daher von einem *kurzen Panel* spricht.[399] Endogene Variablen sowie auch Regressoren können in Panel-Datensätzen über die Zeit innerhalb einer Einheit oder zwischen individuellen Einheiten variieren. Die Variation einer Untersuchungseinheit über die Zeit ergibt die so genannte *Within*-Variation, während die *Between*-Variation die Unterschiede zwischen mehreren individuellen Untersuchungseinheiten beschreibt.[400]

Panel-Daten besitzen gegenüber Querschnittsdaten besondere Eigenschaften: Erstens können Panel-Datensätze auf Heterogenität der individuellen Untersuchungseinheiten kontrolliert werden. Zweitens werden durch die Kombination von einerseits Variation zwischen Untersuchungseinheiten und andererseits Variation über Zeit, potentielle Multikollinearitätsprobleme gemildert. Drittens wird durch den höheren Informationsgehalt von Panel-Daten eine effizientere Parameterschätzung möglich.[401] Im Folgenden werden diese Eigenschaften weiter erläutert.

Trotz der Existenz des Panel-Datensatzes dient das gepoolte Regressionsmodell wie in der Literatur empfohlen als Startpunkt der Analyse.[402] Dabei besteht die Anforderung, dass zwischen den Fehlertermen keine Korrelation besteht. Darüber hinaus müssen sie zufällig sein, da ansonsten die berechneten Standardfehler sowie die Teststatistik

---

[397] Vgl. Cameron/Trivedi (2009), S. 230
[398] Vgl. Gießelmann/Windzio (2012), S. 26
[399] Vgl. Cameron/Trivedi (2009), S. 229 f.; Kennedy (2008), S. 281
[400] Vgl. Cameron/Trivedi (2009), S. 238 ff.
[401] Vgl. Kennedy (2008), S. 281 ff.
[402] Vgl. Cameron/Trivedi (2009)

verzerrt und ungültig ausfallen.[403] Da bei Panel-Datensätzen jede zusätzliche zeitliche Periode abhängig von der Vorperiode ist, kommt es häufig zu Korrelation zwischen den Perioden einer individuellen Einheit. Die Standardfehler der Schätzer müssen daher angepasst werden. Um die Aussagekraft des Modells zu erhöhen, werden im Weiteren Cluster-robuste Standardfehler verwendet. Die Verwendung dieser ermöglicht, dass die Einheiten (hier Unternehmen) als Cluster definiert werden.[404] „Korrigierte (bzw. robuste) Berechnungen von Standardfehlern berücksichtigen, dass jeweils mehrere Messungen zu einer Einheit gehören und der Informationsgewinn pro Messung somit niedriger ist als bei unabhängigen Messungen."[405] Der beschriebene Ansatz ist identisch mit der methodischen Vorgehensweise anderer Arbeiten und findet in der hier vorliegenden Untersuchung entsprechend Anwendung.[406]

Um die Effizienz der Schätzung bei unbalancierten Panel-Daten im Rahmen so genannter Querschnittsfragestellungen weiter zu erhöhen, empfiehlt die Literatur die Verwendung von Random-Effects- (RE) Modellen.[407] Die darin generierten Standard-fehler sind nach Gießelmann/Windzio (2012) genauer als die im Normal-Modell nachträglich korrigierten Standardfehler. Das Random-Effects-Modell berücksichtigt die Informationen sowohl der *Within*-Variation als auch der *Between*-Variation. Im Vergleich zum gepoolten Modell ist der RE-Schätzer ein gewichteter Mittelwert der *Within*- und *Between*-Schätzer. Durch die Berücksichtigung von Querschnitts-Komponenten („Cross-Sectional Components") und Zeitreihen-Komponenten („Time Series Components") kann das RE-Modell auch zeitkonstante Prädiktoren schätzen, sofern die Variablen zwischen individuellen Einheiten variieren.[408] Des Weiteren berücksichtigt das RE-Modell den reduzierten Informationsgehalt von individuellen Einheiten mit einer vergleichsweise höheren Anzahl an Beobachtungen. So steigt der aus einer „Makroeinheit resultierende Informationsgewinn mit zunehmender Anzahl einheitsspezifischer Messungen nicht linear, sondern entschleunigt (...)"[409] an. Die

---

[403] Vgl. Gießelmann/Windzio (2012), S. 69 ff.
[404] Vgl. Cameron/Trivedi (2009)
[405] Gießelmann/Windzio (2012), S. 77
[406] Vgl. zum Beispiel Dicenta (2015); Schiffelholz (2014)
[407] Vgl. Gießelmann/Windzio (2012); Cameron/Trivedi (2009)
[408] Vgl. Kennedy (2008), S. 284 ff.; die *Complete-Separation*-Branchensektoren stellen bei der endogenen Variable Streuung aufgrund der fehlenden Variation damit ein Problem für das RE-Modell dar.
[409] Gießelmann/Windzio (2012)

Vorhersagen hinsichtlich der Effekte zeitkonstanter Prädiktoren sind damit bei unbalancierten Panel-Strukturen effizienter.[410]

Alternativ zum Random-Effects-Modell empfiehlt die Literatur für die Analyse von Panel-Datensätzen auch das Fixed-Effects- (FE) Modell.[411] In einem FE-Modell „(...) wird der Einheiteneffekt vollständig eliminiert und der so zufällig variierende, idiosynkratische Fehler freigelegt."[412] Das heißt, im Gegensatz zum RE-Modell kann das FE-Modell keine zeitkonstanten Prädiktoren schätzen und die Schätzung eines Regressors mit geringer *Within*-Variation wäre ungenau.[413] Hingegen gilt der Fixed Effects-Schätzer gegenüber der Verzerrung in Bezug auf die Stichprobenauswahl („Selection Bias") als robuster.[414]

Im Zentrum der vorliegenden Untersuchung steht die strategische Ausrichtung von F&E. Da es sich vor allem bei der Untersuchung von Organisationsstrukturen im Kern um langfristige, nachhaltige Entscheidungen handelt bzw. die Ausprägung der Variablen über den gesamten Untersuchungszeitraum auf einem ähnlichen Niveau bestehen (vgl. auch Unterkapitel 4.1), fällt die *Within*-Varianz in vorliegender Stichprobe bedingterweise gering aus. Somit ist für die Regressionsanalyse ein Modell, das neben Informationen der *Within*-Variation auch die der *Between*-Variation berücksichtigt, sinnhaft. Insofern liegt die Verwendung eines RE-Modells nahe,[415] wobei auch beim gepoolten Modell eine Berücksichtigung von *Within*- und *Between*-Variation stattfindet. Bei einem RE-Modell darf allerdings der Random-Effect $u_i$ nicht mit der zeitvarianten exogenen Variablen $x_{it}$ korreliert sein, da im Falle einer Korrelation die geschätzten Koeffizienten verzerrt wären.[416] Cameron/Trivedi (2009, S. 260 ff.) empfehlen für den Vergleich zwischen Schätzer im RE-Modell und Schätzer im FE-Modell den Hausman-Test. Dieser Empfehlung wird in den Kapiteln 4.3.1 und 4.4.1 entsprechend Rechnung getragen.

---

[410] Vgl. Gießelmann/Windzio (2012), S. 91 ff.

[411] Vgl. Kennedy (2008); Cameron/Trivedi (2009); Gießelmann/Windzio (2012)

[412] Gießelmann/Windzio (2012), S. 74

[413] Vgl. Cameron/Trivedi (2009), S. 238

[414] Vgl. Kennedy (2008), S. 290 f.

[415] Sollten die Annahmen eines Random-Effects-Modells nicht erfüllt sein und dennoch die Tatsache einer Querschnittsfragestellung die Anwendung eines RE-Modells nahelegen, so empfiehlt Petersen (2004) die Schätzung das FE- als auch das RE-Modells; in der vorliegenden Arbeit werden zur Absicherung der Ergebnisse alle Modelle bei denen die Null-Hypothese abgelehnt werden muss, zusätzlich als Fixed-Effects-Modell gerechnet (vgl. Abschnitt 4.4.3).

[416] Vgl. Gießelmann/Windzio (2012), S. 150

## 4.3 Multivariate Analyse zu Determinanten der Organisationsstrukturen in F&E

Im Rahmen des Unterkapitels 4.3 wird zunächst in Abschnitt 4.3.1 auf die Modellspezifikation und das Forschungsdesign eingegangen. Danach werden in Abschnitt 4.3.2 die Ergebnisse der multivariaten Hypothesenüberprüfung diskutiert. Abschließend erfolgt in Abschnitt 4.3.3 die Überprüfung der Modellqualität und Robustheit.

### 4.3.1 Modellspezifikation und Wahl der Forschungsdesigns

Die Untersuchung der F&E-Organisationsmodelle folgt den in Unterkapitel 2.3 vorgestellten Untersuchungsdimensionen nach Gassmann/Zedtwitz (1999). So wird im Folgenden zuerst die Untersuchungsdimension *F&E-Streuung* und nachfolgend die Dimension *Grad der Kooperation* mit Hilfe multivariater Analysemethoden untersucht.

Die Anzahl der Beobachtungen weichen in der multivariaten Analyse zum Teil von der in der deskriptiven Analyse ab (vgl. Unterkapitel 4.1). In der multivariaten Untersuchung werden betroffene Beobachtungen (Unternehmensjahre) aus der Stichprobe entfernt, sobald mindestens eine der im Modell untersuchten Variablen einen fehlenden Wert für diese aufweist.

Die endogene Variable stellt im Analyseteil A (siehe Abschnitt 4.3.2.1) die binär kodierte *F&E-Streuung* dar. Diese wird als Funktion (f) des Unternehmensalters, der durch die logarithmierte Anzahl der Mitarbeiter ausgedrückten Unternehmensgröße sowie der Branche, in der das Unternehmen tätig ist, modelliert. Zusätzlich wird in allen Modellen mit Hilfe von Jahres-Dummies auf Jahreseffekte kontrolliert.

$$F\&E\text{-}Streuung = f\,(Unternehmensalter,\ Anzahl\ Mitarbeiter\ (LN),$$
$$Unternehmensbranche,\ Jahres\text{-}Dummies)$$

Da bereits in der deskriptiven Analyse (vgl. Unterkapitel 4.1) der hohe Einfluss der Branchensektoren auf die Untersuchungsdimension *F&E-Streuung* deutlich wurde (vgl. auch Hypothesen H1 und H1a), erfolgt im Rahmen der multivariaten Analyse, zusätzlich zur branchenübergreifenden Untersuchung, eine Analyse der Branchenrangfolge sowie eine branchenspezifische Untersuchung.

Im Analyseteil B (siehe Abschnitt 4.3.2.2) steht der ebenfalls dichotom kodierte *Grad der Kooperation* als endogene Variable im Zentrum der Untersuchung. Dieser wird als Funktion der F&E-Streuung, des Unternehmensalters, der durch die logarithmierte Anzahl der Mitarbeiter ausgedrückten Unternehmensgröße sowie der Branche, in der das Unternehmen tätig ist, modelliert. Ebenso wie im Analyseteil A wird hier in allen Modellen mit Hilfe von Jahres-Dummies auf Jahreseffekte kontrolliert.

*Grad der Kooperation*  = *f (F&E-Streuung, Unternehmensalter,*
*Anzahl Mitarbeiter (LN), Unternehmensbranche,*
*Jahres-Dummies)*

Die binäre Datenstruktur der endogenen Variablen *F&E-Streuung* und *Grad der Kooperation* legt die Verwendung von logistischen Modellen nahe. Die Literatur empfiehlt die Schätzung der Modelle mit Hilfe der, in der Wissenschaft weit verbreiteten, Logit-Regression.[417] Die logistische Regression „(...) modelliert den Wahrscheinlichkeitsübergang einer kategorial ausgeprägten Variablen in Abhängigkeit von der Ausprägung der unabhängigen Variablen (unter der Annahme der logistischen Verteilung der Residuen)."[418] Die Koeffizienten werden bei der logistischen Regression über die Maximum-Likelihood-Methode geschätzt. Das Ziel ist dabei, die Koeffizienten so zu schätzen, dass eine optimale Trennung der binären Ausprägung der endogenen Variablen erreicht wird. Das Produkt der Wahrscheinlichkeiten der Zuordnung zum richtigen Cluster (1 oder 0) wird maximiert.[419] In der logistischen Regression können die exogenen Variablen sowohl ein nominales als auch ein metrisches Skalenniveau aufweisen.[420] Die logistische Regressionsgleichung lässt sich formal darstellen als:

$$P(y = 1 \mid x) = \frac{1}{1 + \exp(-z)} \qquad (1)$$

Die z-Werte werden als *Logits* bezeichnet, deren Wertebereich beliebig klein oder groß sein kann. Die Eigenschaft der logistischen Regressionsgleichung ist es, dass sich

---

[417] Vgl. Cameron/Trivedi (2009), S. 445 ff.; Gießelmann/Windzio (2012), S. 127 ff.
[418] Backhaus u.a. (2000), S. 111
[419] Vgl. Backhaus u.a. (2000), S. 104 ff.
[420] Vgl. Backhaus u.a. (2000), S. XXIII

die Wahrscheinlichkeit für das Ereignis $y = 1$ immer innerhalb der Grenzen 0 und 1 bewegt.[421]

Für die multivariate Untersuchung in den Analyseteilen A und B kommen sowohl Logit-Pooled- als auch Logit-Random-Effects-Modelle mit und ohne Cluster-robuste Standardfehler zum Einsatz. Bei der Untersuchungsdimension *F&E-Streuung* kann das Random-Effects-Modell aufgrund der *Complete-Separation* der Branchensektoren *Grundstoffe, Software* und *Technologie* nur eingeschränkt unter vorheriger Eliminierung dieser gerechnet werden.[422] Die Untersuchung der *F&E-Streuung* stützt sich daher primär auf die Ergebnisse des Logit-Pooled-Modells mit Cluster-robusten Standardfehlern. Die Anpassungsprozedur bei der Verwendung korrigierter Standardfehler gilt als überkonservativ. Dadurch kann es statt einer Unterschätzung zu einer Überschätzung der ermittelten Fehler kommen und dies zu überkonservativen Signifikanztests führen.[423] Im Analyseteil A findet daher als Einstieg in die Untersuchung ebenso die Logit-Regression ohne Berücksichtigung Cluster-robuster Standardfehler Anwendung. Des Weiteren wird im nachgelagerten Schritt geprüft, ob sich die Ergebnisse ebenso durch das Logit-Random-Effects-Modell bestätigen lassen.

Die Untersuchung des *Kooperationsgrads* (Analyseteil B) findet basierend auf dem Logit-Random-Effects-Modell statt. Wie in Unterkapitel 4.2 beschrieben, darf bei einem RE-Modell allerdings der Random-Effect $u_i$ nicht mit der zeitvarianten exogenen Variablen $x_{it}$ korreliert sein, da im Falle einer Korrelation die geschätzten Koeffizienten verzerrt wären.[424] Für den Vergleich zwischen Schätzer im RE-Modell und Schätzer im FE-Modell findet daher der Hausman-Test Anwendung.[425] Tabelle 5.1 zeigt die Ergebnisse des Hausman-Tests für die relevanten Modelle. Die Ergebnisse zeigen, dass für den Analyseteil B die Null-Hypothese nicht abgelehnt werden muss. Man kann für die Modelle B1 bis B9 demnach von unverzerrten Schätzungen des RE-Modells ausgehen.[426] Aufgrund der dichotomen Datenstruktur findet daher im Analyseteil B das Logit-Random-Effects-Modell Anwendung, welches sich formal darstellen lässt als:

---

[421] Vgl. Backhaus u.a. (2008), S. 249

[422] Stata Regressionsmodell erreicht unter Berücksichtigung der *Complete-Separation*-Fälle keine Konvergenz.

[423] Vgl. Gießelmann/Windzio (2012), S. 78 f.

[424] Vgl. Gießelmann/Windzio (2012), S. 150

[425] Vgl. Cameron/Trivedi (2009), S. 260 ff.

[426] Vgl. Gießelmann/Windzio (2012), S. 109 ff.; Cameron/Trivedi (2010), S. 266 ff.

$$P(y_{it} = 1 \mid x; \alpha_{i(RE)}) = \frac{1}{1 + \exp(-(\alpha_{i(RE)} + \beta'x_{it}))} \qquad (2)$$

Dabei entspricht $\alpha_{i(RE)}$ der Anzahl der Subjekte der Stichprobe und kann durch $\alpha_i = b_0 + u_i$ dargestellt werden, wobei $\beta_0$ in der Perspektive der *Log Odds* den Mittelwert aller Schnittpunkte mit der y-Achse repräsentiert und $u_i$ die einheitenspezifische Abweichung von diesem Mittelwert ist. Die „nicht-systematische Spezifikation" von $u_i$ erlaubt es, dass im Random-Effects-Modell auch zeitkonstante Variablen berücksichtigt werden können.[427]

Für die Überprüfung der Ergebnisse findet im Analyseteil B zusätzlich das Logit-Random-Effects-Modell mit Cluster-robusten Standardfehlern Anwendung. Alle Regressionsmodelle werden mit der Statistiksoftware Stata in Version 12 geschätzt. Da Stata in der Standardkonfiguration bei Logit-RE-Modellen keine Cluster-robusten Standardfehler berechnen kann, wird für die Überprüfung der Ergebnisse das verbreitete Zusatzprogramm GLLAMM[428] genutzt.[429] Des Weiteren werden die Ergebnisse in Abschnitt 4.3.3 zusätzlich verschiedenen Robustheitstests unterzogen.

### 4.3.2 Ergebnisse der multivariaten Hypothesenüberprüfung

Die im Rahmen dieser Arbeit stattfindende Hypothesenüberprüfung erfolgt auf Basis multivariater Analysemethoden. In Abschnitt 4.3.2.1 werden zunächst die Ergebnisse der Untersuchungsdimension *F&E-Streuung* erläutert, bevor in Abschnitt 4.3.2.2 die Ergebnisse der Dimension *Grad der Kooperation* vorgestellt werden. Im Sinne der Übersichtlichkeit werden innerhalb der Ergebnisdiskussion nicht alle Zusammenhänge erläutert, sondern lediglich die in Hinblick auf die Hypothesenüberprüfung relevanten und erwähnenswerten.

### 4.3.2.1 Ergebnisse der Untersuchungsdimension F&E-Streuung

Im Folgenden werden die Ergebnisse für die Untersuchungsdimension *F&E-Streuung* vorgestellt. Dabei wird im ersten Schritt auf die branchenübergreifende Analyse

---

[427] Vgl. Gießelmann/Windzio (2012), S. 150: „$u_i$ wird (...) nicht systematisch spezifiziert, sondern ausschließlich über seinen Beitrag zur (unerklärten) Varianz der Verteilung der abhängigen Variablen berücksichtigt."

[428] GLLAMM wurde von Rabe-Hesketh u.a. (2004) entwickelt und steht für *Generalized Linear Latent And Mixed Models*. Vgl. Rabe-Hesketh/Skrondal (2008)

[429] Der Kern der Untersuchung stützt sich dennoch auf die Modelle, die sich mit der Statistiksoftware Stata (Version 12) im Standardumfang schätzen lassen.

eingegangen. Darauf folgen eine Untersuchung der Branchenrangfolge sowie eine branchenspezifische Analyse.

**Branchenübergreifende Analyse**

Tabelle 4.2 zeigt die Ergebnisse der untersuchten Variablen mit durchlaufenden Referenzsektoren. Als Startpunkt beschreiben die Modell A1 bis A6 die Ergebnisse einer Logit-Pooled-Normal-Regression. Darauf aufbauend zeigen die Modelle A7 bis A12 die Ergebnisse der Logit-Regression auf Basis Cluster-robuster Standardfehler, wobei das Cluster durch die in der Panel-Stichprobe enthaltenen Unternehmen beschrieben ist.[430]

---

[430] Wie in Unterkapitel 4.1 dargestellt, sind alle Beobachtungen in den Branchensektoren *Technologie*, *Grundstoffe* und *Software* hinsichtlich der endogenen Variable *F&E-Streuung* innerhalb der jeweiligen Branchensektoren gleich ausgeprägt. Die Regression so genannter *Complete-Separation*-Fälle führt in Stata dazu, dass betroffene Branchensektoren „omitted" werden.

## Tabelle 4.2: Ergebnisse – Untersuchungsdimension F&E-Streuung

Endogene Variabel: F&E-Streuung
Domestic = 0, Dispersed = 1

| Exogene Variablen | Logit-Regression | | | | | | | | | | | |
|---|---|---|---|---|---|---|---|---|---|---|---|---|
| | Model A1 | Model A2 | Model A3 | Model A4 | Model A5 | Model A6 | Model A7 | Model A8 | Model A9 | Model A10 | Model A11 | Model A12 |
| Unternehmensalter (im Startjahr) (H3; +) | 0,005 * (1,96) | 0,005 * (1,96) | 0,005 * (1,96) | 0,005 * (1,96) | 0,005 * (1,96) | 0,005 * (1,96) | 0,005 (0,68) | 0,005 (0,68) | 0,005 (0,68) | 0,005 (0,68) | 0,005 (0,68) | 0,005 (0,68) |
| Unternehmensgröße (LN Anzahl Mitarbeiter) (H2a; +) | 0,391 *** (4,22) | 0,391 *** (4,22) | 0,391 *** (4,22) | 0,391 *** (4,22) | 0,391 *** (4,22) | 0,391 *** (4,22) | 0,391 (1,08) | 0,391 (1,08) | 0,391 (1,08) | 0,391 (1,08) | 0,391 (1,08) | 0,391 (1,08) |
| Branchensektor 1: Industriegüter | RB | -0,239 (-0,51) | -2,229 *** (-5,33) | -0,122 (-0,34) | -0,039 (-0,05) | -3,346 *** (-3,23) | RB | -0,239 (-0,26) | -2,229 (-1,32) | -0,122 (-0,14) | -0,039 (-0,03) | -3,346 *** (-3,08) |
| Branchensektor 2: Automobil | 0,239 (0,51) | RB | -1,990 *** (-3,19) | 0,116 (0,23) | 0,200 (0,23) | -3,107 *** (-2,79) | 0,239 (0,26) | RB | -1,990 (-0,89) | 0,116 (0,11) | 0,200 (0,16) | -3,107 ** (-2,23) |
| Branchensektor 3: Technologie | *Complete-Seperation-Branchensektor* | | | | | | | | | | | |
| Branchensektor 4: Pharma & Health | 2,229 *** (5,33) | 1,990 *** (3,19) | RB | 2,107 *** (3,96) | 2,191 ** (2,45) | -1,116 (-1,03) | 2,229 (1,32) | 1,990 (0,89) | RB | 2,107 (1,04) | 2,191 (0,82) | -1,116 (-0,58) |
| Branchensektor 5: Chemie | 0,122 (0,34) | -0,116 (-0,23) | -2,107 *** (-3,96) | RB | 0,084 (0,10) | -3,223 *** (-3,01) | 0,122 (0,14) | -0,116 (-0,11) | -2,107 (-1,04) | RB | 0,084 (0,06) | -3,223 ** (-2,36) |
| Branchensektor 6: Telekommunikation | 0,039 (0,05) | -0,200 (-0,23) | -2,191 *** (-2,45) | -0,084 (-0,10) | RB | -3,307 ** (-2,57) | 0,039 (0,03) | -0,200 (-0,16) | -2,191 (-0,82) | -0,084 (-0,06) | RB | -3,307 * (-1,91) |
| Branchensektor 7: Konsumgüter | 3,346 *** (3,23) | 3,107 *** (2,79) | 1,116 (1,03) | 3,223 *** (3,01) | 3,307 ** (2,57) | RB | 3,346 *** (3,08) | 3,107 ** (2,23) | 1,116 (0,58) | 3,223 ** (2,36) | 3,307 * (1,91) | RB |
| Branchensektor 8: Grundstoffe | *Complete-Seperation-Branchensektor* | | | | | | | | | | | |
| Branchensektor 9: Software | *Complete-Seperation-Branchensektor* | | | | | | | | | | | |
| Jahreseffekte | Ja | Ja | Ja | Ja | Ja | Ja | Ja | Ja | Ja | Ja | Ja | Ja |
| Cluster-robuste Standardfehler | Nein | Nein | Nein | Nein | Nein | Nein | Ja (Untern.) | Ja (Untern.) | Ja (Untern.) | Ja (Untern.) | Ja (Untern.) | Ja (Untern.) |
| Anzahl Beobachtungen | 489 | 489 | 489 | 489 | 489 | 489 | 489 | 489 | 489 | 489 | 489 | 489 |
| McFadden R² | 0,203 | 0,203 | 0,203 | 0,203 | 0,203 | 0,203 | 0,203 | 0,203 | 0,203 | 0,203 | 0,203 | 0,203 |
| Maximalwert der VIFs | 2,37 | 3,68 | 2,37 | 2,60 | 5,38 | 2,59 | 2,37 | 3,68 | 2,37 | 2,60 | 5,38 | 2,59 |

Z-Statistik auf Basis von Cluster-robusten Standardfehlern für Modelle A7-A12 / Z-Statistik in Klammern (* p<0,10 ** p<0,05 *** p<0,01) / RB = Referenzbranche / Untern. = Unternehmen / Dummyvariablen für Jahreseffekte werden der Übersichtlichkeit halber nicht gezeigt / (H: +/-/#) = Hypothese und unterstellte Richtung des Zusammenhangs / Quelle: Eigene Darstellung

Die Modelle A1 bis A6 zeigen, dass zwischen *Unternehmensalter* und *F&E-Streuung* ein positiv signifikanter Zusammenhang besteht. Unter Berücksichtigung Cluster-robuster Standardfehler (vgl. Modelle A7 bis A12) wird dieser statistisch signifikante Zusammenhang allerdings nicht bestätigt. Auch das hier aufgrund der *Complete-Separation*-Fälle nur eingeschränkt berechenbare Logit-Random-Effects-Modell bestätigt den signifikant positiven Zusammenhang zwischen *Unternehmensalter* und *F&E-Streuung* nicht.[431] Damit kann die in Unterkapitel 2.5 formulierte Hypothese H3 in Bezug auf die Gesamtgruppe höchstens als eingeschränkt bestätigt gelten. Die Logit-Pooled-Regressionen der Modelle A1 bis A6 zeigen des Weiteren, dass auch die durch die logarithmierte Anzahl der Mitarbeiter ausgedrückte *Unternehmensgröße* mit der *Streuung* von F&E positiv korreliert ist. Dieser Zusammenhang zwischen *Unternehmensgröße* und *F&E-Streuung* wird auch durch das RE-Modell bestätigt. Jedoch bestätigen die Modelle A7 bis A12 unter Berücksichtigung Cluster-robuster Standardfehler diesen Zusammenhang nicht. Somit kann die mit H2a aufgestellte Hypothese ebenso höchstens als eingeschränkt bestätigt gelten.

Bei Betrachtung des Branchensektors *Konsumgüter* zeigt sich abgesehen von den Modellen A3 und A9 ein anhaltend positiv signifikanter Zusammenhang, sowohl ohne als auch mit Berücksichtigung Cluster-robuster Standardfehler. Dies bestätigt die bereits getroffenen ersten Annahmen hinsichtlich einer Gruppenlogik bzw. Branchenrangfolge (vgl. Unterkapitel 4.1 und Hypothesen H1 und H1a), die daher im folgenden Abschnitt weiter analysiert werden soll.

**Untersuchung der Branchenrangfolge**

Die Zugehörigkeit zu den Branchensektoren wurde mit neun Dummy-Variablen operationalisiert. Wie bereits die deskriptive Analyse gezeigt hat, haben die Branchensektoren einen nicht unerheblichen Einfluss auf die *F&E-Streuung* der Unternehmen (vgl. Unterkapitel 4.1). Für die weitere Untersuchung des Zusammenhangs zwischen Branchenzugehörigkeit und *F&E-Streuung* wird ein so genannter Wald-Test durchgeführt.[432] Im Rahmen dessen wird untersucht, inwiefern die Koeffizienten der Sektoren-Dummies nicht gleichzeitig dem Wert Null entsprechen und eine Berücksichtigung der Branchensektoren zu einem besseren „Fit

---

[431] Das Logit-Random-Effects-Modell kann nur unter vorheriger Entnahme der *Complete-Separation*-Branchensektoren in Stata berechnet werden und wird daher nur zur Bestätigung bzw. Ablehnung von Hypothesen unterstützend herangezogen.

[432] Vgl. Cameron/Trivedi (2009), S. 389 ff.; vgl. zur Vorgehensweise auch Dicenta (2015)

of the Model" führt.[433] Das Modell bestätigt, über die *Complete-Separation*-Branchensektoren hinaus, basierend auf dem Wald-Testergebnis[434] ($\chi^2 = 11{,}09$) einen statistisch signifikanten (p < 0,05) Zusammenhang zwischen den übrigen Branchensektoren und der *F&E-Streuung*.

Aufgrund der damit dargelegten hohen Bedeutung der Branchensektoren werden im Folgenden weitere univariate und multivariate Untersuchungen bezüglich der Sektorenrangfolge durchgeführt.

**Abbildung 4.7: Koeffizienten in Relation zum Referenzsektor –**
**Untersuchungsdimension F&E-Streuung**

| | Branchensektor Industriegüter | Branchensektor Automobil | Branchensektor Pharma & Health | Branchensektor Chemie | Branchensektor Telekommunikation | Branchensektor Konsumgüter |
|---|---|---|---|---|---|---|
| Branchensektor Industriegüter | RB | > | > | > | > | > *** |
| Branchensektor Automobil | | RB | > | < | < | > ** |
| Branchensektor Pharma & Health | | | RB | < | < | > |
| Branchensektor Chemie | | | | RB | < | > ** |
| Branchensektor Telekommunikation | | | | | RB | > * |
| Branchensektor Konsumgüter | | | | | | RB |

Vgl. Modelle A7 bis A12 / Signifikanzniveaus auf Basis Cluster-robuster Standardfehler (* p<0.10 ** p<0.05 *** p<0.01) / RB= Referenzbranche / > = Koeffizient positiv und entsprechender Sektor damit stärker gestreut als Referenzbranche / < = Koeffizient negativ und entsprechender Sektor damit weniger gestreut als Referenzbranche / Quelle: Eigene Darstellung

Auf Basis der Koeffizienten in Relation zum jeweiligen Referenzsektor lässt sich eine Tendenz-Aussage zur Rangfolge ableiten (vgl. Tabelle 4.2 sowie Abbildung 4.7):[435]

*Konsumgüter > Pharma & Health > Automobil > Chemie >*
*Telekommunikation > Industriegüter*

Darüber hinaus kann basierend auf den statistisch signifikanten Koeffizienten eine weitere Differenzierung vorgenommen werden. So ist der Branchensektor *Konsumgüter* signifikant stärker gestreut als die Branchen *Automobil*, *Chemie*, *Telekommunikation* und *Industriegüter*. Lediglich der Branchensektor *Pharma &*

---

[433] Vgl. UCLA (o.J.b)
[434] Wald-Testergebnis basierend auf Modell A7 unter Berücksichtigung Cluster-robuster Standardfehler (Referenzsektor Industriegüter).
[435] Vgl. Kohler/Kreuter (2012), S. 288 ff.

*Health* ist auf Basis der statistisch signifikanten Koeffizienten unter Berücksichtigung Cluster-robuster Standardfehler nicht statistisch signifikant abgegrenzt[436] und Bedarf einer weiteren Analyse. Bei Betrachtung der Ergebnisse der Logit-Pooled-Normal-Modelle (vgl. Tabelle 4.2 Modelle A1 bis A6) ist eine statistisch signifikante (p < 0,05) Abgrenzung zwischen dem Branchensektor *Pharma & Health* und den Branchen *Industriegüter, Automobil, Chemie* und *Telekommunikation* zu konstatieren. Auch das hier nicht gezeigte Random-Effects-Modell (siehe hierzu auch Fußnote 431) bestätigt diese statistisch signifikante Abgrenzung. Somit können zwei Gruppen innerhalb der Branchensektoren identifiziert werden:[437]

Gruppe 1: *Pharma & Health, Konsumgüter*

Gruppe 2: *Industriegüter, Automobil, Chemie, Telekommunikation*

Die Überprüfung der Gruppenlogik auf Basis des RE-Modells mit Cluster-robusten Standardfehlern bestätigt die statistisch signifikante Differenzierung zwischen den Branchensektoren *Pharma & Health* und *Konsumgüter* auf der einen Seite und *Industriegüter, Automobil* und *Chemie* auf der anderen.[438]

Aufgrund der Sonderstellung der *Complete-Separation*-Branchensektoren *Technologie, Software* und *Grundstoffe* (vgl. Unterkapitel 4.1 sowie Fußnote 430) werden diese mit Hilfe des von Wilcoxon (1945) und Mann/Whitney (1947) entwickelten Rangsummentests untersucht.[439] Der Wilcoxon-Mann-Whitney Test zeigt, dass zwischen den zugrunde liegenden Verteilungen der Streuung des Branchensektors *Grundstoffe*[440] und den Branchensektoren aus Gruppe 2 ein statistisch signifikanter (p < 0,01) Unterschied besteht. Auch die Verteilung der Streuung der Branchensektoren *Technologie* und *Software* im Vergleich zur Verteilung in der Branche *Pharma & Health* der Gruppe 1 ist statistisch signifikant (p < 0,05). Lediglich die Branche *Konsumgüter* ist in Bezug auf *Technologie* und *Software* nicht statistisch

---

[436] Weder nach unten zu den Branchensektoren *Industriegüter, Automobil, Chemie und Telekommunikation* noch nach oben zum Branchensektor *Konsumgüter*.

[437] Insgesamt ist das Signifikanzniveau beim Branchensektor *Konsumgüter* in diesem Zusammenhang robuster als bei *Pharma & Health*.

[438] Vgl. Abschnitt 4.3.1; für die Überprüfung der Ergebnisse findet zusätzlich das Logit-Random-Effects-Modell mit Cluster-robusten Standardfehlern unter Verwendung des Zusatzprogramms GLLAMM Anwendung (hier nicht gezeigt). Der Kern der Untersuchung stützt sich bewusst auf die Modelle, die sich mit der Statistiksoftware Stata (Version 12) im Standardumfang schätzen lassen.

[439] Vgl. Eid u.a. (2010), S. 320 ff.; UCLA (o.J.c)

[440] In vollem Umfang *domestic* orientiert.

signifikant abgegrenzt. Für die *Complete-Separation*-Branchensektoren unterstreichen die Ergebnisse der Wilcoxon-Mann-Whitney Tests deren Sonderrolle. Auf Basis dieser Ergebnisse lässt sich eine weitere Gruppenlogik ableiten und eine Unterscheidung zwischen einem *„Branchen-Cluster dispersed"* mit den international orientierten Branchensektoren *Technologie, Pharma & Health, Konsumgüter* und *Software* und einem *„Branchen-Cluster domestic"* mit den national orientierten Branchensektoren *Industriegüter, Automobil, Chemie, Telekommunikation* und *Grundstoffe* diagnostizieren (vgl. Abbildung 4.8). Insgesamt können dadurch die Hypothesen H1 und H1a in Abstufungen als bestätigt angesehen werden.

**Abbildung 4.8: Branchen-Cluster domestic versus dispersed**

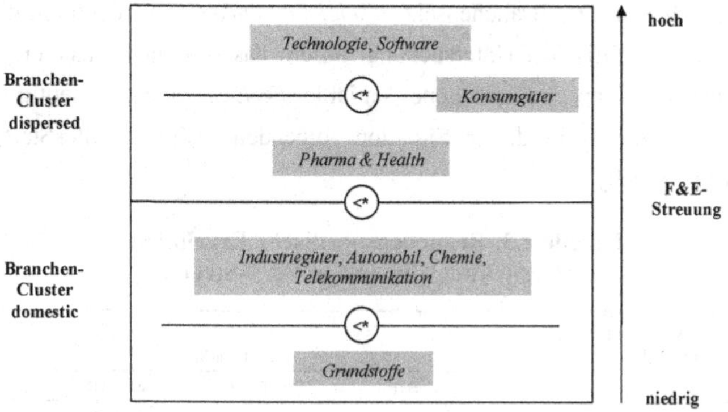

<* = F&E-Streuung signifikant kleiner mit Signifikanzniveau mindestens p<0.10 / Quelle: Eigene Darstellung

**Branchenspezifische Untersuchung**

Vor dem Hintergrund der bisher gewonnenen Ergebnisse ist eine tiefergreifende Analyse auf Branchenebene von Interesse. Tabelle 4.3 zeigt die branchenspezifische Untersuchung für *Industriegüter, Automobil, Pharma & Health* und *Chemie*.[441] Die durch die logarithmierte Anzahl der Mitarbeiter ausgedrückte *Unternehmensgröße* korreliert auch auf Einzelsektorenebene in den Branchen *Industriegüter, Automobil, Pharma & Health* und *Chemie* hoch signifikant mit der *F&E-Streuung*. Dabei fällt auf, dass der Zusammenhang für die Branchensektoren *Industriegüter, Automobil* und

---

[441] Die Datenkonfigurationen in den Branchensektoren *Technologie, Grundstoffe* und *Software* weisen in der endogenen Variable jeweils keine Streuung auf (vgl. Unterkapitel 4.1) und wurden daher in der sektorenspezifischen Untersuchung nicht weiter analysiert.

*Chemie* signifikant positiv ist (vgl. Modelle A13, A14 sowie A16), während der Zusammenhang für *Pharma & Health* signifikant negativ ist (vgl. Modell A15). Diese Ausnahme könnte mit einer möglichen Sonderrolle des Branchensektors *Pharma & Health* erklärt werden. Im Branchensektor *Pharma & Health* zeigt sich zusätzlich ein signifikant positiver Zusammenhang zwischen dem *Unternehmensalter* und der *F&E-Streuung*, der ansonsten in der branchenspezifischen Untersuchung nicht ersichtlich ist und damit die potentielle Sonderrolle von *Pharma & Health* unterstreicht. *Telekommunikation* und *Konsumgüter* weisen hinsichtlich der Konfiguration ebenfalls eine Art der *Complete-Separation*[442] auf. Durch eine lineare Funktion von $x$ kann innerhalb der jeweiligen Branche eine exakte Erklärung für $y$ gegeben werden.[443] Nach Albert und Anderson (1984) existiert bei dieser Art der Daten kein Maximum Likelihood-Schätzer. Der Branchensektor *Telekommunikation* verdeutlicht diesen Fall in der branchenspezifischen Untersuchung. Sofern das Unternehmensalter größer als sieben Jahre ist, kann die endogene Variable *F&E-Streuung* eindeutig bestimmt werden. Stata erzeugt in dieser Situation folgenden Output: „AlterStartjahr > 7 predicts data perfectly".

**Tabelle 4.3: Branchenspezifische Ergebnisse –
Untersuchungsdimension F&E-Streuung**

| Endogene Variable: F&E-Streuung Domestic = 0, Dispersed = 1 | Logit-Regression | | | |
|---|---|---|---|---|
| Exogene Variablen | Modell A13 | Modell A14 | Modell A15 | Modell A16 |
| Unternehmensalter (im Startjahr) (H3; +) | 0,005 (0,57) | -0,003 (-0,86) | 0,144 *** (3,64) | 0,019 (0,46) |
| Unternehmensgröße (LN Anzahl Mitarbeiter) (H2b; #) | 0,671 ** (1,99) | 1,499 * (1,84) | -1,706 *** (-2,97) | 1,294 ** (2,05) |
| Jahreseffekte | Ja | Ja | Ja | Ja |
| Brancheneffekte | Branchenspezifisch | Branchenspezifisch | Branchenspezifisch | Branchenspezifisch |
| Branchensektor | Industriegüter | Automobil | Pharma/Health | Chemie |
| Cluster-robuste Standardfehler | Ja (Unternehmen) | Ja (Unternehmen) | Ja (Unternehmen) | Ja (Unternehmen) |
| Anzahl Beobachtungen | 178 | 42 | 107 | 83 |
| McFadden R² | 0,241 | 0,510 | 0,675 | 0,236 |
| Maximalwert der VIFs | 2,81 | 1,79 | 2,48 | 2,29 |

Z-Statistik in Klammern auf Basis von Cluster-robusten Standardfehlern  (* p<0.10 ** p<0.05 *** p<0.01) / Dummyvariablen für Jahreseffekte werden der Übersichtlichkeit halber nicht gezeigt / (H; +/-/#) = Hypothese und unterstellte Richtung des Zusammenhangs / Quelle: Eigene Darstellung

---

[442] Albert/Anderson (1984) sprechen in diesem Zusammenhang von *Complete-Separation*; synonym findet auch der Stata-Begriff *Perfect-Prediction* Anwendung.
[443] Vgl. Albert/Anderson (1984); Allison (2008)

Im Random-Effects-Modell können weitere zwei der vier Sektoren nicht gerechnet werden. Dennoch werden der positiv signifikante Zusammenhang zwischen *Unternehmensgröße* und *F&E-Streuung* im Branchensektor *Industriegüter* sowie der positiv signifikante Zusammenhang zwischen *Unternehmensalter* und *F&E-Streuung* in *Pharma & Health* bestätigt.

Die Überprüfung der Signifikanz der RE-Modelle mit Cluster-robusten Standardfehlern erfolgt im Rahmen dieser Arbeit durch das bereits vorgestellte Zusatzprogramm GLLAMM (vgl. Abschnitt 4.3.1). In der sektorenspezifischen Analyse erfordert GLLAMM durch eine „Flat Region" Meldung allerdings, dass die Modelle ohne Random-Effects gerechnet werden. Durch die INIT Option von GLLAMM werden die Random-Effects auf null gesetzt.[444] An dieser Stelle wird auf die Ergebnisse der Logit-Pooled-Modelle mit Cluster-robusten Standardfehlern (vgl. Tabelle 4.3) verwiesen. Die GLLAMM Ergebnisse bestätigen die Resultate der im Normalumfang von Stata berechneten Modelle mit Cluster-robusten Standardfehlern. Ohne die INIT-Option von GLLAMM können weitere drei der vier Sektoren nicht gerechnet werden. Lediglich für den Branchensektor *Industriegüter* kann mit GLLAMM das RE-Modell auf Basis Cluster-robuster Standardfehler geschätzt werden, welches die positive Korrelation zwischen *Unternehmensgröße* und *F&E-Streuung* bestätigt. Die in Unterkapitel 2.5 formulierte Hypothese H2b mit Bezug auf den Zusammenhang zwischen Unternehmensgröße und F&E-Streuung auf Branchenebene kann somit bestätigt werden.

### 4.3.2.2 Ergebnisse der Untersuchungsdimension Grad der Kooperation

Nachdem im vorherigen Abschnitt die Ergebnisse der multivariaten Analyse in der Untersuchungsdimension *F&E-Streuung* vorgestellt wurden, werden im Folgenden die Untersuchungsergebnisse der Dimension *Grad der Kooperation* erläutert.

Tabelle 4.4 zeigt die Ergebnisse der Regressionsmodelle mit durchlaufenden Referenzsektoren. Alle gerechneten Modelle kontrollieren sowohl auf Branchen- als auch auf Periodeneffekte.[445] Modelle B1 bis B9 zeigen einen signifikant negativen Zusammenhang zwischen *Unternehmensalter* und *Grad der Kooperation*. Auch die Überprüfung mit Cluster-robusten Standardfehlern bestätigt diesen negativen

---

[444] Vgl. Rabe-Hesketh/Skrondal (2008), S. 516
[445] Aus Gründen der Übersichtlichkeit wurde analog dem Analyseteil A jeweils auf die Darstellung der Periodeneffekte verzichtet.

Zusammenhang. Somit kann die mit H5 aufgestellte Hypothese hinsichtlich des negativen Zusammenhangs zwischen Unternehmensalter und Kooperation als bestätigt gelten.

Weder im Logit-RE-Normal-Modell noch im Logit-RE-Modell mit Cluster-robusten Standardfehlern lässt sich ein statistisch signifikanter Zusammenhang zwischen *F&E-Streuung* und *Grad der Kooperation* nachweisen. Es kann angenommen werden, dass aufgrund der engen Beziehung der Variablen *F&E-Streuung* und den Branchensektoren (vgl. Unterkapitel 4.1) der signifikante Einfluss von *F&E-Streuung* auf die *Kooperation* durch Kontrolle der Branchen-Dummies im Modell absorbiert wird. Die Hypothese H6 gilt als nicht bestätigt.

Zwischen der durch die logarithmierte Anzahl der Mitarbeiter ausgedrückten *Unternehmensgröße* und dem *Grad der Kooperation* zeigt sich ebenfalls kein statistisch signifikanter Zusammenhang. Auch unter Verwendung Cluster-robuster Standardfehler zeigt die exogene Variable *Unternehmensgröße* keinen statistisch signifikanten Einfluss auf die *Kooperation*. Somit ist auch die mit H7 formulierte Hypothese zu verwerfen.

## Tabelle 4.4: Ergebnisse – Untersuchungsdimension Grad der Kooperation

Endogene Variable: Kooperation
0 = Grad d. K. gering, 1 = Grad d. K. hoch

Logit-RE-Regression

| Exogene Variablen | Modell B1 | Modell B2 | Modell B3 | Modell B4 | Modell B5 | Modell B6 | Modell B7 | Modell B8 | Modell B9 |
|---|---|---|---|---|---|---|---|---|---|
| F&E-Streuung (H6; +) | 0,418 (0,83) | 0,418 (0,83) | 0,418 (0,83) | 0,418 (0,83) | 0,418 (0,83) | 0,418 (0,83) | 0,418 (0,83) | 0,418 (0,83) | 0,418 (0,83) |
| Unternehmensalter (im Startjahr) (H5; -) | -0,008 * (-1,83) | -0,008 * (-1,83) | -0,008 * (-1,83) | -0,008 * (-1,83) | -0,008 * (-1,83) | -0,008 * (-1,83) | -0,008 * (-1,83) | -0,008 * (-1,83) | -0,008 * (-1,83) |
| Unternehmensgröße (LN Anzahl Mitarbeiter) (H7; +) | 0,179 (1,23) | 0,179 (1,23) | 0,179 (1,23) | 0,179 (1,23) | 0,179 (1,23) | 0,179 (1,23) | 0,179 (1,23) | 0,179 (1,23) | 0,179 (1,23) |
| Branchensektor 1: Industriegüter | RB | 1,757 * (1,79) | -0,629 (-0,71) | -0,108 (-0,16) | 0,535 (0,70) | -2,277 (-1,19) | 0,598 (0,67) | 1,989 (0,99) | -2,196 ** (-2,04) |
| Branchensektor 2: Automobil | -1,757 * (-1,79) | RB | -2,386 * (-1,95) | -1,864 * (-1,74) | -1,222 (-1,15) | -4,034 * (-1,94) | -1,159 (-0,98) | 0,232 (0,11) | -3,953 *** (-2,85) |
| Branchensektor 3: Technologie | 0,629 (0,71) | 2,386 * (1,95) | RB | 0,521 (0,55) | 1,163 (1,11) | -1,648 (-0,81) | 1,227 (1,11) | 2,618 (1,20) | -1,567 (-1,28) |
| Branchensektor 4: Pharma & Health | 0,108 (0,16) | 1,864 * (1,74) | -0,521 (-0,55) | RB | 0,642 (0,74) | -2,169 (-1,10) | 0,705 (0,73) | 2,097 (1,01) | -2,088 * (-1,85) |
| Branchensektor 5: Chemie | -0,535 (-0,70) | 1,222 (1,15) | -1,163 (-1,11) | -0,642 (-0,74) | RB | -2,811 (-1,41) | 0,063 (0,06) | 1,455 (0,70) | -2,730 ** (-2,23) |
| Branchensektor 6: Telekommunikation | 2,277 (1,19) | 4,034 * (1,94) | 1,648 (0,81) | 2,169 (1,10) | 2,811 (1,41) | RB | 2,875 (1,41) | 4,266 (1,56) | 0,081 (0,04) |
| Branchensektor 7: Konsumgüter | -0,598 (-0,67) | 1,159 (0,98) | -1,227 (-1,11) | -0,705 (-0,73) | -0,063 (-0,06) | -2,875 (-1,41) | RB | 1,391 (0,65) | -2,794 ** (-2,21) |
| Branchensektor 8: Grundstoffe | -1,989 (-0,99) | -0,232 (-0,11) | -2,618 (-1,20) | -2,097 (-1,01) | -1,455 (-0,70) | -4,266 (-1,56) | -1,391 (-0,65) | RB | -4,185 * (-1,84) |
| Branchensektor 9: Software | 2,196 ** (2,04) | 3,953 *** (2,85) | 1,567 (1,28) | 2,088 * (1,85) | 2,730 ** (2,23) | -0,081 (-0,04) | 2,794 ** (2,21) | 4,185 * (1,84) | RB |
| Jahreseffekte | Ja | Ja | Ja | Ja | Ja | Ja | Ja | Ja | Ja |
| Firmeneffekte | Ja (Random) | Ja (Random) | Ja (Random) | Ja (Random) | Ja (Random) | Ja (Random) | Ja (Random) | Ja (Random) | Ja (Random) |
| Anzahl Beobachtungen | 598 | 598 | 598 | 598 | 598 | 598 | 598 | 598 | 598 |
| Anzahl Cluster | 101 | 101 | 101 | 101 | 101 | 101 | 101 | 101 | 101 |
| Maximalwert der VIFs | 3,44 | 3,44 | 3,44 | 3,44 | 3,44 | 11,07[1] | 3,55 | 15,83[1] | 4,05 |

Z-Statistik in Klammern (* p>0,10 ** p>0,05 *** p>0,01) / RB = Referenzbranche / Dummyvariablen für Jahreseffekte werden der Übersichtlichkeit halber nicht gezeigt / (H; +/-/#) = Hypothese und unterstellte Richtung des Zusammenhangs /
1) VIF über Grenzwert, relevanter Zusammenhang jedoch durch Alternativmodell bestätigt (siehe Abschnitt 4.3.3) / Quelle: Eigene Darstellung

## Untersuchung der Branchenrangfolge

Die Untersuchung der Branchensektoren lässt basierend auf den Koeffizienten der Modelle B1 bis B9 (vgl. Tabelle 4.4) eine Tendenz-Aussage zum Rang zu:

*Telekommunikation > Software > Technologie > Pharma & Health > Industriegüter > Chemie > Konsumgüter > Automobil > Grundstoffe*

Auf Basis von signifikanten Koeffizienten lässt sich eine weitere Differenzierung ableiten (vgl. Abbildung 4.9). So ist der Branchensektor *Software* statistisch signifikant stärker kooperiert als die Branchensektoren *Automobil, Konsumgüter, Chemie, Grundstoffe, Industriegüter* und *Pharma & Health*. Des Weiteren sind *Telekommunikation, Technologie, Pharma & Health* und *Industriegüter* signifikant stärker kooperiert als der Branchensektor *Automobil*.

**Abbildung 4.9: Koeffizienten in Relation zum Referenzsektor – Untersuchungsdimension Grad der Kooperation**

| | Branchensektor Industriegüter | Branchensektor Automobil | Branchensektor Technologie | Branchensektor Pharma & Health | Branchensektor Chemie | Branchensektor Telekommunik. | Branchensektor Konsumgüter | Branchensektor Grundstoffe | Branchensektor Software |
|---|---|---|---|---|---|---|---|---|---|
| **Branchensektor Industriegüter** | RB | < * | > | > | < | > | < | < | > ** |
| **Branchensektor Automobil** | | RB | > * | > * | > | > * | > | < | > *** |
| **Branchensektor Technologie** | | | RB | < | < | > | < | < | > |
| **Branchensektor Pharma & Health** | | | | RB | < | > | < | < | > * |
| **Branchensektor Chemie** | | | | | RB | > | < | < | > ** |
| **Branchensektor Telekommunikation** | | | | | | RB | < | < | < |
| **Branchensektor Konsumgüter** | | | | | | | RB | < | > ** |
| **Branchensektor Grundstoffe** | | | | | | | | RB | > * |
| **Branchensektor Software** | | | | | | | | | RB |

Vgl. Modelle B1 bis B9 / Signifikanzniveaus auf Basis Random Effects Modell (* p<0.10 ** p<0.05 *** p<0.01) / RB = Referenzbranche / > = Koeffizient positiv und entsprechender Sektor damit stärker gestreut als Referenzbranche / < = Koeffizient negativ und entsprechender Sektor damit weniger gestreut als Referenzbranche / Quelle: Eigene Darstellung

Auf Basis der signifikanten Differenzierung lässt sich auch für die endogene Variable *Grad der Kooperation* eine Branchendifferenzierung ableiten (vgl. Abbildung 4.10). Damit können die mit H4 und H4a formulierten Hypothesen unter Berücksichtigung ihres übergreifenden Charakters als bestätigt angesehen werden. Anzumerken ist aber, dass die Zuordnung der Branchen *Chemie, Konsumgüter* und *Grundstoffe* nur teilweise bestätigt ist, da sich eine statistisch signifikante Differenzierung lediglich zur Branche *Software* zeigen lässt. Gleiches gilt für die Zuordnung von *Technologie* und

*Telekommunikation*, da sich auch hier eine statistisch signifikante Differenzierung lediglich zum Branchensektor *Automobil* nachweisen lässt.

**Abbildung 4.10: Branchendifferenzierung nach Grad der Kooperation**

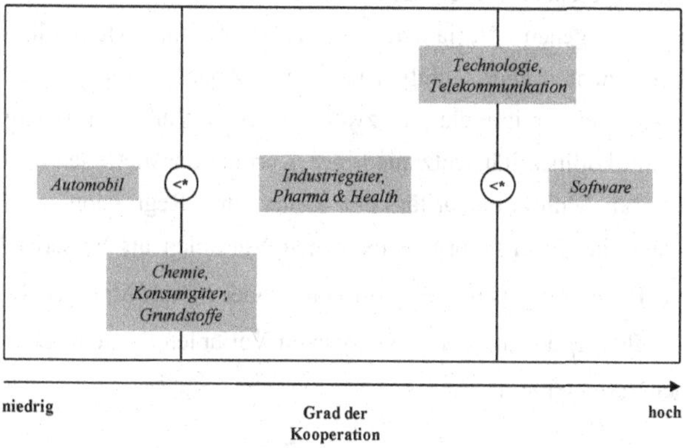

<* = Grad der Kooperation signifikant kleiner mit Signifikanzniveau mindestens p<0.10 / Quelle: Eigene Darstellung

### 4.3.3 Modellqualität und Robustheit

Die Regressionsanalyse im Rahmen der empirischen Anwendung ist mit einer Reihe von Annahmen verbunden, deren Verletzung zur Verzerrung der Schätzwerte der Parameter führen kann.[446] Daher werden im Folgenden die Themen Multikollinearität der exogenen Variablen, Heteroskedastizität und Autokorrelation sowie Endogenität der exogenen Variablen diskutiert.[447]

**Multikollinearität der exogenen Variablen**

Eine zentrale Prämisse der Regressionsanalyse ist, dass zwischen den Regressoren keine exakte lineare Abhängigkeit besteht. Dies ist gegeben, wenn „(...) sich ein Regressor als lineare Funktion der übrigen Regressoren darstellen lässt."[448] Ist dies der Fall, so spricht man von Multikollinearität. Diese führt zu Ineffizienz der Schätzer und im Falle der perfekten linearen Abhängigkeit dazu, dass eine Schätzung des Regressionsmodells nicht mehr möglich ist. Bei der Verwendung empirischer Daten

---

[446] Vgl. Backhaus u.a. (2000), S. 33 ff.

[447] Die Methodik zur Überprüfung der Modellqualität und Robustheit orientiert sich an den Vorgehensweisen anderer Arbeiten. Vgl. Dicenta (2015); Schiffelholz (2014)

[448] Backhaus u.a. (2000), S. 41

ist allerdings ein gewisser Grad an Multikollinearität, die so genannte „imperfekte Multikollinearität", normal.[449]

Zur Identifikation von Multikollinearität kann als erster Anhaltspunkt eine Korrelationsmatrix dienen. Dabei gelten hohe Korrelationskoeffizienten (nahe |1|) zwischen den exogenen Variablen als Zeichen für Multikollinearität. Da Korrelationskoeffizienten aber lediglich paarweise Abhängigkeiten messen, kann es für Regressionsmodelle mit mehr als zwei exogenen Variablen vorkommen, dass hochgradige Multikollinearität trotz niedriger Korrelationskoeffizienten besteht. Zur Identifikation von Multikollinearität gilt daher die Regression aller exogenen Variablen $X_j$ auf die jeweils übrigen exogenen Variablen als besseres Merkmal.[450] Dabei wird das Bestimmtheitsmaß $R_j^2$ ermittelt, wobei $R_j^2$ das Maß der Regression der exogenen Variablen $X_j$ auf die übrigen exogenen Variablen darstellt. Daraus kann die Toleranz $T_j$ der Variablen mit:

$$T_j = 1 - R_j^2 \qquad\qquad (3)$$

berechnet werden. Der Kehrwert der Toleranz ist der Varianzinflationsfaktor (VIF) („Variance Inflation Factor"). Der VIF ist definiert als:[451]

$$VIF_j = \frac{1}{1 - R_j^2} \qquad\qquad (4)$$

Sofern keine Multikollinearität vorliegt entspricht der VIF dem Wert eins. Je größer die multiple Korrelation ist, desto größer wird der VIF.[452] In der Literatur werden Werte des Varianzinflationsfaktors größer zehn als kritisches Maß der Multikollinearität beschrieben.[453]

---

[449] Vgl. Backhaus u.a. (2000), S. 41 ff.; Auer (2011), S. 521 ff.
[450] Vgl. Backhaus u.a. (2000), S. 41 ff.; Auer (2011), S. 524
[451] Vgl. Backhaus u.a. (2008), S. 87 ff.
[452] Vgl. Auer (2011), S. 522 f.; Backhaus u.a. (2008), S. 89
[453] Vgl. Kennedy (2008), S. 199; Hair u.a. (1998), S. 193

## Tabelle 4.5: Multikollinearitätsdiagnostik – Untersuchungsdimension F&E-Streuung

| Exogene Variablen | Varianzinflationsfaktoren (VIFs) | | | | | | | | | | | | | | | |
|---|---|---|---|---|---|---|---|---|---|---|---|---|---|---|---|---|
| | A1 | A2 | A3 | A4 | A5 | A6 | A7 | A8 | A9 | A10 | A11 | A12 | A13 | A14 | A15 | A16 |
| Unternehmensalter (im Startjahr) | 1,49 | 1,49 | 1,49 | 1,49 | 1,49 | 1,49 | 1,49 | 1,49 | 1,49 | 1,49 | 1,49 | 1,49 | 2,01 | 1,02 | 1,47 | 1,30 |
| Unternehmensgröße (LN Anzahl Mitarbeiter) | 1,53 | 1,53 | 1,53 | 1,53 | 1,53 | 1,53 | 1,53 | 1,53 | 1,53 | 1,53 | 1,53 | 1,53 | 2,01 | 1,03 | 1,49 | 1,30 |
| Branchensektor 1: Industriegüter | RB | 3,68 | 2,02 | 2,60 | 5,38 | 2,59 | RB | 3,68 | 2,02 | 2,60 | 5,38 | 2,59 | | | | |
| Branchensektor 2: Automobil | 1,28 | RB | 1,61 | 1,59 | 2,84 | 1,79 | 1,28 | RB | 1,61 | 1,59 | 2,84 | 1,79 | | | | |
| Branchensektor 3: Technologie | *Complete-Seperation-Branchensektor* | | | | | | | | | | | | | | | |
| Branchensektor 4: Pharma & Health | 1,18 | 2,72 | RB | 2,07 | 3,70 | 2,01 | 1,18 | 2,72 | RB | 2,07 | 3,70 | 2,01 | | | | |
| Branchensektor 5: Chemie | 1,21 | 2,13 | 1,64 | RB | 3,25 | 1,90 | 1,21 | 2,13 | 1,64 | RB | 3,25 | 1,90 | | | | |
| Branchensektor 6: Telekommunikation | 1,12 | 1,70 | 1,32 | 1,46 | RB | 1,40 | 1,12 | 1,70 | 1,32 | 1,46 | RB | 1,40 | | | | |
| Branchensektor 7: Konsumgüter | 1,14 | 2,28 | 1,52 | 1,81 | 2,98 | RB | 1,14 | 2,28 | 1,52 | 1,81 | 2,98 | RB | | | | |
| Branchensektor 8: Grundstoffe | *Complete-Seperation-Branchensektor* | | | | | | | | | | | | | | | |
| Branchensektor 9: Software | *Complete-Seperation-Branchensektor* | | | | | | | | | | | | | | | |
| Perioden-Dummy 1 (Jahr 2002) | RP | RP | RP | RP | RP | RP | RP | RP | RP | RP | RP | RP | RP | RP | RP | RP |
| Perioden-Dummy 2 (Jahr 2003) | 1,97 | 1,97 | 1,97 | 1,97 | 1,97 | 1,97 | 1,97 | 1,97 | 1,97 | 1,97 | 1,97 | 1,97 | 1,98 | 1,71 | 2,18 | 1,85 |
| Perioden-Dummy 3 (Jahr 2004) | 2,04 | 2,04 | 2,04 | 2,04 | 2,04 | 2,04 | 2,04 | 2,04 | 2,04 | 2,04 | 2,04 | 2,04 | 2,07 | 1,71 | 2,28 | 1,85 |
| Perioden-Dummy 4 (Jahr 2005) | 2,17 | 2,17 | 2,17 | 2,17 | 2,17 | 2,17 | 2,17 | 2,17 | 2,17 | 2,17 | 2,17 | 2,17 | 2,31 | 1,79 | 2,39 | 1,96 |
| Perioden-Dummy 5 (Jahr 2006) | 2,18 | 2,18 | 2,18 | 2,18 | 2,18 | 2,18 | 2,18 | 2,18 | 2,18 | 2,18 | 2,18 | 2,18 | 2,40 | 1,71 | 2,39 | 2,06 |
| Perioden-Dummy 6 (Jahr 2007) | 2,26 | 2,26 | 2,26 | 2,26 | 2,26 | 2,26 | 2,26 | 2,26 | 2,26 | 2,26 | 2,26 | 2,26 | 2,57 | 1,63 | 2,39 | 2,18 |
| Perioden-Dummy 7 (Jahr 2008) | 2,37 | 2,37 | 2,37 | 2,37 | 2,37 | 2,37 | 2,37 | 2,37 | 2,37 | 2,37 | 2,37 | 2,37 | 2,78 | 1,63 | 2,48 | 2,29 |
| Perioden-Dummy 8 (Jahr 2009) | 2,35 | 2,35 | 2,35 | 2,35 | 2,35 | 2,35 | 2,35 | 2,35 | 2,35 | 2,35 | 2,35 | 2,35 | 2,81 | CS | 2,28 | 2,29 |
| Perioden-Dummy 9 (Jahr 2010) | 2,35 | 2,35 | 2,35 | 2,35 | 2,35 | 2,35 | 2,35 | 2,35 | 2,35 | 2,35 | 2,35 | 2,35 | 2,77 | CS | 2,38 | 2,29 |
| Perioden-Dummy 10 (Jahr 2011) | 2,32 | 2,32 | 2,32 | 2,32 | 2,32 | 2,32 | 2,32 | 2,32 | 2,32 | 2,32 | 2,32 | 2,32 | 2,69 | CS | 2,38 | 2,29 |
| **Mittelwert der VIFs** | 1,81 | 2,22 | 1,95 | 2,04 | 2,57 | 2,05 | 1,81 | 2,22 | 1,95 | 2,04 | 2,57 | 2,05 | 2,40 | 1,53 | 2,19 | 1,97 |
| **Maximalwert der VIFs** | 2,37 | 3,68 | 2,37 | 2,60 | 5,38 | 2,59 | 2,37 | 3,68 | 2,37 | 2,60 | 5,38 | 2,59 | 2,81 | 1,79 | 2,48 | 2,29 |

CS = Complete-Seperation-Periode / RB = Referenzbranche / RP = Referenzperiode / Die Berechnungen der VIFs erfolgen analog der Regressionsmodelle ohne Berücksichtigung der Complete-Seperation-Branchensektoren / Quelle: Eigene Darstellung

Tabelle 4.5 zeigt die Varianzinflationsfaktoren für die Regressionsmodelle in der Untersuchungsdimension *F&E-Streuung*. Die VIFs der zugrunde liegenden Regressionsmodelle sind im Mittel sowie auch mit dem Maximalwert weit unter den beschriebenen Grenzwerten. In der Untersuchung der endogenen Variablen *F&E-Streuung* ist der höchste VIF für den Branchensektor-Dummy *Industriegüter* mit einem Wert von 5,38 zu konstatieren. Auf Grund der Tatsache, dass sich sowohl die Mittelwerte als auch die Einzelwerte der Varianzinflationsfaktoren unter dem Grenzwert befinden, kann davon ausgegangen werden, dass in den Modellen A1 bis A16 kein kritisches Maß an Multikollinearität besteht.

Die Kollinearitätsdiagnostik der Regressionsmodelle für die Untersuchungsdimension Kooperation ist in Tabelle 4.6 zusammengefasst. Die VIFs sind im Mittel alle unter dem Grenzwert von zehn. Allerdings zeigen die Modelle B6 und B8 innerhalb der Branchensektoren Varianzinflationsfaktoren über dem Grenzwert. Aufgrund dessen kann davon ausgegangen werden, dass in den Modellen B6 und B8 ein kritisches Maß an Multikollinearität besteht.[454] In der Literatur wird zur Eindämmung des Multikollinearitätsproblems unter anderem das Auslassen von Variablen empfohlen.[455] Da die Modelle B1 bis B9 zur Identifikation einer Rangfolge der Branchensektoren dienen und das Auslassen von Brachen-Dummies bewusst zur Referenzbildung genutzt wird,[456] ist das Auslassen von Variablen in diesem Untersuchungs-zusammenhang nicht zielführend. Allerdings können die statistisch signifikanten Aussagen der Modelle B6 und B8 bezüglich des negativen Zusammenhangs zwischen *Unternehmensalter* und *Grad der Kooperation* genauso durch die Modelle B1 bis B5 sowie B7 und B9, bei denen alle VIFs unter einem Wert von fünf liegen, getätigt werden. Ebenso kann der signifikante Koeffizient des Branchensektors *Automobil* in Bezug auf die Referenzbranche *Telekommunikation* (Modell B6) alternativ durch Modell B2 bestätigt werden. So verzeichnet der Koeffizient des Branchensektors *Telekommunikation* einen positiven Wert von 4,034 im Modell B2 gegenüber der Referenzbranche *Automobil*, während im Modell B6 der Branchensektor *Automobil* gegenüber seinem Referenzbranchensektor *Telekommunikation* einen negativen Koeffizienten im Wert von -4,034 aufweist. Beide Aussagen entsprechen sich. Dies gilt ebenso für den statistisch signifikanten Koeffizienten des Branchen-Dummies *Software* in Modell B8 hinsichtlich der Beziehung zum Referenzsektor *Grundstoffe*. Auch hier kann die Beziehung alternativ durch Modell B9 beschrieben werden. Aufgrund der Tatsache, dass die statistisch signifikanten Aussagen in den Modellen B6 und B8 jeweils durch Alternativmodelle bestätigt werden können, ist sichergestellt, dass basierend auf einem möglichen kritischen Maß an Multikollinearität der beiden Modelle keine grundsätzlich falschen Aussagen getroffen werden.

---

[454] Vgl. Kennedy (2008), S. 199; Hair u.a. (1998), S. 193
[455] Vgl. Auer (2011), S. 529 ff.
[456] Vgl. Kohler/Kreuter (2012), S. 288 ff.

## Tabelle 4.6: Multikollinearitätsdiagnostik –
## Untersuchungsdimension Grad der Kooperation

| Exogene Variablen | Varianzinflationsfaktoren (VIFs) | | | | | | | | |
|---|---|---|---|---|---|---|---|---|---|
|  | B1 | B2 | B3 | B4 | B5 | B6 | B7 | B8 | B9 |
| F&E-Streuung | 1,35 | 1,35 | 1,35 | 1,35 | 1,35 | 1,35 | 1,35 | 1,35 | 1,35 |
| Unternehmensalter (im Startjahr) | 1,55 | 1,55 | 1,55 | 1,55 | 1,55 | 1,55 | 1,55 | 1,55 | 1,55 |
| Unternehmensgröße (LN Anzahl Mitarbeiter) | 1,71 | 1,71 | 1,71 | 1,71 | 1,71 | 1,71 | 1,71 | 1,71 | 1,71 |
| Branchensektor 1: Industriegüter | RB | 3,28 | 3,35 | 2,06 | 2,37 | 11,07[1] | 3,55 | 15,83[1] | 4,05 |
| Branchensektor 2: Automobil | 1,42 | RB | 2,32 | 1,67 | 1,60 | 5,35 | 2,22 | 7,61 | 2,66 |
| Branchensektor 3: Technologie | 1,36 | 2,18 | RB | 1,43 | 1,77 | 5,32 | 2,03 | 7,61 | 2,10 |
| Branchensektor 4: Pharma & Health | 1,44 | 2,71 | 2,47 | RB | 2,07 | 8,33 | 2,73 | 11,85[1] | 3,00 |
| Branchensektor 5: Chemie | 1,36 | 2,11 | 2,49 | 1,68 | RB | 6,74 | 2,48 | 9,61 | 2,91 |
| Branchensektor 6: Telekommunikation | 1,13 | 1,26 | 1,33 | 1,21 | 1,20 | RB | 1,31 | 2,65 | 1,36 |
| Branchensektor 7: Konsumgüter | 1,26 | 1,82 | 1,77 | 1,37 | 1,53 | 4,53 | RB | 6,62 | 1,99 |
| Branchensektor 8: Grundstoffe | 1,12 | 1,25 | 1,33 | 1,20 | 1,19 | 1,85 | 1,33 | RB | 1,40 |
| Branchensektor 9: Software | 1,32 | 2,00 | 1,69 | 1,39 | 1,66 | 4,37 | 1,84 | 6,42 | RB |
| Perioden-Dummy 1 (Jahr 2002) | RP | RP | RP | RP | RP | RP | RP | RP | RP |
| Perioden-Dummy 2 (Jahr 2003) | 2,20 | 2,20 | 2,20 | 2,20 | 2,20 | 2,20 | 2,20 | 2,20 | 2,20 |
| Perioden-Dummy 3 (Jahr 2004) | 2,35 | 2,35 | 2,35 | 2,35 | 2,35 | 2,35 | 2,35 | 2,35 | 2,35 |
| Perioden-Dummy 4 (Jahr 2005) | 2,59 | 2,59 | 2,59 | 2,59 | 2,59 | 2,59 | 2,59 | 2,59 | 2,59 |
| Perioden-Dummy 5 (Jahr 2006) | 3,05 | 3,05 | 3,05 | 3,05 | 3,05 | 3,05 | 3,05 | 3,05 | 3,05 |
| Perioden-Dummy 6 (Jahr 2007) | 3,24 | 3,24 | 3,24 | 3,24 | 3,24 | 3,24 | 3,24 | 3,24 | 3,24 |
| Perioden-Dummy 7 (Jahr 2008) | 3,44 | 3,44 | 3,44 | 3,44 | 3,44 | 3,44 | 3,44 | 3,44 | 3,44 |
| Perioden-Dummy 8 (Jahr 2009) | 3,35 | 3,35 | 3,35 | 3,35 | 3,35 | 3,35 | 3,35 | 3,35 | 3,35 |
| Perioden-Dummy 9 (Jahr 2010) | 3,32 | 3,32 | 3,32 | 3,32 | 3,32 | 3,32 | 3,32 | 3,32 | 3,32 |
| Perioden-Dummy 10 (Jahr 2011) | 3,10 | 3,10 | 3,10 | 3,10 | 3,10 | 3,10 | 3,10 | 3,10 | 3,10 |
| **Mittelwert der VIFs** | 2,08 | 2,39 | 2,40 | 2,16 | 2,23 | 3,94 | 2,44 | 4,97 | 2,54 |
| **Maximalwert der VIFs** | 3,44 | 3,44 | 3,44 | 3,44 | 3,44 | **11,07**[1] | 3,55 | **15,83**[1] | 4,05 |

RB = Referenzbranche / RP = Referenzperiode / Die Berechnungen der VIFs erfolgen analog dem Aufbau in den Regressionsmodellen / 1) VIF über Grenzwert, relevanter Zusammenhang jedoch durch Alternativmodell bestätigt (vgl. Abschnitt 4.3.3) / Quelle: Eigene Darstellung

## Heteroskedastizität und Autokorrelation

Heteroskedastizität liegt vor, „wenn die Streuung der Residuen in einer Reihe von Werten der prognostizierten abhängigen Variablen nicht konstant ist (...)."[457] Die Varianz der Fehlervariablen muss aber im Grunde homogen sein, das heißt die Störgröße darf nicht von den exogenen Variablen und der Beobachtungsreihenfolge abhängen. Die Folge von Heteroskedastizität ist eine Ineffizienz der Schätzung sowie eine Verzerrung der Standardfehler.[458] Die Verwendung der von White (1980) vorgeschlagenen Schätzer (Verwendung von quadrierten Residuen $e_t^2$ anstelle der

---

[457] Backhaus u.a. (2000), S. 38
[458] Vgl. Backhaus u.a. (2000), S. 38 f.

Varianzen $\sigma_t^2 = \sigma^2\omega_t$) führt dazu, dass in Bezug auf Heteroskedastizität Robustheit erreicht wird.[459]

Von Autokorrelation ist die Rede, wenn die „Residuen in der Grundgesamtheit"[460] korreliert sind. Dies ist im Speziellen bei Zeitreihenanalysen von erhöhter Relevanz. Die so genannte „serielle Autokorrelation"[461] beschreibt dabei die erhöhte Ähnlichkeit in aufeinanderfolgenden Beobachtungen. Die Folge einer Autokorrelation ist eine ineffiziente Schätzung der Koeffizienten.[462] Da es sich bei der vorliegenden Arbeit um die Untersuchung eines Panel-Datensatzes handelt (vgl. Unterkapitel 4.2), ist eine serielle Autokorrelation potentiell naheliegend und muss für die Hypothesentests ausgeschlossen werden.

Cluster-robuste Standardfehler sind sowohl gegen Heteroskedastizität als auch gegen Untersuchungs-Cluster robust,[463] da sie neben der Verletzung der Homoskedastizitätsannahme auch die Korrelation der Residuen zwischen Beobachtungen einer Einheit erlauben.[464] Peterson (2009) empfiehlt in seiner Arbeit bei Vorhandensein von Firmen und Zeiteffekten, eines der beiden Cluster parametrisch, zum Beispiel über Perioden-Dummies, zu adressieren und das zweite Cluster über Cluster-robuste Standardfehler im Modell zu berücksichtigen.[465] In der vorliegenden Arbeit wurden daher wie bereits erläutert die signifikanten Ergebnisse mit Cluster-robusten Standardfehlern (nach Unternehmen) überprüft und der Jahreseffekt parametrisch durch die Aufnahme von Perioden-Dummies berücksichtigt. So ist sichergestellt, dass es zu keiner unzulässigen Bestätigung von Hypothesen aufgrund von verzerrten Standardfehlern kommt.

**Endogenität der exogenen Variablen**

Wenn zwischen den Regressoren und dem Fehlerterm Korrelation besteht, spricht man von Endogenität. Diese kann verschiedene Ursachen haben.[466] In vorliegendem

---

[459] Vgl. Hackl (2005), S. 183 f.; Kohler/Kreuter (2012), S. 287; Cameron/Trivedi (2009), S. 82
[460] Backhaus u.a. (2000), S. 39
[461] Kohler/Kreuter (2012), S. 288
[462] Vgl. Kohler/Kreuter (2012), S. 287 f.
[463] Vgl. Cameron/Trivedi (2009), S. 83
[464] Vgl. Dicenta (2015), S. 146
[465] Vgl. Petersen (2009), S. 475: „When both a firm and a time effect are present in the data, researchers can address one parametrically (e.g., by including time dummies) and then estimate standard errors clustered on the other dimension."
[466] Vgl. Kennedy (2008), S. 139 ff.

Abschnitt werden daher Fehler bei der Messung der Variablen, Verzerrung bei der Stichprobenauswahl (unbeobachtete Heterogenität), Fehlen elementarer exogener Variablen im Modell und Simultanität der Variablen als mögliche Gründe diskutiert.[467]

Die Datenerhebung ist, wie in Kapitel 3 beschrieben, mit äußerster Sorgfalt erfolgt. So wurden für den Kodierungsprozess der Variablen *F&E-Streuung* und *Grad der Kooperation* eine Vielzahl von Qualitätskontrollen verankert und Tests zur *Intercoderreliabilität* durchgeführt. In Bezug auf die Finanzkennzahlen wurde auf die in vielen wissenschaftlichen Arbeiten verwendete COMPUSTAT-Datenbank zurückgegriffen und Patentdaten wurden direkt von der PATSTAT-Datenbank des Europäischen Patentamts ausgewertet. Somit können systematische Messfehler weitestgehend ausgeschlossen werden.

Eine Verzerrung bei der Auswahl der Stichprobe („Sample Selection") kann ebenfalls Ursache für Endogenität sein. In diesem Zusammenhang spricht man von unbeobachteter Heterogenität („Unobserved Heterogeneity"). „The observations in the sample are heterogenous in unobserved ways that create bias."[468] Dieses Problem scheint unter den in Unterkapitel 3.1 angeführten Auswahlkriterien als unwahrscheinlich. Das ist vor allem bedingt durch die sehr breit angelegte Stichprobe über insgesamt neun Branchensektoren mit expliziter Beobachtung der Heterogenität (unter anderem Kontrolle auf Branchensektoren) sowie die Abgrenzung durch den Aktienindex HDAX. Lediglich das Auswahlkriterium „forschungsintensive Sektoren" könnte zu einer Selektionsverzerrung führen. Allerdings bedingt diese Auswahl nicht, wie etwa zu vermuten wäre, dass lediglich F&E intensive Unternehmen Teil der Stichprobe sind. Vielmehr führt die Auswahl dazu, dass Unternehmen, die keine bzw. nicht im klassischen Sinn F&E-Aktivität betreiben (wie zum Beispiel die Branchen Einzelhandel oder Bauindustrie), nicht Teil einer F&E-Untersuchung sind.

Die Variablenauswahl kann zum Problem werden, wenn relevante exogene Variablen im Modell fälschlicherweise keine Berücksichtigung finden und dies zwangsläufig zur Korrelation zwischen der im Modell enthaltenen exogenen Variablen und dem Fehlerterm führt.[469] Elementar ist daher die sorgfältige und bedachte Aufnahme beobachtbarer Variablen.[470] Im Zuge der Hypothesenformulierung sowie der

---

[467] Vgl. Schiffelholz (2014), S. 137 ff.; Proppe (2007), S. 231 ff.
[468] Kennedy (2008), S. 140
[469] Vgl. Kennedy (2008), S. 140
[470] Vgl. Dicenta (2015), S. 147 f.

Variablendefinition (vgl. Unterkapitel 2.5 und 3.4) wurde die Variablenauswahl für die in der Arbeit vorliegenden Regressionsmodelle mit äußerster Sorgfalt vollzogen. Um Industriespezifika zu berücksichtigen wurde auf Branchensektoren kontrolliert. Die Signifikanzstatistiken der Branchen-Dummies zeigten bereits, dass in der Untersuchungsdimension *F&E-Streuung* für die Branchensektoren signifikante Effekte vorliegen. Dies wurde durch die Untersuchung der Branchenrangfolge (vgl. Abschnitt 4.3.2.1 und 4.3.2.2) untermauert und so ein tieferes Verständnis vor allem hinsichtlich der *Complete-Separation*-Sektoren gewonnen. Des Weiteren wurden für den betrachteten Zeitraum Perioden-Dummies eingeführt und damit auf mögliche Jahreseffekte kontrolliert.[471]

Weiter gilt Simultanität als ein möglicher Grund für Endogenität.[472] Simultanität wird oft auch als „Reverse Causation"[473] beschrieben und liegt vor, wenn zusätzlich zum unterstellten kausalen Einfluss von $X$ auf $Y$ ein entgegen gerichteter kausaler Einfluss von $Y$ auf $X$ vorherrscht.[474] „In einem System von simultanen Gleichungen sind alle endogenen Variablen mit allen Fehlertermen in diesem System korreliert."[475] Da es sich abgesehen von der *Unternehmensgröße*[476] bei allen anderen exogenen Variablen im Analyseteil A um zeitkonstante Variablen handelt, kann zumindest für diese Variablen Simultanität ausgeschlossen werden.[477] Auch im Analyseteil B handelt es sich bei allen signifikanten exogenen Variablen der betrachteten Modelle um zeitkonstante Variablen. Für die quasi-zeitkonstante Variable *Unternehmensgröße* im Analyseteil A wird zusätzlich der Einfluss der Vorperiode (*t-1*) auf die endogene Variable untersucht. Dabei zeigt sich, dass der in Modell A1 beschriebene positiv signifikante Zusammenhang zwischen *Unternehmensgröße* und *F&E-Streuung* auch für die *Unternehmensgröße* der Vorperiode signifikant (p < 0,01) zutrifft (b = 0,393). Da sich die Ergebnisse auch bei der Untersuchung der Vorperiode auf die nachfolgende Periode bestätigen lassen, kann eine umgekehrte Kausalität ausgeschlossen werden. So kann sich beispielsweise die Streuung der Periode *t0* nicht

---

[471] Vgl. u.a. Auer (2011); Cameron/Trivedi (2009); Petersen (2009)

[472] Vgl. Kennedy (2008), S. 139 f.

[473] Kennedy (2008), S. 139

[474] Vgl. Stock/Watson (2012), S. 366 ff.

[475] Kennedy (2008), S. 139; übersetzt aus dem Englischen.

[476] Die Unternehmensgröße stellt eine quasi-zeitkonstante Variable dar, die nach Gießelmann/Windzio (2012), S. 71 entweder nur minimale Variation auf Unternehmensebene im Vergleich zu den Differenzen zwischen den Unternehmen aufweisen oder es nur bei einer limitierten Teilmenge zu einer Veränderung der Variablen kommt.

[477] Vgl. Schiffelholz (2014), S. 140

auf die *Unternehmensgröße* in der Periode *t-1* auswirken. Dieses Ergebnis kann als weiterer Hinweis gewertet werden, dass Simultanität in den vorliegenden Regressionsmodellen kein Problem darstellt.

## 4.4 Multivariate Analyse zu Auswirkungen von F&E-Organisationsstrukturen sowie weiteren Konzepten auf die F&E-Effizienz

Im Rahmen des Unterkapitels 4.4 wird zunächst in Abschnitt 4.4.1 auf die Modellspezifikation und das Forschungsdesign eingegangen. Danach werden in Abschnitt 4.4.2 die Ergebnisse der multivariaten Hypothesenüberprüfung diskutiert. Abschließend erfolgt in Abschnitt 4.4.3 die Überprüfung der Modellqualität und Robustheit.

### 4.4.1 Modellspezifikation und Wahl der Forschungsdesigns

Im folgenden Analyseteil C ist die endogene Variable durch die *F&E-Effizienz* gegeben. Da die *F&E-Effizienz* durch die Anzahl der angemeldeten Patentfamilien innerhalb eines Jahres gemessen wird und diese ausschließlich positiv und ganzzahlig ist, handelt es sich bei der vorliegenden Variablen um so genannte *Count-Daten.*[478]

*F&E-Effizienz* wird als Funktion der *F&E-Streuung*, des *Grads der Kooperation*, des *F&E-Ratios*, des *Unternehmensalters*, der durch die logarithmierte Anzahl der Mitarbeiter ausgedrückten *Unternehmensgröße*, verschiedener Interaktionsterme sowie dem Branchen-Cluster (siehe Abschnitt 4.3.2.1), in dem das Unternehmen tätig ist, modelliert. Dabei gehen alle Variablen, die nicht zeitkonstant sind, mit einem zeitlichen Versatz von einer Periode in die Funktion ein.[479] Zusätzlich wird in allen Modellen mit Hilfe von Jahres-Dummies auf Jahreseffekte kontrolliert.

> *F&E-Effizienz* = *f (F&E-Streuung (t-1), Grad d. Kooperation (t-1),*
>
> *F&E-Ratio (t-1), Unternehmensalter,*
>
> *Anzahl Mitarbeiter (LN) (t-1), Interaktionsterme (t-1),*
>
> *Branchen-Cluster, Jahres-Dummies)*

---

[478] Cameron/Trivedi (2009), S. 553

[479] Im Bereich der F&E ist von einer zeitverzögerten Kausalität zwischen Ursache und Wirkung auszugehen. Vgl. Penner-Hahn/Shaver (2005), S. 128; die Auswirkung von F&E auf Erfolgsfaktoren wie die F&E-Effizienz, gilt es daher mit einem zeitlichen Versatz zu bewerten. Vgl. Vorgehen mit Peters/Schmiele (2011), S. 11; Chen u.a. (2012), S. 1549; Kudic (2015), S. 217 ff.; vgl. auch Abschnitt 3.4.1

Mit den in der Funktion enthaltenen Interaktionstermen wird im Rahmen dieser Arbeit untersucht, ob der Einfluss einer exogenen Variablen „systematisch"[480] vom Wert einer anderen exogenen Variablen abhängt. Variierende Effekte, einer durch die beiden zugrunde liegenden exogenen Variablen neu definierten dritten Variablen, werden *Interaktionseffekte* genannt. Im Regressionsmodell werden die Interaktionsterme durch Multiplikation der im Fokus stehenden Variablen gebildet.[481] In der vorliegenden Arbeit werden die Interaktionsterme eingesetzt, um so genannte Kombinationseffekte zu zeigen. Da es sich aber technisch um Interaktionsterme handelt, findet im Folgenden dieser Begriff Anwendung. Die untersuchten Interaktionsterme umfassen „*F&E-Ratio x Branchen-Cluster dispersed*", „*F&E-Ratio x Branchen-Cluster domestic*", „*F&E-Ratio x Branchen-Cluster dispersed x F&E-Streuung*", „*F&E-Ratio x Branchen-Cluster dispersed x (1 - F&E-Streuung)*", „*F&E-Ratio x Branchen-Cluster domestic x F&E-Streuung*" und „*F&E-Ratio x Branchen-Cluster domestic x (1 - F&E-Streuung)*".

Die beschriebene Count-Daten-Struktur der endogenen Variablen legt die Verwendung von Count-Daten-Modellen nahe. Dabei gilt laut Cameron/Trivedi (2009, S. 556) die Poisson-Regression als Startpunkt der Analyse. Auch Wang u.a. (1998, S. 27) beschreiben die Vorgehensweise als kennzeichnend im F&E-Zusammenhang: „(...) it is natural to assume that patent counts follow a Poisson distribution."[482] Die Poisson-Regression basiert auf der Annahme, dass Varianz und Mittelwert der endogenen Variablen gleich sind:[483]

$$Var(y|x) = E(y|x) \qquad (5)$$

Sofern diese Annahme verletzt wird, spricht man von Überstreuung („Overdispersion"). Diese ist vor allem für Count-Daten typisch[484] und im Speziellen bei Patentdaten häufig vorzufinden.[485] Die Literatur empfiehlt im Fall von Überstreuung bei Count-Daten die Verwendung von Negative-Binomial-Modellen, bei denen der Schätzer explizit mit Überstreuung umgehen kann.[486] In der vorliegenden Stichprobe ist die Varianz größer als der Mittelwert und damit die Annahme einer

---

[480] Kohler/Kreuter (2012), S. 292
[481] Vgl. Kohler/Kreuter (2012), S. 292 ff.; Proppe (2007), S. 247 f.
[482] Vgl. Vorgehen mit Hausman u.a. (1984), S. 911 ff.; Graves/Langowitz (1993), S. 596 f.
[483] Vgl. Wooldridge (2013), S. 582
[484] Vgl. Cameron/Trivedi (2009), S. 555 ff.
[485] Vgl. Wang u.a. (1998), S. 27: „ (...) patent counts are typically quite severely overdispersed."
[486] Vgl. Cameron/Trivedi (2009), S. 627; Kennedy (2008), S. 259 ff.

Poisson-Regression verletzt. Daher basiert die Untersuchung der endogenen Variablen *F&E-Effizienz* im Analyseteil C im Kern auf einer Negative-Binomial-Random-Effects-Regression. Diese Vorgehensweise entspricht der Methodik anderer Arbeiten.[487] Cameron/Trivedi (2009) empfehlen für die Überprüfung mit Cluster-robusten Standardfehlern wieder auf die Poisson Panel-Schätzer zurückzugreifen, da diese auf schwächeren Verteilungsannahmen basieren.[488] Da Stata in der Standardkonfiguration (in Version 12) keine Poisson-Random-Effects-Regressionen mit Cluster-robusten Standardfehlern berechnen kann, wird für die Überprüfung der Ergebnisse auf das bereits erwähnte und in der Wissenschaft weit verbreitete Zusatzprogramm GLLAMM zurückgegriffen (vgl. Abschnitt 4.3.1).

Wie in Unterkapitel 4.2 beschrieben, darf bei einem RE-Modell der Random-Effect $u_i$ nicht mit der zeitvarianten exogenen Variablen $x_{it}$ korreliert sein, da im Falle einer Korrelation die geschätzten Koeffizienten verzerrt wären.[489] Für den Vergleich zwischen Schätzer im RE-Modell und Schätzer im FE-Modell findet daher auch im Analyseteil C der Hausman-Test Anwendung.[490] Tabelle 5.1 zeigt die Ergebnisse des Hausman-Tests. Die Ergebnisse zeigen, dass der Hausman-Test für die Mehrheit der zu untersuchenden Modelle ebenso nicht signifikant ist. Damit kann man auch hier für die Mehrheit der Modelle von unverzerrten Schätzungen des RE-Modells ausgehen.[491] Für alle Modelle, bei denen der Hausman-Test signifikant oder nahe dem Signifikanzniveau ist, erfolgt im Abschnitt 4.4.3 zusätzlich die Überprüfung der Ergebnisse durch eine Negative-Binomial-Fixed Effects-Regression.[492]

Auch in der multivariaten Analyse der *F&E-Effizienz* werden Beobachtungen (Unternehmensjahre) aus der Stichprobe entfernt, sobald mindestens eine der im Modell untersuchten Variablen einen fehlenden Wert für diese Beobachtung aufweist (vgl. Unterkapitel 4.3).

---

[487] Vgl. Penner-Hahn/Shaver (2005), S. 131; Hausman u.a. (1984), S. 911 ff.; Henderson/Cockburn (1996), S. 38 ff.; Quintás u.a. (2008), S. 1378
[488] Vgl. Cameron/Trivedi (2009), S. 627
[489] Vgl. Gießelmann/Windzio (2012), S. 150
[490] Vgl. Cameron/Trivedi (2009), S. 260 ff.
[491] Vgl. Gießelmann/Windzio (2012), S. 109 ff.; Cameron/Trivedi (2010), S. 266 ff.
[492] Die Schätzung beider Modellarten zur Überprüfung der Robustheit wird von Petersen (2004) speziell für den Fall vorgeschlagen, wenn die Forschungsfrage die Anwendung des RE-Modells nahelegt, allerdings die Anwendungsvoraussetzungen nicht erfüllt sind.

### 4.4.2  Ergebnisse der multivariaten Hypothesenüberprüfung

In Tabelle 4.7 werden die empirischen Ergebnisse der multivariaten Analyse (Analyseteil C) hinsichtlich der endogenen Variablen *F&E-Effizienz* dargestellt.

Modell C1 zeigt einen signifikant positiven Zusammenhang zwischen *F&E-Ratio* und *F&E-Effizienz* ($p < 0,05$). Obgleich das Signifikanzniveau des *F&E-Ratio* bei den erweiterten Modelle C2 bis C4 unter Ergänzung weiterer exogener Variablen leicht abfällt (bis auf $p < 0,10$), wird dieser Effekt bestätigt. Auch die Überprüfung auf Basis Cluster-robuster Standardfehler durch das Poisson-RE-Modell unterstützt den positiv signifikanten Zusammenhang. Damit gilt die Hypothese H8, wonach sich das *F&E-Ratio* positiv auf die *F&E-Effizienz* auswirkt, als bestätigt.

Ebenso besteht ein positiver Zusammenhang zwischen der durch die logarithmierte Anzahl der Mitarbeiter ausgedrückten *Unternehmensgröße* und der *F&E-Effizienz*. Alle Modelle C1 bis C6 zeigen hier einen hoch signifikanten Wirkungszusammenhang ($p < 0,01$). Auch die Überprüfung unter Berücksichtigung Cluster-robuster Standardfehler durch das Poisson-RE-Modell unterstützt diesen positiv signifikanten Zusammenhang. Die Hypothese H9 gilt daher als bestätigt.

Entgegen der Hypothese H10 lässt sich in keinem der Modelle C3 bis C5 ein statistisch signifikanter Zusammenhang zwischen *F&E-Streuung* und *F&E-Effizienz* nachweisen. Selbiges gilt für den Zusammenhang zwischen *Grad der Kooperation* und *F&E-Effizienz* (vgl. Modelle C2 sowie C4 bis C6). Damit gelten die Hypothesen H10 und H11 als nicht bestätigt.

Betrachtet man die *Branchen-Cluster domestic* und *dispersed*, so zeigt sich über alle Modelle C1 bis C6 ein signifikant negativer Zusammenhang zwischen dem *Branchen-Cluster dispersed* und der *F&E-Effizienz* in Relation zur Referenzgruppe. Dieses Ergebnis ist bezogen auf die Hypothese H12 entgegen der Richtung des erwarteten Zusammenhangs. Der signifikant negative Zusammenhang wird unter Berücksichtigung Cluster-robuster Standardfehler im Poisson-Random-Effects-Modell nicht bestätigt. Der negative Wirkungszusammenhang kann damit nicht in voller Robustheit nachgewiesen werden.

## Tabelle 4.7: Ergebnisse – Untersuchung F&E-Effizienz

Endogene Variable: F&E-Effizienz

| Exogene Variablen | Negative-Binomial-Random-Effects-Regression | | | | | |
|---|---|---|---|---|---|---|
| | Modell C1 | Modell C2 | Modell C3 | Modell C4 | Modell C5 | Modell C6 |
| F&E-Streuung (t-1) (H10; +) | | | -0,056 (-0,47) | -0,057 (-0,48) | 0,067 (0,51) | |
| Grad d. Kooperation (t-1) (H11; +) | | -0,028 (-0,65) | | -0,043 (-0,91) | -0,046 (-0,98) | -0,050 (-1,09) |
| F&E-Ratio (t-1) (H8; +) | 0,037 ** (2,23) | 0,037 ** (2,22) | 0,032 * (1,70) | 0,032 * (1,67) | | |
| Unternehmensalter (im Startjahr) | 0,000 (-0,17) | 0,000 (-0,17) | -0,001 (-0,38) | -0,001 (-0,45) | 0,000 (-0,03) | 0,001 (0,39) |
| Unternehmensgröße (LN Anzahl Mitarbeiter) (t-1) (H9; +) | 0,384 *** (9,91) | 0,385 *** (9,89) | 0,434 *** (9,96) | 0,436 *** (9,96) | 0,402 *** (8,36) | 0,361 *** (6,54) |
| F&E-Ratio / Branchen-Cluster dispersed (t-1) IAT | | | | | 0,030 (1,54) | |
| F&E-Ratio / Branchen-Cluster domestic (t-1) IAT / (H13a; +) | | | | | 6,779 *** (2,61) | |
| F&ERatio / B.-C. dispersed / F&E-Streuung (t-1) IAT | | | | | | 0,027 (1,40) |
| F&ERatio / B.-C. dispersed / (1 - F&E-Streuung) (t-1) IAT | | | | | | 1,382 (0,99) |
| F&ERatio / B.-C. domestic / F&E-Streuung (t-1) IAT / (H13c; +) | | | | | | 10,555 *** (3,41) |
| F&ERatio / B.-C. domestic / (1 - F&E-Streuung) (t-1) IAT / (H13b; +) | | | | | | 5,309 ** (2,24) |
| Branchen-Cluster dispersed (H12; +) | -0,654 *** (-3,91) | -0,641 *** (-3,80) | -0,663 *** (-3,54) | -0,646 *** (-3,42) | -0,483 ** (-2,42) | -0,417 ** (-2,05) |
| Branchen-Cluster domestic | *RBC* | *RBC* | *RBC* | *RBC* | *RBC* | *RBC* |
| Jahreseffekte | Ja | Ja | Ja | Ja | Ja | Ja |
| Firmeneffekte | Ja (Random) | Ja (Random) | Ja (Random) | Ja (Random) | Ja (Random) | Ja (Random) |
| Anzahl Beobachtungen | 601 | 601 | 453 | 453 | 453 | 453 |
| Anzahl Cluster | 103 | 103 | 92 | 92 | 92 | 92 |
| LR Test: Modell $\chi^2$ | 1243,00 | 1241,44 | 885,71 | 885,23 | 855,69 | 860,11 |
| p-Wert | 0,000 | 0,000 | 0,000 | 0,000 | 0,000 | 0,000 |
| Maximalwert der VIFs | 3,08 | 3,10 | 4,32 | 4,33 | 4,35 | 4,35 |

Z-Statistik in Klammern (* p<0.10 ** p<0.05 *** p<0.01) / RBC = Referenz-Branchen-Cluster / IAT = Interaktionsterme als Produkt der entsprechenden Hauptterme / Dummyvariablen für Jahreseffekte werden der Übersichtlichkeit halber nicht gezeigt / (H; +/-/#) = Hypothese und unterstellte Richtung des Zusammenhangs / Likelihood-ratio test vs. Pooled / Quelle: Eigene Darstellung

Modell C5 untersucht unter Verwendung von Interaktionstermen[493] die unterschiedliche Wirkung des *F&E-Ratios* in den Branchen-Clustern (vgl. Abschnitt 4.3.2.1). Dabei zeigt sich beim *Branchen-Cluster domestic* im Vergleich zum *Branchen-Cluster dispersed* ein hoher positiver und statistisch signifikanter Koeffizient (p < 0,01). Des Weiteren wurde unter Berechnung eines Waldtests[494] die Differenzierung zwischen den beiden Gruppen hinsichtlich der unterschiedlichen

---

[493] Vgl. Kohler/Kreuter (2012), S. 292 ff.
[494] Vgl. Cameron/Trivedi (2009), S. 391 ff.

Effekte des *F&E-Ratios* weiter untersucht. Basierend auf dem Ergebnis ($\chi^2 = 6{,}74$) kann die Hypothese, dass *F&E-Ratio x Branchen-Cluster dispersed = F&E-Ratio x Branchen-Cluster domestic* mit $p < 0{,}05$ verworfen werden. Auch die Überprüfung des Poisson-RE-Modells mit Cluster-robusten Standardfehlern bestätigt diese Differenzierung. Für die endgültige Bestätigung der Hypothese H13a müssen jedoch die im Weiteren betrachteten Ergebnisse aus der spezifischen Untersuchung der Branchen-Cluster berücksichtigt werden (vgl. Tabelle 4.8).

Weitere Interaktionseffekte liegen der Untersuchung in Modell C6 zugrunde. Dort zeigen sich neben der signifikanten Unternehmensgröße statistisch signifikante und positive Zusammenhänge für die Interaktionsterme *F&E-Ratio x Branchen-Cluster domestic x F&E-Streuung* und *F&E-Ratio x Branchen-Cluster domestic x (1 – F&E-Streuung)* mit der endogenen Variablen *F&E-Effizienz*. Auch die Überprüfung auf Basis Cluster-robuster Standardfehler durch das Poisson-RE-Modell unterstützt diese positiv signifikanten Zusammenhänge. Damit gelten die Hypothesen H13b und H13c als bestätigt. Beim direkten Vergleich der Koeffizienten wird deutlich, dass der Koeffizient für die Variable *F&E-Ratio x Branchen-Cluster domestic x F&E-Streuung* deutlich größer ist als der für die Variable *F&E-Ratio x Branchen-Cluster domestic x (1 – F&E-Streuung)*. Auch im Rahmen der hier betrachteten Interaktionseffekte werden daher die Koeffizienten mittels eines Waldtests weiter untersucht, indem die Variablen gleich gesetzt werden. Die Hypothese, dass die Variablen-Koeffizienten gleich sind, kann auf Basis des Wald-Testergebnis ($\chi^2 = 3{,}30$) statistisch signifikant ($p < 0{,}10$) verworfen werden. Auch die Überprüfung mit Cluster-robusten Standardfehlern bestätigt den signifikanten Unterschied der Koeffizienten von *F&E-Ratio x Branchen-Cluster domestic x F&E-Streuung* und *F&E-Ratio x Branchen-Cluster domestic x (1 – F&E-Streuung)*. Dieses Ergebnis bestätigt im Weiteren die in Unterkapitel 2.5 formulierte Hypothese H13d, wonach der positive Zusammenhang zwischen *F&E-Ratio* und *F&E-Effizienz* bei Unternehmen mit *dispersed*-F&E aus *domestic*-orientierten Branchen-Clustern stärker ausfällt als bei Unternehmen mit *domestic*-F&E (aus *domestic*-orientierten Branchen-Clustern).

Tabelle 4.8 zeigt die Ergebnisse der spezifischen Untersuchung für die Branchen-Cluster. Sowohl im *Branchen-Cluster dispersed* als auch im *Branchen-Cluster domestic* zeigen sich unter Ausschluss der Variablen *F&E-Streuung* (vgl. Modelle C7, C8 und C10, C11) signifikant positive Zusammenhänge zwischen *F&E-Ratio* und *F&E-Effizienz*. In beiden Branchen-Clustern geht dieser Effekt jedoch verloren, sobald auf die *F&E-Streuung* kontrolliert wird (vgl. C9 und C12). Es kann angenommen werden, dass aufgrund der hohen Korrelation zwischen *F&E-Streuung* und den Branchensektoren (vgl. Abschnitt 4.3.2.1), das Hinzufügen der Variablen *F&E-Streuung* das Signifikanzniveau der übrigen exogenen Variablen in Teilen absorbiert. Die spezifische Untersuchung der Branchen-Cluster bestätigt jedoch auf Basis der *F&E-Ratio*-Koeffizienten der Modelle C7, C8 und C10, C11 den bereits beschriebenen stärkeren Effekt von *F&E-Ratio* im *Branchen-Cluster domestic*. Die Hypothese H13a kann aufgrund der dargelegten Untersuchungsergebnisse nur durch einzelne Modelle, und damit nicht uneingeschränkt, bestätigt werden.

Bei Betrachtung des Unternehmensalters zeigt sich im *Branchen-Cluster dispersed* ein signifikant positiver Effekt auf die *F&E-Effizienz*. Dieser wird in allen drei Modellen (C7 bis C9) bestätigt. Auch die Überprüfung des RE-Modells mit Cluster-robusten Standardfehlern belegt diesen signifikant positiven Zusammenhang. Damit gilt der mit Hypothese H14b beschriebene Wirkungszusammenhang als bestätigt. Im *Branchen-Cluster domestic* besteht zwischen dem *Unternehmensalter* und der *F&E-Effizienz* ein signifikant negativer Zusammenhang. Auch dieser wird über alle Modelle (vgl. C10 bis C12) bestätigt. Im Rahmen der nachgelagerten Prüfung durch das RE-Modell auf Basis Cluster-robuster Standardfehler wird dieser Wirkungszusammenhang allerdings nicht unterstützt. Damit gilt das Ergebnis als nicht komplett robust und die Hypothese H14a kann damit nur eingeschränkt bestätigt werden. Dennoch lässt sich konstatieren, dass zwischen den beiden Branchen-Clustern weitere Unterschiede bestehen und das Unternehmensalter je nach Cluster unterschiedlich auf die *F&E-Effizienz* wirkt.

## Tabelle 4.8: Spezifische Ergebnisse der Branchen-Cluster – Untersuchung F&E-Effizienz

Endogene Variable: F&E-Effizienz

| Exogene Variablen | Negative-Binomial-Random-Effects Branchen-Cluster dispersed | | | Negative-Binomial-Random-Effects Branchen-Cluster domestic | | |
|---|---|---|---|---|---|---|
| | Modell C7 | Modell C8 | Modell C9 | Modell C10 | Modell C11 | Modell C12 |
| F&E-Streuung (t-1) | | | -0,229 (-0,32) | | | -0,081 (-0,69) |
| Grad d. Kooperation (t-1) | | -0,137 (-1,61) | -0,080 (-0,83) | | 0,016 (0,37) | -0,010 (-0,19) |
| F&E-Ratio (t-1) C10-C12: (H13a; +) | 0,035 ** (2,15) | 0,036 ** (2,18) | 0,016 (0,80) | 4,175 ** (2,34) | 4,185 ** (2,34) | 3,089 (1,19) |
| Unternehmensalter (im Startjahr) C7-C9: (H14b; +) / C10-C12: (H14a; -) | 0,005 ** (2,18) | 0,004 * (1,93) | 0,005 ** (2,13) | -0,003 * (-1,78) | -0,003 * (-1,76) | -0,004 ** (-2,19) |
| Unternehmensgröße (LN Anzahl Mitarbeiter) (t-1) | 0,183 *** (2,79) | 0,204 *** (3,00) | 0,136 (1,64) | 0,554 *** (11,37) | 0,553 *** (11,4) | 0,643 *** (11,98) |
| Jahreseffekte | Ja | Ja | Ja | Ja | Ja | Ja |
| Firmeneffekte | Ja (Random) | Ja (Random) | Ja (Random) | Ja (Random) | Ja (Random) | Ja (Random) |
| Anzahl Beobachtungen | 248 | 248 | 193 | 353 | 353 | 260 |
| Anzahl Cluster | 40 | 40 | 34 | 63 | 63 | 58 |
| LR Test: Modell $\chi^2$ | 448,83 | 448,35 | 342,30 | 687,57 | 666,23 | 465,91 |
| p-Wert | 0,000 | 0,000 | 0,000 | 0,000 | 0,000 | 0,000 |
| Maximalwert der VIFs | 3,39 | 3,40 | 6,27 | 2,98 | 3,00 | 3,73 |

Z-Statistik in Klammern (* p<0.10 ** p<0.05 *** p<0.01) / Dummyvariablen für Jahreseffekte werden der Übersichtlichkeit halber nicht gezeigt / (H; +/-/#) = Hypothese und unterstellte Richtung des Zusammenhangs / Likelihood-ratio test vs. Pooled / Hypothesen H8-H12 beziehen sich ausschließlich auf Gesamtgruppe / Quelle: Eigene Darstellung

### 4.4.3 Modellqualität und Robustheit

Auch die Hypothesenüberprüfung in Unterkapitel 4.4 ist mit einer Reihe von Annahmen verbunden, deren Verletzung zur Verzerrung der Schätzwerte der Parameter führen kann.[495] Aufgrund der übereinstimmenden Annahmen bei der multivariaten Analyse der Organisationsstrukturen (vgl. Unterkapitel 4.3) und der multivariaten Analyse der *F&E-Effizienz* wird an dieser Stelle für die grundlegende theoretische Abhandlung auf Abschnitt 4.3.3 verwiesen. Im Folgenden werden daher lediglich die wesentlichen und ergänzenden Punkte zur Modellqualität und Robustheit erläutert sowie die durchgeführten Maßnahmen diskutiert.

**Multikollinearität der exogenen Variablen**

Wie in Abschnitt 4.3.3 erläutert, ist eine zentrale Prämisse der Regressionsanalyse, dass zwischen den Regressoren keine exakte lineare Abhängigkeit besteht. Zur Identifikation von Multikollinearität gilt die Regression aller exogenen Variablen $X_j$

---

[495] Vgl. Backhaus u.a. (2000), S. 33 ff.

auf die jeweils übrigen exogenen Variablen als anerkannte Vorgehensweise.[496] Auch für die multivariaten Analysen zur *F&E-Effizienz* werden daher im Folgenden die Varianzinflationsfaktoren geprüft (vgl. unter anderem Abschnitt 4.3.3).[497] Tabelle 4.9 zeigt die Varianzinflationsfaktoren für die ausgewählten Regressionsmodelle in Unterkapitel 4.4. Die VIFs der zugrunde liegenden Regressionsmodelle sind im Mittelwert weit unter den beschriebenen Grenzwerten (vgl. hinsichtlich der Grenzwerte Abschnitt 4.3.3). In der Untersuchung der endogenen Variablen *F&E-Effizienz* ist für die übergreifende Analyse (vgl. Modelle C1 bis C6) der höchste VIF für den Perioden-Dummy 7 mit einem Wert von 4,35 zu konstatieren. In der spezifischen Untersuchung der Branchen-Cluster (vgl. Modelle C7 bis C12) ist der höchste Varianzinflationsfaktor ebenfalls für den Perioden-Dummy 7 mit einem Wert von 6,27 zu verzeichnen. Beide Werte bleiben damit unter dem beschriebenen Grenzwert.[498]

---

[496] Vgl. Backhaus u.a. (2000), S. 41 ff.; Auer (2011), S. 524
[497] Vgl. Backhaus u.a. (2008), S. 87 ff.
[498] Vgl. Kennedy (2008), S. 199; Hair u.a. (1998), S. 193

**Tabelle 4.9: Multikollinearitätsdiagnostik – Untersuchung F&E-Effizienz**

| Exogene Variablen | Varianzinflationsfaktoren (VIFs) | | | | | | | | | | | |
|---|---|---|---|---|---|---|---|---|---|---|---|---|
| | C1 | C2 | C3 | C4 | C5 | C6 | C7 | C8 | C9 | C10 | C11 | C12 |
| F&E-Streuung (t-1) | | | 1,39 | 1,39 | 1,42 | | | | 1,08 | | | 1,44 |
| Grad d. Kooperation (t-1) | | 1,08 | | 1,12 | 1,12 | 1,13 | | 1,07 | 1,07 | | 1,10 | 1,13 |
| F&E-Ratio (t-1) | 1,09 | 1,09 | 1,12 | 1,12 | | | 1,15 | 1,15 | 1,20 | 1,02 | 1,03 | 1,06 |
| Unternehmensalter (im Startjahr) | 1,41 | 1,45 | 1,35 | 1,43 | 1,43 | 1,43 | 1,52 | 1,55 | 1,58 | 1,21 | 1,25 | 1,23 |
| Unternehmensgröße (LN Anzahl Mitarbeiter) (t-1) | 1,55 | 1,58 | 1,75 | 1,76 | 1,76 | 1,70 | 1,69 | 1,69 | 1,77 | 1,25 | 1,30 | 1,60 |
| IAT: F&E-Ratio / Branchen-Cluster dispersed (t-1) | | | | | 1,12 | | | | | | | |
| IAT: F&E-Ratio / Branchen-Cluster domestic (t-1) | | | | | 1,77 | | | | | | | |
| IAT: F&ERatio / B.-C. dispersed / F&E-Streuung (t-1) | | | | | | 1,12 | | | | | | |
| IAT: F&ERatio / B.-C. dispersed / (1 - F&E-Streuung) (t-1) | | | | | | 1,04 | | | | | | |
| IAT: F&ERatio / B.-C. domestic / F&E-Streuung (t-1) | | | | | | 1,70 | | | | | | |
| IAT: F&ERatio / B.-C. domestic / (1 - F&E-Streuung) (t-1) | | | | | | 1,37 | | | | | | |
| Branchen-Cluster dispersed | 1,07 | 1,08 | 1,22 | 1,23 | 1,53 | 1,37 | | | | | | |
| Branchen-Cluster domestic | RBC | RBC | RBC | RBC | RBC | RBC | | | | | | |
| Perioden-Dummy 1 (Jahr 2002) | RP | RP | RP | RP | RP | RP | RP | RP | RP | RP | RP | RP |
| Perioden-Dummy 2 (Jahr 2003) | 2,33 | 2,33 | 2,39 | 2,39 | 2,39 | 2,39 | 2,89 | 2,90 | 3,77 | 2,02 | 2,02 | 1,85 |
| Perioden-Dummy 3 (Jahr 2004) | 2,45 | 2,45 | 2,74 | 2,75 | 2,75 | 2,77 | 2,96 | 2,96 | 4,14 | 2,17 | 2,17 | 2,22 |
| Perioden-Dummy 4 (Jahr 2005) | 2,44 | 2,44 | 3,02 | 3,03 | 3,03 | 3,02 | 2,89 | 2,89 | 4,44 | 2,20 | 2,20 | 2,48 |
| Perioden-Dummy 5 (Jahr 2006) | 2,69 | 2,69 | 3,68 | 3,69 | 3,69 | 3,69 | 3,02 | 3,04 | 5,56 | 2,52 | 2,52 | 2,98 |
| Perioden-Dummy 6 (Jahr 2007) | 2,93 | 2,94 | 4,11 | 4,11 | 4,12 | 4,12 | 3,27 | 3,28 | 5,88 | 2,76 | 2,76 | 3,45 |
| Perioden-Dummy 7 (Jahr 2008) | 3,08 | 3,08 | 4,32 | 4,33 | 4,35 | 4,35 | 3,39 | 3,4 | 6,27 | 2,92 | 2,92 | 3,61 |
| Perioden-Dummy 8 (Jahr 2009) | 3,08 | 3,1 | 4,24 | 4,24 | 4,24 | 4,23 | 3,27 | 3,29 | 5,68 | 2,98 | 3,00 | 3,69 |
| Perioden-Dummy 9 (Jahr 2010) | 3,01 | 3,03 | 4,18 | 4,18 | 4,18 | 4,17 | 3,22 | 3,24 | 5,38 | 2,89 | 2,91 | 3,73 |
| **Mittelwert der VIFs** | 2,27 | 2,19 | 2,75 | 2,65 | 2,65 | 2,51 | 2,66 | 2,54 | 3,68 | 2,18 | 2,10 | 2,34 |
| **Maximalwert der VIFs** | 3,08 | 3,10 | 4,32 | 4,33 | 4,35 | 4,35 | 3,39 | 3,40 | 6,27 | 2,98 | 3,00 | 3,73 |

RP = Referenzperiode / RBC = Referenz-Branchen-Cluster / IAT = Interaktionsterme als Produkt der entsprechenden Hauptterme / B.-C. = Branchen-Cluster / Die Berechnungen der VIFs erfolgen analog dem Aufbau in den Regressionsmodellen / Quelle: Eigene Darstellung

## Heteroskedastizität und Autokorrelation

Aufbauend auf den Abhandlungen zu Heteroskedastizität und Autokorrelation in Abschnitt 4.3.3 sollen im Folgenden lediglich die unternommenen Gegenmaßnahmen erläutert werden. Um sowohl Heteroskedastizität als auch Autokorrelation und deren Folgen bei der Hypothesenüberprüfung in Analyseteil C ausschließen zu können, erfolgte für die Ergebnisse der Negative-Binomial-Random-Effects-Modelle grundsätzlich eine Überprüfung auf Basis von Random-Effects-Modellen mit Cluster-robusten Standardfehlern. Wie bereits in der Modellspezifikation beschrieben, empfehlen Cameron/Trivedi (2009) für die Überprüfung mit Cluster-robusten Standardfehlern wieder auf die Poisson Panel-Schätzer zurückzugreifen, da diese auf schwächeren Verteilungsannahmen basieren.[499] Damit es zu keiner unzulässigen Bestätigung von Hypothesen aufgrund von verzerrten Standardfehlern kommt, wurde in der vorliegenden Arbeit dieses Vorgehen gewählt.

**Endogenität der exogenen Variablen**

Endogenität liegt vor, wenn Korrelation zwischen dem Fehlerterm und den Regressoren besteht.[500] Auch für die detaillierte Diskussion möglicher Ursachen von Endogenität wird auf Abschnitt 4.3.3 verwiesen. Dort wurde bereits ausführlich auf Messfehler, unbeobachtete Heterogenität sowie das Fehlen elementarer exogener Variablen als Ursache eingegangen (vgl. dazu auch Kapitel 3). Da die in Abschnitt 4.3.3 dargelegten Punkte genauso für den Analyseteil C gelten, wird an dieser Stelle lediglich auf die für die endogene Variable *F&E-Effizienz* relevanten Unterschiede eingegangen. Diese liegen im Wesentlichen bei der Simultanität als Ursache für Endogenität.[501] Der Fall der „Reverse Causation"[502], wenn also der kausale Einfluss sowohl vorwärts („*X* causes *Y*") als auch rückwärts gerichtet ("*Y* causes *X*") gilt[503], kann für die exogenen Variablen im Analyseteil C ausgeschlossen werden, da diese entweder zeitkonstant sind oder als *t-1* in die Regressionsmodelle eingehen. Die Logik des zeitlichen Versatzes wurde sowohl in den Hypothesen als auch bei der Modellspezifikation berücksichtigt. Eine umgekehrte Kausalität kann damit sachlogisch ausgeschlossen werden.[504]

Wie im Abschnitt 4.4.1 beschrieben, lassen die Ergebnisse des Hausman-Tests für die Mehrheit der Modelle im Analyseteil C die Aussage zu, dass von unverzerrten Schätzungen des RE-Modells auszugehen ist. Dennoch kann die zusätzliche Schätzung des Fixed-Effects-Modells zur Überprüfung der Robustheit genutzt werden.[505] Dieses Vorgehen wird von Petersen (2004) speziell für den Fall vorgeschlagen, wenn die Forschungsfrage die Anwendung des RE-Modells nahelegt, allerdings die Anwendungsvoraussetzungen nicht erfüllt sind. Die vorliegende Untersuchung orientiert sich an dieser Empfehlung. Tabelle 4.10 zeigt die Ergebnisse der Negative-

---

[499] Vgl. Cameron/Trivedi (2009), S. 627
[500] Vgl. Kennedy (2008), S. 139 ff.
[501] Vgl. Kennedy (2008), S. 139 f.
[502] Kennedy (2008), S. 139
[503] Vgl. Stock/Watson (2012), S. 366 ff.
[504] Vgl. Dicenta (2015); Schiffelholz (2014)
[505] Die Schätzung von sowohl Random-Effects- als auch Fixed-Effects-Modellen zur Überprüfung der Robustheit ist identisch mit der methodischen Vorgehensweise anderer Arbeiten. Vgl. u.a. Dicenta (2015); Kudic (2015); Penner-Hahn/Shaver (2005)

Binomial-Fixed-Effects-Regression für alle Modelle bei denen der Hausman-Test signifikant oder nahe dem Signifikanzniveau ist. Aufgrund der Analyse der *Within-Variation* kann das Fixed-Effects-Modell wie in Unterkapitel 4.2 beschrieben keine zeitkonstanten Prädiktoren schätzen.[506] Daher werden die Fixed-Effects-Modelle unter vorheriger Entnahme der zeitkonstanten Variablen *Unternehmensalter* (im Startjahr) und Zuordnung zum Branchen-Cluster gerechnet.

**Tabelle 4.10: Ergebnisse Fixed-Effects-Robustheitstest –**
**Untersuchung F&E-Effizienz**

| Endogene Variable: F&E-Effizienz | Negative-Binomial-Fixed-Effects-Regression | | | Negative-Binomial-Fixed-Effects-Regression Branchen-Cluster domestic | | |
|---|---|---|---|---|---|---|
| Exogene Variablen | C1 FE | C2 FE | C6 FE | C10 FE | C11 FE | C12 FE |
| F&E-Streuung (t-1) | | | | | | -0,199 |
| | | | | | | (-1,56) |
| Grad d. Kooperation (t-1) | | -0,057 | -0,078 | | 0,015 | -0,004 |
| C2 FE u. C6 FE: (H11; +) | | (-1,25) | (-1,61) | | (0,32) | (-0,08) |
| F&E-Ratio (t-1) | 0,035 ** | 0,035 ** | | 2,964 | 2,965 | -0,401 |
| C1-C2 FE: (H8; +) / C10-C12: (H13a; +) | (2,03) | (2,03) | | (1,50) | (1,50) | (-0,13) |
| Unternehmensgröße (LN Anzahl Mitarbeiter) (t-1) | 0,334 *** | 0,335 *** | 0,282 *** | 0,460 *** | 0,461 *** | 0,571 *** |
| (H9; +) | (8,30) | (8,29) | (4,85) | (8,96) | (8,99) | (10,02) |
| F&ERatio / B.-C. dispersed / F&E-Streuung (t-1) | | | 0,022 | | | |
| IAT | | | (1,08) | | | |
| F&ERatio / B.-C. dispersed / (1 - F&E-Streuung) (t-1) | | | 0,967 | | | |
| IAT | | | (0,76) | | | |
| F&ERatio / B.-C. domestic / F&E-Streuung (t-1) | | | 13,037 *** | | | |
| IAT / (H13c; +) | | | (3,92) | | | |
| F&ERatio / B.-C. domestic / (1 - F&E-Streuung) (t-1) | | | 5,669 ** | | | |
| IAT / (H13b; +) | | | (2,29) | | | |
| Jahreseffekte | Ja | Ja | Ja | Ja | Ja | Ja |
| Firmeneffekte | Ja (Fixed) | Ja (Fixed) | Ja (Fixed) | Ja (Fixed) | Ja (Fixed) | Ja (Fixed) |
| Anzahl Beobachtungen | 577 | 577 | 435 | 342 | 342 | 251 |
| Anzahl Cluster | 90 | 90 | 79 | 56 | 56 | 49 |

Z-Statistik in Klammern (* p<0.10 ** p<0.05 *** p<0.01) / Dummyvariablen für Jahreseffekte werden der Übersichtlichkeit halber nicht gezeigt / (H; +/-/#) = Hypothese und unterstellte Richtung des Zusammenhangs / IAT = Interaktionsterme als Produkt der entsprechenden Hauptterme / Auswahl Modelle für Fixed Effects Regression auf Basis Ergebnisse Hausman-Test / Schätzung Modelle ohne zeitkonstante Vatriablen aufgrund Fixed Effects Regression / Hypothesen H8-H12 beziehen sich ausschließlich auf Gesamtgruppe / Quelle: Eigene Darstellung

In den Modellen C1, C2 und C6 zeigen die Negative-Binomial-Fixed-Effects-Modelle im Vergleich zu den Negative-Binomial-Random-Effects-Modellen weder hinsichtlich der Richtung des Zusammenhangs noch des signifikanten Niveaus Unterschiede in den Ergebnissen. In Hinblick auf die Untersuchung des *Branchen-Clusters domestic* (Modelle C10 bis C12) konnte allerdings der in den RE-Modellen C10 und C11 signifikant nachgewiesene Zusammenhang zwischen *F&E-Ratio* und *F&E-Effizienz*

---

[506] Vgl. Cameron/Trivedi (2009), S. 238

durch die FE-Modelle nicht bestätigt werden.[507] Damit kann die Hypothese H13a nicht in voller Robustheit nachgewiesen werden und im Rahmen der Interpretation des Untersuchungszusammenhangs von H13a ist Vorsicht geboten. Im Ganzen lässt allerdings die hohe Übereinstimmung der Ergebnisse zwischen den Fixed-Effects- und Random-Effects-Modellen auf ein hohes Maß an Robustheit schließen.

## 4.5 Diskussion der Ergebnisse

Die Hypothesenüberprüfung der vorliegenden Arbeit basiert auf multivariaten Analysemethoden. Diese wurden im Einzelnen durch zusätzliche univariate Analysen ergänzt. Im Folgenden sollen die Ergebnisse auf Basis der Hypothesenüberprüfungen zusammengefasst und bewertet werden.

### 4.5.1 Zusammenfassung und Abgleich der Hypothesenüberprüfung

Tabelle 4.11 zeigt in der Übersicht die in Unterkapitel 2.5 formulierten Hypothesen sowie die Ergebnisse der Hypothesenüberprüfung aus Abschnitt 4.3.2 für die Analyseteile A und B.

Sowohl für die endogene Variable *F&E-Streuung* als auch für die endogene Variable *Grad der Kooperation* wurden die Hypothesen, die aufgrund der Branchen eine signifikante Differenzierungsmöglichkeit (H1, H4) sowie eine Zuordnung ausgewählter Branchensektoren (H1a, H4a) unterstellen, bestätigt. Der mit der Hypothese angenommene branchenunabhängige und positive Effekt der *Unternehmensgröße* auf die *F&E-Streuung* (H2a) konnte nicht in allen Modellen nachgewiesen werden. Auf Branchenebene wurde der Zusammenhang zwischen *Unternehmensgröße* und *F&E-Streuung* allerdings in allen zugrunde liegenden Modellen signifikant bestätigt (H2b). Der erwartete positive Einfluss von *Unternehmensalter* auf die *F&E-Streuung* (H3) ist nur teilweise statistisch signifikant.

---

[507] Dies steht in Einklang mit dem Ergebnis des Random-Effects-Modells C12.

## Tabelle 4.11: Ergebnisse der empirischen Untersuchung (Analyseteile A und B)

**Analyseteil A**

| Hypo-these | Beschreibung des Faktors / *Endogene Variable: F&E-Streuung* | Richtung des Zusammenhangs | Test-ergebnis | Logit-Regressionsmodelle | | | | | | | | | | | | | | | | Robustheit Logit-RE |
|---|---|---|---|---|---|---|---|---|---|---|---|---|---|---|---|---|---|---|---|---|
| | | | | A1 | A2 | A3 | A4 | A5 | A6 | A7 | A8 | A9 | A10 | A11 | A12 | A13 | A14 | A15 | A16 | |
| H1 | Branchendifferenzierung | # | ✔ | *Übergreifende Hypothese insgesamt bestätigt, siehe Ergebnisse aus Abschnitt 4.3.2.1* | | | | | | | | | | | | | | | | ✔ |
| H1a | Branchenzuordnung | # | ✔ | *Übergreifende Hypothese insgesamt bestätigt, siehe Ergebnisse aus Abschnitt 4.3.2.1* | | | | | | | | | | | | | | | | ✔ |
| H2a | Unternehmensgröße (branchenunabhängig) | + | (✔) | +*** | +*** | +*** | +*** | +*** | +*** | x | x | x | x | x | x | N/A | N/A | N/A | N/A | ✔ |
| H2b | Unternehmensgröße (auf Branchenebene) | # | ✔ | N/A | N/A | N/A | N/A | N/A | N/A | N/A | N/A | N/A | N/A | N/A | N/A | x | x | x | x | ✔ [1)] |
| H3 | Unternehmensalter | + | (✔) | +* | +* | +* | +* | +* | +* | x | x | x | x | x | x | +** | +* | +*** | +** | ✘ |

Modelle A7 bis A16 unter Berücksichtigung Cluster-robuster Standardfehler / Logit-RE-Modelle nur unter vorheriger Entnahme der „Complete Separation" Sektoren in Stata berechenbar und daher ausschließlich zur Bestätigung bzw. Ablehnung von Hypothesen / 1) Bestätigung im Logit-Random-Effects-Modell auf Branchenebene in Stata nur für zwei Sektoren möglich / N/A = Nicht anwendbar / *Richtung des Zusammenhangs:* + positiv; # ohne Richtung / *Testergebnis:* ✔ unterstellte Hypothese bestätigt; (✔) unterstellte Hypothese nur in einzelnen Modellen bestätigt; x unterstellte Hypothese nicht bestätigt / Modellergebnis + positiv; - negativ mit Signifikanzniveau * p<0,10 / ** p<0,05 / *** p<0,01 / x Signifikanzniveau p>0,10 / Quelle: Eigene Darstellung

**Analyseteil B**

| Hypo-these | Beschreibung des Faktors / *Endogene Variable: Kooperation* | Richtung des Zusammenhangs | Test-ergebnis | Logit-RE-Regressionsmodelle | | | | | | | | | Robustheit RE mit CRSE |
|---|---|---|---|---|---|---|---|---|---|---|---|---|---|
| | | | | B1 | B2 | B3 | B4 | B5 | B6 | B7 | B8 | B9 | |
| H4 | Branchendifferenzierung | # | ✔ [1)] | *Übergreifende Hypothese insgesamt bestätigt, siehe Ergebnisse aus Abschnitt 4.3.2.2* | | | | | | | | | N/A |
| H4a | Branchenzuordnung | # | ✔ | *Übergreifende Hypothese insgesamt bestätigt, siehe Ergebnisse aus Abschnitt 4.3.2.2* | | | | | | | | | N/A |
| H5 | Unternehmensalter | - | ✘ | -* | -* | -* | -* | -* | -* | -* | -* | -* | ✔ |
| H6 | F&E-Streuung | + | ✔ | x | x | x | x | x | x | x | x | x | N/A |
| H7 | Unternehmensgröße | + | ✘ | x | x | x | x | x | x | x | x | x | N/A |

Alle Modelle kontrollieren sowohl auf Branchen- als auch auf Periodeneffekte / Überprüfung der Robustheit durch Logit-RE-Modell mit Cluster-robusten Standardfehlern (CRSE) / 1) Abgrenzung Grundstoffe nur signifikant zu Software abgrenzbar / N/A = Nicht anwendbar / *Richtung des Zusammenhangs:* + positiv; - negativ; # ohne Richtung / *Testergebnis:* ✔ unterstellte Hypothese bestätigt; x unterstellte Hypothese nicht bestätigt / *Modellergebnis:* - negativ mit Signifikanzniveau * p<0,10 / ** p<0,05 / *** p<0,01 / x Signifikanzniveau p>0,10 / Quelle: Eigene Darstellung

Unter Betrachtung der endogenen Variablen *Grad der Kooperation* wurde im Analyseteil B die Hypothese H5, die einen signifikant negativen Effekt des *Unternehmensalters* unterstellt, bestätigt. Für die übrigen Konzepte (H6, H7) konnte kein signifikanter Zusammenhang belegt werden. Damit gelten die zugrunde liegenden Hypothesen als nicht bestätigt.

Tabelle 4.12 zeigt in der Übersicht die formulierten Hypothesen sowie die Ergebnisse der Hypothesenüberprüfung aus 4.4.2 für den Analyseteil C.

Bei der Untersuchung der *F&E-Effizienz* wurden die Hypothesen, die einen signifikant positiven Effekt von *F&E-Ratio* (H8) und *Unternehmensgröße* (H9) auf die *F&E-Effizienz* unterstellen, bestätigt. Auch innerhalb des *Branchen-Clusters domestic* wurde der unterstellte positive Effekt von *F&E-Ratio* sowohl für *domestic*-F&E-Unternehmen (H13b) als auch für *dispersed*-F&E-Unternehmen (H13c) signifikant nachgewiesen. Die in Hypothese H13d formulierte Erwartung, dass sich innerhalb des *Branchen-Clusters domestic* der Effekt von *F&E-Ratio* bei *dispersed*-F&E-Unternehmen stärker auf die *F&E-Effizienz* auswirkt als bei *domestic*-F&E-Unternehmen, konnte sowohl durch den signifikanten Koeffizienten in der multivariaten Analyse gezeigt als auch durch einen Wald-Test signifikant nachgewiesen werden. Des Weiteren wurde innerhalb des *Branchen-Clusters dispersed* der angenommene positive Effekt des *Unternehmensalters* auf die *F&E-Effizienz* bestätigt (H14b). Innerhalb des *Branchen-Clusters domestic* wurde dieser Effekt (H14a) aufgrund dessen, dass die Robustheit nicht in vollem Umfang nachgewiesen werden konnte, nur teilweise bestätigt.

Der unterstellte positive Effekt des *Branchen-Clusters dispersed* auf die *F&E-Effizienz* (H12) wurde entgegen der formulierten Richtung des Zusammenhangs in allen Kernmodellen signifikant nachgewiesen. Allerdings gilt aufgrund der eingeschränkten Robustheit dieses Ergebnis lediglich als teilweise bestätigt. Betrachtet man den Einfluss von *F&E-Ratio* auf die *F&E-Effizienz* innerhalb des *Branchen-Clusters domestic* (H13a), so konnte der erwartete positive Effekt ebenfalls nur teilweise bestätigt werden. Der Einfluss von *F&E-Streuung* und *Grad der Kooperation* auf die *F&E-Effizienz* konnte nicht nachgewiesen werden. Daher mussten die zugrunde liegenden Hypothesen (H10, H11) verworfen werden.

## Tabelle 4.12: Ergebnisse der empirischen Untersuchung (Analyseteil C)

**Analyseteil C**

| Hypothese | Beschreibung des Faktors (Endogene Variable: F&E-Effizienz) | Richtung des Zusammenhangs | Test-ergebnis | C1 | C2 | C3 | C4 | C5 | C6 | C7 | C8 | C9 | C10 | C11 | C12 | Neg.-Binomial-Fixed-Effects | Poisson-RE mit CRSE |
|---|---|---|---|---|---|---|---|---|---|---|---|---|---|---|---|---|---|
| H8 | F&E-Ratio[1] | + | ✓ | +** | +** | +* | +* | N/A | N/A | (N/A) | (N/A) | (N/A) | (N/A) | (N/A) | (N/A) | ✓ | ✓ |
| H9 | Unternehmensgröße[1] | + | ✓ | +*** | +*** | +*** | +*** | +*** | +*** | (N/A) | (N/A) | (N/A) | (N/A) | (N/A) | (N/A) | ✓ | ✓ |
| H10 | F&E-Streuung[1] | + | ✗ | N/A | N/A | N/A | x | x | N/A | (N/A) | (N/A) | (N/A) | (N/A) | (N/A) | (N/A) | N/A | N/A |
| H11 | Grad der Kooperation[1] | + | ✗ | N/A | x | N/A | x | x | x | (N/A) | (N/A) | (N/A) | (N/A) | (N/A) | (N/A) | ✗ | N/A |
| H12 | Dispersed orientierte Branchen-Cluster vs. Domestic orientierte Branchen-Cluster[1] | + | (!) | !-*** | !-*** | !-*** | !-*** | !-** | !-** | N/A | N/A | N/A | N/A | N/A | N/A | N/A[3] | ✗ |
| H13a | Branchen-Cluster Domestic: F&E-Ratio | + | (✓) | N/A | N/A | N/A | N/A | +*** | N/A | N/A | N/A | N/A | N/A | N/A | N/A | ✗ | ✓ |
| H13b | Branchen-Cluster Domestic: Domestic F&E-Ratio | + | ✓ | N/A | N/A | N/A | N/A | N/A | +** | N/A | N/A | N/A | N/A | N/A | N/A | ✓ | ✓ |
| H13c | Branchen-Cluster Domestic: Dispersed F&E-Ratio | + | ✓ | N/A | N/A | N/A | N/A | N/A | +*** | N/A | N/A | N/A | N/A | N/A | N/A | ✓ | ✓ |
| H13d | Branchen-Cluster Domestic: Dispersed F&E vs. Domestic F&E-Ratio[2] | > | ✓ | N/A | N/A | N/A | N/A | N/A | +* | N/A | N/A | N/A | N/A | N/A | N/A | ✓ | ✓ |
| H14a | Branchen-Cluster Domestic: Unternehmensalter | - | (✓) | N/A | N/A | N/A | N/A | N/A | N/A | N/A | N/A | N/A | -* | -* | -** | N/A[3] | N/A |
| H14b | Branchen-Cluster Dispersed: Unternehmensalter | + | ✓ | N/A | N/A | N/A | N/A | N/A | N/A | +*** | +* | +*** | N/A | N/A | N/A | N/A[3] | ✓ |

Modelle C1-C12 Negative-Binomial-Random-Effects-Modelle / H13d durch Wald-Test bestätigt / 1) Hypothese bezieht sich auf Gesamtgruppe / 2) Koeffizientenunterschied zusätzlich durch Wald-Test bestätigt / 3) Schätzung aufgrund zeitkonstanter Variable in FE-Modell nicht möglich / N/A = Nicht anwendbar / Richtung des Zusammenhangs: + positiv; - negativ; > größer als; # ohne Richtung / Testergebnis: ✓ unterstellte Hypothese bestätigt; (✓) unterstellte Hypothese nur in einzelnen Modellen bestätigt; (!) unterstellte Hypothese entgegen der Richtung des Zusammenhangs und nur in einzelnen Modellen bestätigt; x unterstellte Hypothese nicht bestätigt / Modellergebnis: + positiv; - negativ mit Signifikanzniveaus * p<0,10 / ** p<0,05 / *** p<0,01 / x Signifikanzniveau p>0,10 / Überprüfung der Robustheit durch Negative-Binomial-Fixed-Effects- (FE) Modell sowie Poisson-Random-Effects- (RE) Modell unter Berücksichtigung Cluster-robuster Standardfehler (CRSE) / Quelle: Eigene Darstellung

## 4.5.2 Bewertung der Ergebnisse

Nachfolgend werden die Ergebnisse der vorliegenden Arbeit unter Berücksichtigung des aktuellen Forschungsstands diskutiert und bewertet. Dies erfolgt entlang der Struktur des Forschungsmodells (vgl. Unterkapitel 2.6) und den zugrunde liegenden Analyseteilen A, B und C.

**Determinanten der F&E-Streuung (Analyseteil A)**

Im Rahmen der empirischen Analyse des Analyseteils A wurden die Hypothesen zur Dimension *F&E-Streuung* nach Gassmann/Zedtwitz (1999) untersucht (vgl. H1 bis H3). Dabei lagen die Einflussgrößen auf die *F&E-Streuung* im Zentrum der Betrachtung.

Die Bestätigung der Hypothesen H1 und H1a belegen den dominanten Einfluss der Branchenzuordnung auf die *F&E-Streuung*. Im Rahmen der empirischen Untersuchung konnte eine signifikante Differenzierung von Branchensektoren festgestellt werden.[508] Damit unterscheiden sich Branchen in Hinblick auf die *F&E-Streuung* und es lassen sich Branchen mit mehr von solchen mit weniger Streuung unterscheiden. Dies deckt sich mit den Ergebnissen zur Branchendifferenzierung von Malerba/Orsenigo (1995), die bezüglich der innovativen Aktivität einen systematischen Unterschied zwischen Technologieklassen konstatieren. Auch Quintás u.a. (2008) und Guellec/van Pottelsberghe de la Potterie (2001) belegen in ihren Arbeiten wesentliche Branchenunterschiede hinsichtlich der F&E-Internationalisierung. Die Bestätigung der Hypothese H1a, wonach die Branchen *Software* und *Konsumgüter* vergleichsweise *dispersed* sind und *Grundstoffe* vergleichsweise *domestic*-orientiert ist, belegt damit eine Zuordnung einzelner Branchensektoren.

Der Einfluss der *Unternehmensgröße* auf die *F&E-Streuung* konnte branchenübergreifend (H2a) nur teilweise bestätigt werden. Branchenspezifisch war der Effekt jedoch signifikant ausgeprägt (H2b). Quintás u.a. (2008, S. 1376) konstatieren in ihrer Arbeit, dass die empirische Forschung hinsichtlich des

---

[508] Die beiden identifizierten *Branchen-Cluster domestic* und *dispersed* wurden innerhalb des Analyseteils C aufgegriffen und damit Unterschiede weiterer Faktoren zwischen den Clustern erklärt.

Zusammenhangs zwischen Unternehmensgröße und Streuung der F&E[509] zu widersprüchlichen Ergebnissen kommt.[510] Die Autoren gehen in ihrer Arbeit selbst aufgrund der Koordinationsexpertise großer Unternehmen von einem positiven Effekt der Größe der Muttergesellschaft auf die „Geographical Amplitude" aus; allerdings können sie diesen Effekt nicht signifikant nachweisen.[511] Es liegt die Vermutung nahe, dass für den Zusammenhang zwischen *Unternehmensgröße* und *F&E-Streuung* eine branchenspezifische Betrachtung notwendig ist (vgl. H2b). Von besonderer Bedeutung dürfte hier der diametrale Einfluss der *Unternehmensgröße* zwischen den einzelnen Branchen sein. So wirkt sich die *Unternehmensgröße* in den Branchensektoren *Industriegüter*, *Automobil* und *Chemie* positiv auf die *F&E-Streuung* aus, während sie sich im Bereich *Pharma & Health* als negativ für die *F&E-Streuung* erweist. Diese Ausnahme könnte mit einer möglichen Sonderrolle des Branchensektors *Pharma & Health* erklärt werden. So ist *Pharma & Health* die Branche, die gemessen am Umsatz die höchsten Ausgaben für F&E tätigt (vgl. Abbildung 4.6).[512] Kola/Landis (2004) beschreiben des Weiteren die Besonderheit von Pharmaunternehmen in Bezug auf F&E, vor allem getrieben durch Ineffizienzen im Produktentwicklungsprozess aufgrund hoher Schwundquoten. Ein Erklärungsansatz könnte sein, dass der Erfolg einer Unternehmung im Branchensektor *Pharma & Health* besonders stark von der Leistung in F&E abhängt und damit große Unternehmen im Besonderen durch eine *domestic*-F&E-Strategie versuchen, ihr Know-how zu schützen. Die nur teilweise Bestätigung der Hypothese H3 zeigt den signifikanten Zusammenhang zwischen *Unternehmensalter* und *F&E-Streuung* in *Pharma & Health,* der ansonsten in der branchenspezifischen Untersuchung für die anderen Branchensektoren nicht ersichtlich ist und damit die potentielle Sonderrolle von *Pharma & Health* zusätzlich unterstreicht.

---

[509] Quintás u.a. (2008), S. 1376 verwenden hier den Begriff „Volume of Technological Internationalisation".

[510] Vgl. Hirschey/Caves (1981); Håkanson (1981); Odagiri/Yasuda (1996); Mansfield u.a. (1979); vgl. auch Belderbos (2001)

[511] Vgl. Quintás u.a. (2008), S. 1376 ff.; dabei wurde der Effekt der Größe sowohl basierend auf *Anzahl Mitarbeiter* als auch auf *Umsatz* überprüft.

[512] Das gilt sowohl für den Median mit 12,15 Prozent F&E-Ratio als auch für das Maximum (vgl. Abbildung 4.6).

**Determinanten der Kooperation (Analyseteil B)**

Um die Einflussgrößen auf die Dimension *Grad der Kooperation* näher zu untersuchen, wurden spezifische Hypothesen zu den Determinanten dieser aufgestellt (H4, H4a, H5, H6 sowie H7).

Neben dem Einfluss der Branchen auf die *F&E-Streuung*, konnte durch die Bestätigung der Hypothesen H4 und H4a ebenso der Einfluss der Branchenzuordnung auf den *Grad der Kooperation* nachgewiesen werden. Diese Abhängigkeit der Branche steht in Einklang mit der Untersuchung von Florida (1997), wonach die Zusammenarbeit in F&E zwischen unterschiedlichen Branchen stark variiert. Somit besteht für beide Dimensionen des F&E-Organisationsmodells nach Gassmann/ Zedtwitz (1999) ein statistisch signifikanter Zusammenhang mit ausgewählten Branchensektoren.

Die Bestätigung der Hypothese H5 belegt den signifikant negativen Einfluss des *Unternehmensalters* auf den *Grad der Kooperation*. Diese Erkenntnis entspricht zwar den Erwartungen des Autors, ist aber konträr zum Einfluss des Alters im Analyseteil A, wonach sich das *Unternehmensalter* positiv auf die Untersuchungsdimension *F&E-Streuung* auswirkt (Vgl. H3). Auch Monteiro u.a. (2008) erwarten in ihrer Arbeit einen positiven Effekt des Alters auf den Knowledge-Transfer. Aus ihrer Sicht haben ältere Einheiten verhältnismäßig mehr Zeit zur Verfügung um notwendige Mechanismen und Beziehungen zu entwickeln. Folgende mögliche Erklärung wäre für die Bestätigung der Hypothese H5 denkbar: Jungen Unternehmen fällt ein gewisser Grad an Kooperation aufgrund der Nähe zur Digitalisierung deutlich leichter als alten, meist historisch gewachsenen „analogen" Unternehmen. Der Gebrauch von neuartigen, vernetzten Technologien und Innovationskonzepten, wie Open Innovation, Technologietransfer, Simultaneous und Frugales Engineering oder die Anwendung von standardisierten Innovationsplattformen,[513] fördern die Kooperation und Zusammenarbeit über mehrere Standorte oder Geschäftseinheiten hinweg und spiegeln typischerweise die Arbeitsweise von jungen, innovativen Unternehmen wider. So beschreibt die Expertenkommission Forschung und Innovation in ihrem Jahresgutachten 2014, dass neu gegründete Unternehmen vor allem in forschungs- und

---

[513] Dargestellte Technologien und Konzepte sind Teil des Wörterbuchs WII (Vgl. Abschnitt 3.2.4); Gerybaze u.a. (2013) beschreiben zum Beispiel in ihrer Veröffentlichung den Trend zu „Open Innovation", den sie vor allem durch neue Informations- und Kommunikationstechnologien intensiviert sehen.

wissensintensiven Branchen etablierte Unternehmen mit innovativen Prozessen herausfordern, indem sie in frühen Phasen zum Beispiel wissenschaftliche Neuerungen auf Verfahren übertragen und anwenden können. Dies führt laut der Expertenkommission letztendlich zum Durchbruch innovativer Ideen.[514]

Die durchweg fehlende Bestätigung der Hypothesen H6 und H7 deuten darauf hin, dass die *F&E-Streuung* sowie die *Unternehmensgröße* weder positive noch negative Auswirkungen auf den *Grad der Kooperation* haben. Dies ist vor allem insofern überraschend, da zu erwarten wäre, dass Unternehmen mit hoher *F&E-Streuung* allein aufgrund organisationsstrukturtechnischer Komplexität einen höheren Grad an Kooperation benötigen sollten. So konstatierten bereits Håkanson/Nobel (1993a), dass dezentrale F&E unter anderem eine besondere Notwendigkeit an Koordination und Kommunikation hervorruft um Richtung, Effizienz und Effektivität des technologischen Fortschritts sicherzustellen. Demnach müssen Organisationsstrukturen dezentraler F&E so aufgesetzt sein, dass sie sowohl geografische als auch kulturelle und organisatorische Barrieren überwinden können.[515] Auch Howells (1990) beschreibt den notwendigen Beitrag moderner Informations- und Kommunikationstechnologien in verteilten F&E-Netzwerken. Eine mögliche Erklärung für den ausbleibenden Effekt könnte sein, dass die in der vorliegenden Stichprobe untersuchten Unternehmen mit dezentraler F&E in der Mehrzahl einem polyzentrisch dezentralisierten F&E-Modelltyp entsprechen und somit hohe Handlungsautonomie und Differenzierungsbestrebungen im Vordergrund stehen.[516] Das hätte zur Folge, dass Abstimmung und Austausch mit der F&E-Zentrale sowie auch mit anderen F&E-Einheiten nur von geringer Relevanz wären (vgl. Abschnitt 2.2.1). In Hinblick auf den Zusammenhang zwischen *Größe* und *Grad der Kooperation* ist die fehlende Bestätigung der Hypothese H7 widersprüchlich zu den Ergebnissen von Monteiro u.a. (2008) und Gupta/Govindarajan (2000). Beide Arbeiten zeigen einen signifikanten Einfluss der Größe auf den unternehmensinternen Wissenstransfer.[517] Allerdings können auch Foss/Pedersen (2003) ihre ursprüngliche Annahme, wonach die Größe der Einheiten einen positiven Einfluss auf den Wissenstransfer hat, nicht belegen. Eine mögliche Erklärung für die unterschiedlichen

---

[514] Vgl. Expertenkommission Forschung und Innovation (2014), S. 145
[515] Vgl. Håkanson/Nobel (1993a)
[516] Vgl. Gassmann/Zedtwitz (1999)
[517] Vgl. Monteiro u.a. (2008), S. 101 f.; Gupta/Govindarajan (2000), S. 485 f.

Ergebnisse könnten dabei die ungleichen geographischen Schwerpunkte der untersuchten Unternehmen sein.

## Auswirkungen der F&E-Organisationsstruktur sowie weiterer Faktoren auf die F&E-Effizienz (Analyseteil C)

Bei der Untersuchung der *Consequences* wurden für den Analyseteil C Hypothesen zu den Auswirkungen der F&E-Organisationsstruktur (H10, H11) aufgestellt und im Rahmen der empirischen Untersuchung getestet. Hierbei zeigten sich weder bei *F&E-Streuung* noch bei *Grad der Kooperation* signifikante Ausprägungen auf die *F&E-Effizienz*. Es kann somit nicht bestätigt werden, dass die Auswahl des F&E-Modells entlang der untersuchten Dimensionen bei deutschen Unternehmen einen Einfluss auf die *F&E-Effizienz* hat. Der von Penner-Hahn/Shaver (2005) nachgewiesene positive Effekt der *F&E-Streuung* auf die Patentanzahl bei japanischen Pharmaunternehmen ist damit bei der hier untersuchten deutschen Stichprobe nicht nachweisbar. Gassmann/Zedtwitz (1999) identifizierten in ihrer Arbeit den Trend der wiederkehrenden Zentralisierung („Re-centralization of R&D") und damit Rückbesinnung zu weniger F&E-Einheiten mit dem Ziel, die globale Effizienz zu steigern. Aus diesem Trend könnte ein negativer Zusammenhang zwischen Streuung und Effizienz abgeleitet werden. Dieser wird allerdings auch von Gassmann/Zedtwitz (1999) so nicht formuliert.[518] Ein möglicher Erklärungsansatz für den fehlenden Einfluss der F&E-Organisationsstruktur könnte sein, dass für die *F&E-Effizienz* andere Faktoren, wie zum Beispiel die *Unternehmensgröße*, einen deutlich größeren Einfluss haben und somit den Zusammenhang zwischen *F&E-Streuung* bzw. *Grad der Kooperation* und der *F&E-Effizienz* überlagern und der Zusammenhang damit nicht mehr nachweisbar ist. Allerdings ist durch die empirische Untersuchung auch keine Tendenz hinsichtlich der Effekte von *F&E-Streuung* und *Grad der Kooperation* ablesbar, so dass die zugrunde liegenden Hypothesen (H10, H11) kritisch hinterfragt werden müssen.

Die Bestätigung der Hypothese H8 belegt den signifikant positiven Einfluss des *F&E-Ratios* auf die *F&E-Effizienz*. Dies deckt sich mit den Ergebnissen von Hall u.a. (1986) sowie auch von Griliches (1990), die ebenso einen Zusammengang zwischen F&E-Ausgaben und Patenten feststellen konnten. Dieses Ergebnis unterstützt damit

---

[518] Auch die dieser Arbeit zugrunde liegende Definition von F&E-Effizienz ist bei Gassmann/Zedtwitz (1999) nicht erwähnt.

die Argumentation in F&E zu investieren um dadurch nachhaltige *F&E-Effizienz* zu erzielen. Ernst (1995, S. 232 ff.) beschreibt in seiner Arbeit wiederum, dass sich diese positiv auf die Unternehmensperformanz auswirkt.[519] Griliches (1984, S. 250) konstatiert, dass, getrieben durch die indirekte Wirkung der Patente, der Langzeiteffekt eines investierten US-Dollars (USD) in F&E zu einer Erhöhung des Firmenwertes um zwei USD führt.

Des Weiteren unterstützen die vorliegenden Ergebnisse die Hypothese, dass sich die *Unternehmensgröße* positiv auf die *F&E-Effizienz* auswirkt (vgl. H9). Dies steht in Einklang mit der Sichtweise von Schumpeter (1942), wonach die Größe von Unternehmen der stärkste Treiber für Fortschritt ist. Breschi u.a. (2000, S. 388 ff.) bezeichnen diesen Zusammenhang zwischen etablierten Unternehmen und Innovation auch als „Schumpeter Mark II". Auch die empirischen Ergebnisse von Scherer (1965) belegen, dass der Unternehmensumsatz einen positiven Effekt auf Patente hat.[520] Pavitt u.a. (1987) beschreiben diesbezüglich ein differenziertes Bild. Demnach ist der Zusammenhang zwischen Unternehmensgröße und Innovationsaktivität „U-Shaped".[521] Dieses Ergebnis deckt sich damit lediglich in Teilen mit dem der vorliegenden Untersuchung. Dabei ist aber anzumerken, dass im Rahmen dieser Arbeit eine spezifische Untersuchung einzelner Größenkategorien nicht im Fokus der Untersuchung stand.

Das Ergebnis der empirischen Untersuchung von Hypothese H12 ist entgegen der Richtung des erwarteten Zusammenhangs in allen Kernmodellen statistisch signifikant. Allerdings ist dieser Zusammenhang nicht in voller Robustheit nachgewiesen und die Interpretation dieses Ergebnisses bedarf der besonderen Vorsicht. Die Ergebnisse der Kernmodelle deuten darauf hin, dass Unternehmen im *Branchen-Cluster domestic* eine höhere *F&E-Effizienz* aufweisen als Unternehmen im *Branchen-Cluster dispersed*. Ein möglicher Erklärungsansatz könnte sein, dass im

---

[519] Für eine detaillierte Übersicht empirischer Studien zum Zusammenhang zwischen Patenten und Unternehmensperformanz wird auf Ernst (2001), S. 146 f. verwiesen; vgl. auch Czarnitzki/Kraft (2010); Deng u.a. (1999); Bosworth/Rogers (2001)

[520] Scherer (1965) beschreibt dabei den Anstieg der Patente im Verhältnis zum Umsatz als unterproportional; Hagedoorn/Schakenraad (1994) konstatieren in der Zusammenfassung von Scherer (1965): „(...) output (patents) tend to rise less than proportionally once a threshold has been passed, which leads to an ,inverted U-shape' distribution of size and innovation."

[521] Die Innovationen pro Mitarbeiter sind bei Unternehmen mit mehr als 10.000 Mitarbeitern sowie bei Unternehmen mit weniger als 1.000 Mitarbeitern überdurchschnittlich, während die mittelgroßen Unternehmen (2.000 bis 9.999) eine unterdurchschnittliche Intensität aufweisen. Vgl. Pavitt u.a. (1987), S. 301 ff.

*Branchen-Cluster domestic* durch die Realisierung von Effizienzvorteilen[522] aufgrund zentralisierter Organisationsstrukturen höhere Patentquoten und damit höhere *F&E-Effizienz* erzielt werden. Die Literatur nennt eine Vielzahl von Argumenten für die Zentralisierung von Organisationsstrukturen. Beispielhaft seien Skalen- und Synergieeffekte im Innovationsprozess, Reduktion der Schnittstellen und damit Verkürzung der Entwicklungszeit, Bündelung von Expertenwissen, Reduktion der Wahrscheinlichkeit redundanter Entwicklungen, Vermeidung von Sprachbarrieren, geringere Koordinationsaufwände sowie reduzierte Kosten für Informationsaustausch und Infrastruktur genannt.[523] Des Weiteren ist laut Patel/Pavitt (1991) die Innovationsleistung eines Unternehmens mitnichten unabhängig von der Performanz des Heimatstandortes.[524] Trotz allem soll die Tatsache, dass innerhalb der untersuchten Stichprobe für die *F&E-Streuung* auf Unternehmensebene kein signifikanter Einfluss auf die *F&E-Effizienz* nachgewiesen werden konnte (vgl. H10), nicht ignoriert werden.

Bei weiterer Betrachtung des *Branchen-Clusters domestic* zeigt die teilweise Bestätigung der Hypothese H13a den positiven Effekt von *F&E-Ratio* auf die *F&E-Effizienz*. Dies bestätigt zum einen den branchenübergreifenden Zusammenhang (vgl. Hypothese H8) und gibt zum anderen einen tieferen Einblick hinsichtlich des Wirkungszusammenhangs. So zeigt sich in Bezug auf den Einfluss von *F&E-Ratio* auf die *F&E-Effizienz* zwischen den beiden Branchen-Clustern ein signifikant unterschiedlicher Effekt.[525] Daraus könnte abgeleitet werden, dass sich F&E-Ausgaben im *Branchen-Cluster domestic* signifikant stärker auf die *F&E-Effizienz* auswirken als im *Branchen-Cluster dispersed*. Im Umkehrschluss würde das bedeuten, dass Unternehmen des *Branchen-Clusters domestic* (*Industriegüter, Automobil, Chemie, Telekommunikation, Grundstoffe*) für vergleichbare *F&E-Effizienz* bedeutend weniger aufwenden müssen als Unternehmen des *Branchen-Clusters dispersed* (*Pharma/Health, Konsumgüter, Technologie, Software*). Allerdings ist auch hier zu konstatieren, dass die unterstellte Hypothese H13a nicht durchweg in allen Modellen bestätigt ist. Wie bereits in Abschnitt 4.4.2 dargelegt, kann angenommen werden, dass aufgrund der hohen Korrelation zwischen der *F&E-Streuung* und den

---

[522] Vgl. Zedtwitz/Gassmann (2002), S. 577 sprechen in diesem Zusammenhang von „Efficiency Advantage of Centralization".

[523] Vgl. Patel/Pavitt (1991); Narula (2000); Gassmann/Keupp (2011); Chiesa (1995)

[524] Vgl. auch Porter (1990): "Ultimately, competitive advantage is created at home (...)".

[525] Der zugrunde liegende Koeffizient ist im *Branchen-Cluster domestic* signifikant höher (vgl. C7, C8, C10 und C11 sowie Ergebnisse des zusätzlichen Waldtests in Abschnitt 4.4.2).

Branchensektoren (vgl. auch Abschnitt 4.3.2.1) eine Ergänzung der Variablen *F&E-Streuung* das Signifikanzniveau des *F&E-Ratios* im Modell C12 in Teilen absorbiert.

In der weiteren und noch detaillierteren Untersuchung des *Branchen-Clusters domestic* belegt die Bestätigung der Hypothesen H13b und H13c den Einfluss von *F&E-Ratio* auf die *F&E-Effizienz* sowohl für *domestic*-F&E-Unternehmen als auch für *dispersed*-F&E-Unternehmen. Des Weiteren kann durch die Bestätigung der Hypothese H13d ein signifikanter Unterschied dieses Effekts nachgewiesen werden. So ist der Einfluss von *F&E-Ratio* bei *domestic*-F&E-Unternehmen deutlich stärker als bei *dispersed*-F&E-Unternehmen. In der Schlussfolgerung kann daraus abgeleitet werden, dass sich innerhalb des *Branchen-Clusters domestic* bei Unternehmen mit einer internationalen F&E-Strategie (entgegengesetzt des Clusters) die F&E-Aufwendungen deutlich positiver auf die *F&E-Effizienz* auswirken als bei Unternehmen mit einer nationalen Strategie. Daraus lässt sich ableiten, dass innerhalb des *Branchen-Clusters domestic* internationale F&E-Organisationen signifikant weniger für *F&E-Effizienz* aufwenden müssen als nationale F&E-Organisationen.

Die empirische Untersuchung des Zusammenhangs zwischen *Unternehmensalter* und *F&E-Effizienz* in Abhängigkeit der Branchen-Cluster konnte die aufgestellte Hypothese H14b bestätigen sowie die Hypothese H14a teilweise bestätigen. Der Wirkungszusammenhang der Hypothese H14a wurde zwar in allen Kernmodellen bestätigt, jedoch nicht in voller Robustheit nachgewiesen. Eine mögliche Erklärung hierfür könnte die im Vergleich zu den anderen Modellen reduzierte Anzahl an Beobachtungen sein. Bei Betrachtung der Ergebnisse der Kernmodelle wirkt sich auf der einen Seite innerhalb des *Branchen-Clusters domestic* das *Unternehmensalter* negativ auf die *F&E-Effizienz* aus, auf der anderen Seite besteht innerhalb des *Branchen-Clusters dispersed* ein positiver Effekt des *Unternehmensalters* auf die *F&E-Effizienz*. Dies deckt sich in Bezug auf das *Branchen-Cluster domestic* mit den frühen Aussagen von Schumpeter (1934), der jungen Unternehmen eine entscheidende Rolle als Treiber von Innovation zugesprochen hat. Die Ergebnisse von Avermaete u.a. (2003), wonach sich das Unternehmensalter nicht signifikant auf das Patentverhalten auswirkt, sind für den vorliegenden Zusammenhang unter Berücksichtigung der Branchen-Cluster von reduzierter Relevanz. Es ist zu vermuten, dass eben genau durch die Berücksichtigung der Branchen-Cluster eine differenzierte Untersuchung signifikante Zusammenhänge zwischen *Unternehmensalter* und *F&E-Effizienz* aufzeigt.

# 5 Zusammenfassung und abschließende Bemerkungen

Kapitel 5 fasst die wesentlichen Ergebnisse der vorliegenden Arbeit zusammen. Dabei erfolgt in Unterkapitel 5.1 zunächst ein Abgleich mit der Zielsetzung und den in Unterkapitel 1.2 definierten Forschungsfragen. Danach werden in Unterkapitel 5.2 die wesentlichen Analyseergebnisse dieser Arbeit sowie der Beitrag zur wirtschaftswissenschaftlichen Forschung erläutert und abschließend in Unterkapitel 5.3 weiterer Forschungsbedarf aufgezeigt.

Die Arbeit möchte einen relevanten Beitrag zur wissenschaftlichen Diskussion leisten.[526] Daher erfolgt die Zusammenfassung der statistisch belegten Ergebnisse bewusst ohne eine tiefere Interpretation in Hinblick auf die Unternehmenspraxis.

## 5.1 Abgleich mit der Zielsetzung der Arbeit

Die F&E-Organisationsmuster nach Gassmann/Zedtwitz (1999) sind eine der am meisten verwendeten Typologien zur Differenzierung von F&E-Einheiten. Dennoch lassen sich inhaltliche Lücken und methodische Defizite bei auf dem Modell aufbauenden Arbeiten ableiten.[527] Zielsetzung der vorliegenden Arbeit war es zum einen, die bestehenden inhaltlichen Lücken herauszuarbeiten und mit theoretischen Hypothesen zu hinterlegen, um diese darauffolgend mit Hilfe einer empirischen Untersuchung detailliert zu analysieren. Zum anderen sollte für die Klassifizierung der Unternehmen anhand der F&E-Organisationsstrukturen eine Vorgehensweise gewählt werden, die bisherige methodische Defizite möglichst sicher umgeht und für zukünftige Arbeiten einen robusten Ansatz zur Operationalisierung bietet. Diese Zielsetzung wurde anhand der folgenden Forschungsfragen[528] strukturiert, deren Beantwortung im Zentrum dieser Dissertation stand:

1. Welche F&E-Organisationsstrukturen und im Besonderen welchen Grad der F&E-Internationalisierung weisen deutsche Unternehmen auf und wie entwickeln sich diese Strukturen über einen Zeitraum von zehn Jahren?

---

[526] Vgl. Unterkapitel 1.2
[527] Vgl. Abschnitt 2.2.2
[528] Vgl. Unterkapitel 1.2

2. Welche Determinanten beeinflussen die Wahl der unternehmensinternen F&E-Organisationsstruktur und inwiefern lassen sich Branchenspezifika feststellen?

3. Welcher Zusammenhang besteht zwischen der gewählten F&E-Organisationsstruktur und der F&E-Effizienz in Form von Patentanmeldungen?

4. Welcher Zusammenhang besteht zwischen weiteren Faktoren, wie zum Beispiel den Ausgaben für F&E oder der Unternehmensgröße, und der Effizienz von Forschung & Entwicklung?

Im Folgenden werden die methodischen Vorgehensweisen zur Beantwortung der Forschungsfragen zusammengefasst. Die wesentlichen Analyseergebnisse der empirischen Untersuchung werden im darauffolgenden Unterkapitel 5.2 erläutert.

In Hinblick auf die erste Forschungsfrage wurden deutsche Unternehmen anhand der F&E-Organisationsstrukturen nach Gassmann/Zedtwitz (1999) zwischen 2002 und 2011 klassifiziert. Dies erfolgte anhand einer computergestützten Inhaltsanalyse. Dabei wurden die dem Modell zugrunde liegenden Untersuchungsdimensionen F&E-Streuung und Grad der Kooperation durch zwei Verfahren, einerseits die Textklassifikation und andererseits die Häufigkeitsanalyse, gemessen. Die computergestützte Inhaltsanalyse ist nach Wissen des Autors zur Messung der F&E-Organisationsstrukturen nach Gassmann/Zedtwitz (1999) noch nicht verwendet worden. Bisherige Arbeiten greifen für die Klassifizierung von F&E-Organisationsstrukturen vor allem auf Fragebogen- und Interviewtechniken oder Patentanalysen zurück.[529] Wie in Abschnitt 2.2.2 erwähnt, gelten Fragebogen- und Interviewtechniken bei longitudinalen Fragestellungen als ungeeignet, da vergangene Ereignisse oder zurückliegende Organisationsstrukturen meist nur eingeschränkt wiedergegeben werden können.[530] Die Ableitung von Aussagen hinsichtlich F&E-Organisationsstrukturen auf Basis von Patentanalysen findet sich in der Innovationsökonomie häufig und ist aufgrund der Datenverfügbarkeit unter Forschern beliebt.[531] Allerdings wird die Methode zur Messung der F&E-Streuung auf Basis von Patentdaten in der Literatur kritisch diskutiert (vgl. Abschnitt 2.2.2). Bergek/Bruzelius (2010) belegen in ihrer Arbeit, dass weniger als die Hälfte der untersuchten Patente mit mehreren Erfindern aus unterschiedlichen Ländern das Resultat internationaler

---

[529] Vgl. Tabelle 2.2
[530] Vgl. Morris (1994), S. 904
[531] Vgl. Belderbos (2001); Bergek/Berggren (2004); Quintás u.a. (2008); Chen u.a. (2012)

Zusammenarbeit in F&E ist. Als wissenschaftliche Methodik bietet die computergestützte Inhaltsanalyse bei der Messung von F&E-Organisationsstrukturen hingegen eine Vielzahl an Vorteilen. So gilt vor allem die Eignung für longitudinale Forschungsfragestellungen aufgrund der Verfügbarkeit und Vergleichbarkeit der zu analysierenden Objekte über einen langen Zeitraum als wichtiges Differenzierungsmerkmal.[532] Des Weiteren erhöht die Methodik die Replizierbarkeit der Analyse und gilt aufgrund der guten Anpassungsmöglichkeit bei potentiellen Schwachstellen als sehr sicher und effizient.[533]

In Bezug auf die zweite Forschungsfrage wurden aufbauend auf den Erkenntnissen zu den unternehmensinternen F&E-Organisationsstrukturen Determinanten für deren Wahl ermittelt und Branchenspezifika herausgearbeitet.[534] Dabei wurde im Speziellen die Untersuchung des Brancheneinflusses in den Vordergrund gestellt. Die Mehrheit bisheriger Studien zu F&E-Organisationsstrukturen nach Gassmann/Zedtwitz (1999) untersucht Unternehmen aus einer bis maximal zwei Branchen.[535] Da Branchensektoren in der Regel unterschiedliche Charakteristika besitzen, ist eine Verallgemeinerbarkeit der Ergebnisse damit lediglich eingeschränkt möglich.[536] Auch die Arbeiten, deren Stichproben mehrere Branchen umfassen, nehmen kaum eine Untersuchung des detaillierten Wirkungszusammenhangs zwischen der Branche und den F&E-Organisationsstrukturen bzw. der zugrunde liegenden Branchenrangfolge vor.[537] Um sowohl die Verallgemeinerbarkeit von Ergebnissen über mehrere Branchen sicherzustellen als auch branchenspezifische Ergebnisse herausarbeiten zu können, wurde bei der Untersuchung der Determinanten der Brancheneinfluss ins Zentrum gestellt.[538]

Hinsichtlich der Forschungsfragen drei und vier wurden zur Untersuchung der Wirkungen im Weiteren die Zusammenhänge zwischen der F&E-Organisationsstruktur sowie zusätzlicher Faktoren und der F&E-Effizienz

---

[532] Vgl. u.a. Woodrum (1984), S. 6; Carley (1997), S. 559
[533] Vgl. u.a. Babbie (1975), S. 234; Tallerico (1991), S. 279
[534] Vgl. Analyseteile A und B
[535] Vgl. Unterkapitel 2.2
[536] Vgl. Chen u.a. (2012), S. 1552; Wortmann (1990), S. 177
[537] Vgl. Tabelle 2.2
[538] Dabei wurde bei branchenübergreifenden Untersuchungen stets auf Einflüsse der Branchensektoren kontrolliert und bei branchenspezifischen Fragestellungen Teilstichproben gesondert untersucht. Vgl. Unterkapitel 4.3

analysiert.[539] Dafür wurde im Rahmen der Arbeit eine gesonderte Patentdatenerhebung für die vorliegende Stichprobe auf Basis der PATSTAT-Datenbank durchgeführt. Um eine möglichst valide Aussage über die F&E-Effizienz zu erhalten, wurden im Untersuchungszeitraum für jedes Unternehmen und Jahr alle angemeldeten Patentfamilien ermittelt. Die Analyse der Patentfamilien wurde dabei als Methode zur Vermeidung von redundanten Zählungen eines Patents genutzt.[540] Für die Untersuchung der Wirkungen wurden außerdem die bereits gewonnenen Ergebnisse der Branchenuntersuchung berücksichtigt.

In Unterkapitel 1.2 wurde zusätzlich zu den inhaltlichen Forschungsfragen die folgende methodische Frage formuliert:

5. Wie lassen sich die Organisationsstrukturen in Forschung & Entwicklung valide operationalisieren und dabei methodische Defizite bisheriger Vorgehensweisen bei der Messung umgehen?

Die erfolgreiche Durchführung der computergestützten Inhaltsanalyse zur Messung der F&E-Organisationsstrukturen beantwortet diese Frage (siehe Ausführungen zur Beantwortung der ersten Forschungsfrage). Die für diesen Forschungszusammenhang neuartige Herangehensweise umgeht die methodischen Defizite bisheriger Messverfahren und dient für zukünftige Innovationsstudien als stabiler Ansatz bei der Operationalisierung und Messung von F&E-Organisationsstrukturen.

## 5.2 Wesentliche Analyseergebnisse und Beitrag zur Forschung

Die vorliegende empirische Untersuchung basiert auf einer longitudinalen Stichprobe von neun forschungsintensiven Branchensektoren und analysiert 120 deutsche Unternehmen über einen Zeitraum von zehn Jahren. Die Stichprobe deckt dabei über 65 Prozent der weltweiten F&E-Aufwendungen deutscher Unternehmen ab.[541] Auf Basis dieser äußerst breiten Untersuchung konnte ein Forschungsbeitrag in den folgenden Bereichen geleistet werden:

---

[539] Vgl. Analyseteil C
[540] Vgl. Patel (2007), S. 16; Tarasconi/Kang (2015), S. 13
[541] Die weltweiten F&E-Ausgaben der zugrunde liegenden Stichprobe beliefen sich 2011 auf 31,65 Milliarden Euro, die weltweiten F&E-Gesamtausgaben deutscher Unternehmen betrugen im gleichen Zeitraum 48,39 Milliarden Euro. Vgl. Stifterverband für die Deutsche Wissenschaft (2013), S. 36 f.

## Determinanten von F&E-Organisationsstrukturen

Die Internationalisierung der F&E eines Unternehmens wird entscheidend durch die Unternehmensgröße beeinflusst. Dabei bestehen jedoch zentrale Unterschiede zwischen den einzelnen Branchen. Während in den Branchen *Industriegüter*, *Automobil* und *Chemie* der Einfluss der Unternehmensgröße positiv ist, ist der Wirkungszusammenhang im Bereich *Pharma & Health* negativ.[542] Damit wird ersichtlich: Unternehmen verschiedener Branchen nutzen die Größe ihrer Unternehmung völlig unterschiedlich. Während die einen ihren Größenvorteil für die Internationalisierung ausspielen, konzentrieren und schützen die anderen ihre Größe national. Dessen ungeachtet ist die F&E-Internationalisierung bei deutschen Unternehmen bereits stark verbreitet. Im Durchschnitt weisen 81 Prozent der Unternehmensjahre eine internationale F&E-Strategie auf. Der F&E-Internationalisierungsgrad verzeichnet zudem seit 2008 einen weiteren Anstieg, womit auch zukünftig für deutsche Unternehmen von einer weiter steigenden Internationalisierung auszugehen ist.

Der F&E-Kooperationsgrad als zweite Untersuchungsdimension wird hingegen wesentlich durch das Unternehmensalter bestimmt. Der Wirkungszusammenhang ist durchweg negativ. Das heißt: Junge Unternehmen kooperieren deutlich stärker innerhalb ihres F&E-Netzwerkes als alte, etablierte Unternehmen. Der Informationsaustausch und Wissensfluss stellt damit ein Merkmal zur Differenzierung zwischen Jung und Alt dar. Darüber hinaus ist festzuhalten, dass der Grad der Kooperation innerhalb der untersuchten Zeitreihe deutlich ansteigt, was insgesamt für eine Zunahme des Reifegrads sowie eine höhere Professionalisierung deutscher Unternehmen in Hinblick auf die Interaktion und die Zusammenarbeit von Standorten spricht.

## Bestimmung von Branchenrangfolgen und Branchen-Clustern

Für beide Untersuchungsdimensionen nach Gassmann/Zedtwitz (1999) spielt darüber hinaus die Branchenzuordnung eine entscheidende Rolle und es lassen sich auf Basis der vorliegenden Arbeit Branchen mit mehr von solchen mit weniger F&E-Streuung bzw. Kooperation unterscheiden. Darüber hinaus belegt die Untersuchung in Hinblick

---

[542] Hierbei wird die Notwendigkeit einer differenzierten Branchenbetrachtung deutlich, da einerseits der Effekt der Unternehmensgröße branchenunabhängig nicht nachgewiesen werden konnte und andererseits das Ergebnis einer lediglich einzelnen Branche nicht verallgemeinerbar gewesen wäre.

auf die F&E-Internationalisierung eine signifikante Differenzierung von einerseits *dispersed*-orientierten und andererseits *domestic*-orientierten Branchen-Clustern.[543] Das heißt: Für Bezugsnormen hinsichtlich einer F&E-Organisationsstrategie sollte grundsätzlich die eigene Branche dienen und nicht etwa Unternehmen derselben Größenklasse.

## Wirkungen auf die F&E-Effizienz

Die unterstellte Wirkung der F&E-Organisationsstrukturen auf die F&E-Effizienz konnte nicht nachgewiesen werden. Jedoch sind für die F&E-Effizienz die F&E-Aufwendungen maßgebend. Dieser Effekt wurde branchenübergreifend nachgewiesen, was auf eine hohe Allgemeingültigkeit schließen lässt. Des Weiteren wirkt sich die Unternehmensgröße signifikant auf die Effizienz in F&E aus. Auch dieses Ergebnis hat durch die breite Branchenabdeckung der Untersuchung eine hohe Allgemeingültigkeit für die forschungsintensiven Unternehmen. Zusammengefasst bedeutet das: Die F&E-Effizienz und damit die Patentintensität deutscher forschungsintensiver Unternehmen hängt im Wesentlichen von den Aufwendungen für F&E sowie der Größe des Unternehmens ab. Höhere Ausgaben für Forschung & Entwicklung haben eine höhere Anzahl an Patentanmeldungen zur Folge und größere Unternehmen patentieren mehr und häufiger als kleinere.

Auch bei der Untersuchung der F&E-Effizienz spielt die Branche eine entscheidende Rolle. Die Betrachtung des *Branchen-Clusters domestic* bestätigt den positiven Zusammenhang zwischen F&E-Aufwendungen und F&E-Effizienz sowohl für Unternehmen mit einer internationalen als auch für solche mit einer nationalen F&E-Strategie. Von besonderer Bedeutung ist aber die Tatsache, dass dieser Effekt bei den Unternehmen mit einer internationalen F&E-Strategie deutlich stärker ausgeprägt ist als bei den Unternehmen mit einem nationalen F&E-Schwerpunkt. Das heißt: Unternehmen, die sich innerhalb ihres *domestic*-geprägten Branchen-Clusters durch eine internationale F&E-Strategie differenzieren, erzielen mit gleichem F&E-Aufwand eine deutlich größere Wirkung bei der F&E-Effizienz. Oder andersherum formuliert: Sie müssen bei gleicher Patentintensität deutlich weniger für F&E ausgeben.

In Hinblick auf das *Branchen-Cluster dispersed* wirkt sich hingegen das Unternehmensalter signifikant auf die F&E-Effizienz aus. Der

---

[543] Diese erweiterte Branchendifferenzierung ist unter anderem bei der Untersuchung der Wirkungen auf die F&E-Effizienz von besonderem Belang. Vgl. Unterkapitel 4.4

Wirkungszusammenhang ist positiv. Das heißt: Je älter ein Unternehmen, desto mehr Patente meldet es an und desto höher ist damit seine Effizienz in F&E.

## 5.3 Kritische Würdigung und weiterer Forschungsbedarf

Die vorliegende Arbeit unterliegt in Hinblick auf Methodik, Inhalt und Fokus der Untersuchung auch Limitationen. Aus diesen lässt sich in den folgenden vier Bereichen weiterer Forschungsbedarf ableiten:

*Analyse der F&E-Strukturzugehörigkeit sowie der Wechselcharakteristika:* Weiterer Forschungsbedarf besteht hinsichtlich der Stabilität der F&E-Organisationsstrukturen nach Gassmann/Zedtwitz (1999). Im Rahmen der vorliegenden Arbeit wurde die Zugehörigkeit über einen Zeitraum von zehn Jahren gemessen. Allerdings hat die Arbeit dabei keine detaillierte Untersuchung der Wechselcharakteristika vorgenommen. Von Interesse wäre eine weiterführende Untersuchung der Determinanten sowie der Wirkungen der F&E-Strukturwechsel. Aufgrund der verhaltenen Wechseldynamik von Organisationsstrukturen vor allem im Bereich der F&E wäre hierbei eine Stichprobe über einen Zeitraum von deutlich mehr als den hier betrachteten zehn Jahren von Vorteil.

*Berücksichtigung von Abstufungen der Untersuchungsdimensionen:* Als weitere Limitation kann die Beschränkung der Untersuchungsdimensionen auf die jeweils extremen Ausprägungen des Modells nach Gassmann/Zedtwitz (1999) gesehen werden. Eine zusätzliche Differenzierung und damit eine granulare Abstufung der Dimensionen würde einen wichtigen Beitrag dazu leisten, Unterschiede in den Wirkungen noch detaillierter zu ergründen. So wäre eine Differenzierung in der F&E-Streuung dahingehend sinnvoll, dass diese Dimension geographisch unterschieden wird. Dementsprechend wäre eine Trennung zwischen einer europäischen und einer globalen Internationalisierung wünschenswert. Des Weiteren wäre eine Gewichtung der ausländischen F&E-Tätigkeiten für den Untersuchungszusammenhang von Interesse. Diese Gewichtung könnte beispielsweise über die Anzahl der Standorte oder die Anzahl der Mitarbeiter im Ausland operationalisiert werden.

*Einbeziehung weiterer externer Faktoren:* Zwar werden in der vorliegenden Arbeit sowohl verschiedene unternehmensspezifische Einflussfaktoren als auch die Brancheneinflüsse untersucht, etwaige Zielsetzungseffekte der Unternehmen bleiben dabei jedoch unbeobachtet. Dabei wäre bei der Untersuchung der Determinanten vor allem eine Betrachtung der „Home-base-augmenting"- und der „Home-base-exploiting"-Motive nach Kuemmerle (1997) im Rahmen zukünftiger Untersuchungen wünschenswert.

*Erweiterte Analyse der Patentdaten hinsichtlich Patenterteilung und Innovationsleistung:* Für die Untersuchung der F&E-Effizienz wurde im Rahmen der vorliegenden Arbeit eine umfangreiche Analyse der angemeldeten Patentfamilien durchgeführt. Die spezifische Auswertung von Anmeldungen wurde bewusst gewählt, um sowohl der zeitlichen Problematik der Patenterteilung als auch einer möglichen Verzerrung durch eine nicht zustande kommende Erteilung gerecht zu werden.[544] Für eine zukünftige Untersuchung nach Ablauf des theoretisch möglichen Erteilungszeitraums wäre eine ergänzende Analyse der Patentfamilienerteilungen von Interesse. Des Weiteren wäre für die zukünftige Innovationsforschung eine Differenzierung der Patente hinsichtlich ihrer Innovationsleistung im Rahmen des vorliegenden Untersuchungszusammenhangs wünschenswert.

Der beschriebene weitere Forschungsbedarf beinhaltet lediglich einen Teil der bestehenden Möglichkeiten. Es bleibt zu hoffen, dass die vorliegende Arbeit aufgrund ihrer empirischen Ergebnisse als auch ihrer methodischen Vorgehensweise bei der Messung der F&E-Organisationsstrukturen einen wertvollen Beitrag zur Forschung im Bereich der Innovationsökonomie leistet.

---

[544] Vgl. Unterkapitel 2.4

# Anhang

Tabelle 5.1: Hausman-Tests auf Basis der Random-Effects- und Fixed Effects-Modelle

Tabelle 5.2: Mapping DAX Sektoren & NIW/ISI/ZEW-Liste forschungsintensiver Industrien in dreistelliger Wirtschaftsgliederung (WZ 2008)

**Tabelle 5.1: Hausman-Tests auf Basis der Random-Effects- und Fixed-Effects-Modelle**

| Statistiken auf Basis des Hausman-Tests | | |
|---|---|---|
| Modell | $\chi^2$ | p-Wert |
| B1 | 4,27 | 0,9613 |
| B2 | 4,27 | 0,9613 |
| B3 | 4,27 | 0,9613 |
| B4 | 4,27 | 0,9613 |
| B5 | 4,27 | 0,9613 |
| B6 | 4,27 | 0,9613 |
| B7 | 4,27 | 0,9613 |
| B8 | 4,27 | 0,9613 |
| B9 | 4,27 | 0,9613 |
| C1 | 22,83 | 0,0292 |
| C2 | 22,70 | 0,0454 |
| C3 | 13,45 | 0,4139 |
| C4 | 13,48 | 0,4891 |
| C5 | 13,62 | 0,5543 |
| C6 | 22,51 | 0,1275 |
| C7 | 2,13 | 0,9980 |
| C8 | 3,57 | 0,9901 |
| C9 | 3,71 | 0,9939 |
| C10 | 20,86 | 0,0348 |
| C11 | 20,76 | 0,0540 |
| C12 | 55,33 | 0,0000 |

Hausman-Test auf Basis der Random Effects und Fixed Effects Modelle / Ergebnisse der Modelle B1 bis B9 unterscheiden sich nicht da im FE-Modell alle Sektoren *omitted* werden und diese die Basis der Rangfolgenuntersuchung darstellen / Quelle: Eigene Darstellung

**Tabelle 5.2: Mapping DAX-Sektoren & NIW/ISI/ZEW-Liste forschungsintensiver Industrien in dreistelliger Wirtschaftsgliederung (WZ 2008)**

| „Forschungsintensive DAX Branchensektoren" | Auswahl Forschungsintensiver Wirtschaftszweige (WZ 2008 – 3stellige Gruppen) | | | |
|---|---|---|---|---|
| Industriegüter | 28.1 H. v. Herstellung von nicht wirtschaftszweig-spezifischen Maschinen | 28.3 H. v. land- und forstwirtschaftlichen Maschinen | 28.4 H. v. Werkzeugmaschinen | 28.9 H. v. Maschinen für sonstige bestimmte Wirtschaftszweige |
| Automobil | 29.1 H. v. Kraftwagen und Kraftwagenmotoren | 29.3 H. v. Teilen und Zubehör für Kraftwagen | 30.3 Luft- und Raumfahrzeugbau | 30.4 H. v. militärischen Kampffahrzeugen |
| Technology | 26.1 H. v. elektronischen Bauelementen und Leiterplatten | 27.1 H.v. Elektromotoren, Generatoren, Transformatoren, Elektrizitätsverteilungs- und -schalteinrichtungen | 27.9 H. v. sonstigen elektrischen Ausrüstungen und Geräten a.n.g. | |
| Chemie | 20.1 H. von chemischen Grundstoffen, Düngemitteln und Stickstoffverbindungen, Kunststoffen u. synthetischem Kautschuk in Primärformen | 20.5 H. v. sonstigen chemischen Erzeugnissen | | |
| Pharma | 21.1 H. v. pharmazeutischen Grundstoffen | 21.2 H. v. pharmazeutischen Spezialitäten und sonstigen pharmazeutischen Erzeugnissen | | |
| Telekommunikation | 26.3 H. v. Geräten und Einrichtungen der Telekommunikations-technik | | | |
| Konsumgüter | 26.7 H. v. optischen und fotografischen Instrumenten und Geräten | 26.4 H. v. Geräten der Unterhaltungselektronik | 27.4 H.v. elektrischen Lampen und Leuchten | 27.5 H. v. Haushaltsgeräten |
| Grundstoffe | 20.1 H. von chemischen Grundstoffen, Düngemitteln und Stickstoffverbindungen, Kunststoffen u. synthetischem Kautschuk in Primärformen | 22.1 Herstellung von Gummiwaren | | |
| Software | 26.2 H. v. Datenverarbeitungs-geräten und peripheren Geräten | | | |

Zuordnung auf Basis forschungsintensiver Industrien und Güter der NIW/ISI/ZEW-Listen 2012 in Abstimmung mit dem Fraunhofer Institut für System- und Innovationsforschung (ISI) / Für die DAX Branchensektoren Transport & Logistik, Banken, Bauindustrie, Einzelhandel, Finanzdienstleister, Medien, Nahrungsmittel & Getränke, Versicherungen und Versorger wurden im Rahmen des „Mappings" keine forschungsintensiven Wirtschaftszweige identifiziert / H. v. = Hersteller von / Quelle: Eigene Darstellung; Mapping auf Basis Grunddaten Gehrke u.a. (2013); Deutsche Börse AG (2013b)

# Literaturverzeichnis

Abrahamson, E./Hambrick, D. C. (1997): Attentional homogeneity in industries: The effect of discretion, in: *Journal of Organizational Behavior,* 18 (1), S. 513–532.

Abramovsky, L./Griffith, R./Macartney, G./Miller, H. (2008): The location of innovative activity in Europe. WP08/10, URL: www.ifs.org.uk/wps/wp0810.pdf, Stand: 7. Februar 2016.

Acs, Z. J./Audretsch, D. B. (1989): Patents as a measure of innovative activity, in: *Kyklos,* 42 (2), S. 171–180.

Albers, S./Gassmann, O. (2011): Handbuch Technologie- und Innovationsmanagement. Strategie - Umsetzung - Controlling, 2. Aufl., Wiesbaden. Betriebswirtschaftlicher Verlag Gabler.

Albert, A./Anderson, J. A. (1984): On the existence of maximum likelihood estimates in logistic regression models, in: *Biometrika,* 71 (1), S. 1–10.

Allison, P. D. (2008): Convergence Failures in Logistic Regression, Philadelphia, PA.

Almeida, P./Song, J./Grant, R. M. (2002): Are firms superior to alliances and markets? An empirical test of cross-border knowledge building, in: *Organization Science,* 13 (2), S. 147–161.

Ambos, B. (2002): Internationales Forschungs- und Entwicklungsmanagement. Strategische Mandate, Koordination und Erfolg ausländischer Tochtergesellschaften, 1. Aufl., Wiesbaden. Dt. Univ.-Verl.

Ambos, B. (2005): Foreign direct investment in industrial research and development: A study of German MNCs, in: *Research Policy,* 34 (4), S. 395–410.

Andersson, S./Gabrielsson, J./Wictor, I. (2004): International activities in small firms: Examining factors influencing the internationalization and export growth of small firms, in: *Canadian Journal of Administrative Sciences,* 21 (1), S. 22–34.

Andersson, T. (1998): Internationalization of research and development - causes and consequences for a small economy, in: *Economics of Innovation and New Technology,* 7 (1), S. 71–91.

Asakawa, K. (2001a): Evolving headquarters-subsidiary dynamics in international R&D: The case of Japanese multinationals, in: *R&D Management,* 31 (1), S. 1–14.

Asakawa, K. (2001b): Organizational tension in international R&D management: The case of Japanese firms, in: *Research Policy,* 30 (5), S. 735–757.

Aspden, H. (1983): Patent statistics as a measure of technological vitality, in: *World Patent Information,* 5 (3), S. 170–173.

Auer, L. von (2011): Ökonometrie. Eine Einführung, 5. Aufl., Berlin. Springer Berlin.

Avermaete, T./Viaene, J./Morgan, E. J./Crawford, N. (2003): Determinants of innovation in small food firms, in: *European Journal of Innovation Management,* 6 (1), S. 8–17.

Babbie, E. R. (1975): The practice of social research, Belmont, CA. Wadsworth Cengage Learning.

Backhaus, K./Erichson, B./Plinke, W./Weiber, R. (2000): Multivariate Analysemethoden. Eine anwendungsorientierte Einführung, 9. Aufl., Berlin. Springer.

Backhaus, K./Erichson, B./Plinke, W./Weiber, R. (2008): Multivariate Analysemethoden. Eine anwendungsorientierte Einführung, 12. Aufl., Berlin. Springer.

Banerjee, M./Capozzoli, M./McSweeney, L./Sinha, D. (1999): Beyond kappa: A review of interrater agreement measures, in: *The Canadian Journal of Statistics/La Revue Canadienne de Statistique,* 27 (1), S. 3–23.

Barr, P. S./Stimpert, J. L./Huff, A. S. (1992): Cognitive change, strategic action, and organizational renewal, in: *Strategic Management Journal,* 13, S. 15–36.

Bartlett, C. A. (1986): Building and managing the transnational: The new organizational challenge, in: Porter, M. E. (Hrsg.): Competition in global industries, Boston, MA. Harvard Business School Press, S. 367–401.

Bartlett, C. A./Ghoshal, S. (1989): Managing across borders. The transnational solution, Boston, MA. Harvard Business School Press.

Belderbos, R. (2001): Overseas innovations by Japanese firms: An analysis of patent and subsidiary data, in: *Research Policy,* 30 (2), S. 313–332.

Bergek, A./Berggren, C. (2004): Technological internationalisation in the electrotechnical industry: A cross-company comparison of patenting patterns 1986–2000, in: *Research Policy*, 33 (9), S. 1285–1306.

Bergek, A./Bruzelius, M. (2010): Are patents with multiple inventors from different countries a good indicator of international R&D collaboration? The case of ABB, in: *Research Policy*, 39 (10), S. 1321–1334.

Berger, R. (2013): Chancen und Risiken der Internationalisierung aus Sicht des Standortes Deutschland, in: Krystek, U./Zur, E. (Hrsg.): Handbuch Internationalisierung. Globalisierung - eine Herausforderung für die Unternehmensführung, 2. Aufl., Berlin. Springer, S. 21–33.

Birkinshaw, J./Nobel, R./Ridderstråle, J. (2002): Knowledge as a contingency variable: Do the characteristics of knowledge predict organization structure?, in: *Organization Science*, 13 (3), S. 274–289.

Boehmer, A. v. (1995): Internationalisierung industrieller Forschung und Entwicklung. Typen, Bestimmungsgründe und Erfolgsbeurteilung, Wiesbaden. Deutscher Universitätsverlag.

Bonaccorsi, A. (1992): On the relationship between firm size and export intensity, in: *Journal of International Business Studies*, 23 (4), S. 605–635.

Bosworth, D./Rogers, M. (2001): Market value, R&D and intellectual property: An empirical analysis of large Australian firms, in: *Economic Record*, 77 (239), S. 323–337.

Bouquet, C./Morrison, A./Birkinshaw, J. (2009): International attention and multinational enterprise performance, in: *Journal of International Business Studies*, 40 (1), S. 108–131.

Boutellier, R./Gassmann, O./Zedtwitz, M. von (2008): Managing global innovation. Uncovering the secrets of future competitiveness, 3. Aufl., Berlin/New York. Springer.

Bowman, E. H. (1984): Content analysis of annual reports for corporate strategy and risk, in: *Interfaces*, 14 (1), S. 61–71.

Brandstetter, R./Klinger, S. (2016): Analyse von Lageberichten börsennotierter Unternehmen auf Änderungen der Unternehmensstrategie - Wie glaubwürdig ist die Darstellung von Strategieänderungen? Forschungsforum der österreichischen Fachhochschulen.

Breschi, S./Malerba, F./Orsenigo, L. (2000): Technological regimes and Schumpeterian patterns of innovation, in: *The Economic Journal,* 110 (463), S. 388–410.

Bresman, H./Birkinshaw, J./Nobel, R. (1999): Knowledge transfer in international acquisitions, in: *Journal of International Business Studies,* 30, S. 439–462.

Brockhoff, K. K. L./Schmaul, B. (1996): Organization, autonomy, and success of internationally dispersed R&D facilities, in: *Engineering Management, IEEE Transactions on,* 43 (1), S. 33–40.

Bundesministerium der Justiz und für Verbraucherschutz (2015): Patentgesetz. PatG.

Bundesministerium der Justiz und für Verbraucherschutz (2016): Handelsgesetzbuch - Inhalt des Lageberichts. §289 Abs. 2 Nr. 3 HGB.

Cameron, A. C./Trivedi, P. K. (2009): Microeconometrics using Stata, College Station, TX. Stata Press.

Cameron, A. C./Trivedi, P. K. (2010): Microeconometrics using Stata, College Station, TX. Stata Press.

Cantwell, J./Hodson, C. (1991): Global R&D and UK competitiveness, in: Casson, M. (Hrsg.): Global research strategy and international competitiveness, Oxford/Cambridge, MA. B. Blackwell, S. 133–182.

Carley, K. M. (1997): Extracting team mental models through textual analysis, in: *Journal of Organizational Behavior,* 18 (S1), S. 533–558.

Chen, C.-J./Huang, Y.-F./Lin, B.-W. (2012): How firms innovate through R&D internationalization? An S-curve hypothesis, in: *Research Policy,* 41 (9), S. 1544–1554.

Cheng, J. L. C./Bolon, D. S. (1993): The management of multinational R&D: A neglected topic in international business research, in: *Journal of International Business Studies,* 24 (1), S. 1–18.

Chiesa, V. (1995): Globalizing R&D around centres of excellence, in: *Long Range Planning,* 28 (6), S. 19–28.

Chiesa, V. (1996): Managing the internationalization of R&D activities, in: *Engineering Management, IEEE Transactions on,* 43 (1), S. 7–23.

Clapham, S. E./Schwenk, C. R. (1991): Self-serving attributions, managerial cognition, and company performance, in: *Strategic Management Journal*, 12 (3), S. 219–229.

Conference Board (1976): Overseas research and development by U.S. multinationals, 1966-1975, New York.

Criscuolo, P. (2004): R&D internationalisation and knowledge transfer. Impact on MNEs and their home countries. Universität Maastricht, Maastricht.

Criscuolo, P. (2005): On the road again: Researcher mobility inside the R&D network, in: *Research Policy*, 34 (9), S. 1350–1365.

Cummings, J. L./Teng, B.-S. (2003): Transferring R&D knowledge: The key factors affecting knowledge transfer success, in: *Journal of Engineering and Technology Management*, 20 (1), S. 39–68.

Czarnitzki, D./Kraft, K. (2010): On the profitability of innovative assets, in: *Applied Economics*, 42 (15), S. 1941–1953.

D'Aveni, R. A./MacMillan, I. C. (1990): Crisis and the content of managerial communications: A study of the focus of attention of top managers in surviving and failing firms, in: *Administrative Science Quarterly*, 35 (4), S. 634–657.

Dechow, P. M./Sloan, R. G./Sweeney, A. P. (1996): Causes and consequences of earnings manipulation: An analysis of firms subject to enforcement actions by the sec*, in: *Contemporary Accounting Research*, 13 (1), S. 1–36.

Deephouse, D. L. (2000): Media reputation as a strategic resource: An integration of mass communication and resource-based theories, in: *Journal of Management*, 26 (6), S. 1091–1112.

Deffner, G. (1986): Microcomputers as aids in Gottschalk-Gleser rating, in: *Psychiatry Research*, 18 (2), S. 151–159.

Demsetz, H./Lehn, K. (1985): The structure of corporate ownership: Causes and consequences, in: *The Journal of Political Economy*, 93 (6), S. 1155–1177.

Deng, Z./Lev, B./Narin, F. (1999): Science and technology as predictors of stock performance, in: *Financial Analysts Journal*, 55 (3), S. 20–32.

Deutsche Börse AG (2009): Deutsche Börse Blue Chip Indizes. Die Indexfamilie für den deutschen Aktienmarkt.

Deutsche Börse AG (2013a): Historical Index Compositions of the Equity- and Strategy-Indices of Deutsche Börse. Version 3.8.

Deutsche Börse AG (2013b): Leitfaden zu den Aktienindizes der Deutschen Börse. Version 6.21.

Dicenta, M. (2015): Strategische Flexibilität und kognitive Modelle. Eine empirische Untersuchung deutscher börsennotierter Unternehmen, München/Mering. Hampp.

Die Welt (o.J.): Die 500 größten Unternehmen in Deutschland, URL: http://top500.welt.de/, Stand: 30. März 2016.

Dirsmith, M. W./Covaleski, M. A. (1983): Strategy, external communication and environmental context, in: *Strategic Management Journal,* 4 (2), S. 137–151.

Doucet, L./Jehn, K. A. (1997): Analyzing harsh words in a sensitive setting: American expatriates in communist China, in: *Journal of Organizational Behavior,* 18 (S1), S. 559–582.

Dowling, G. R./Kabanoff, B. (1996): Computer-aided content analysis: What do 240 advertising slogans have in common?, in: *Marketing Letters,* 7 (1), S. 63–75.

Duguet, E./Iung, N. (1997): R&D Investment, Patent Life and Patent Value. An Econometric Analysis at the Firm Level. Institut National de la Statistique et des Études.

Dunning, J. H./Lundan, S. M. (2008): Multinational enterprises and the global economy, Cheltenham/Northampton, MA. Edward Elgar Publishing.

Dunning, J. H./Narula, R. (1995): The R&D activities of foreign firms in the United States, in: *International Studies of Management & Organization,* 25 (1/2), S. 39–74.

Duriau, V. J./Reger, R. K./Pfarrer, M. D. (2007): A content analysis of the content analysis literature in organization studies: Research themes, data sources, and methodological refinements, in: *Organizational Research Methods,* 10 (1), S. 5–34.

Egelhoff, W. G. (1982): Strategy and structure in multinational corporations: An information-processing approach, in: *Administrative Science Quarterly,* 27 (3), S. 435–458.

Eid, M./Gollwitzer, M./Schmitt, M. (2010): Statistik und Forschungsmethoden, 1. Aufl., Weinheim. Beltz.

Ernst, H. (1995): Patenting strategies in the German mechanical engineering industry and their relationship to company performance, in: *Technovation,* 15 (4), S. 225–240.

Ernst, H. (2001): Patent applications and subsequent changes of performance: Evidence from time-series cross-section analyses on the firm level, in: *Research Policy,* 30 (1), S. 143–157.

Europäisches Patentamt (2015): Der Weg zum europäischen Patent. Leitfaden für Anmelder, 15. Aufl., Luxemburg.

European Patent Office (2013): PATSTAT - the EPO worldwide patent statistical database. Your backbone data set for statistical analysis, URL: https://www.epo.org/searching/subscription/raw/product-14-24_de.html, Stand: 16. Januar 2016.

European Patent Office (2014): Data catalog PATSTAT - EPO worldwide patent statistical database. 2014 Spring Edition, 5. Aufl.

Expertenkommission Forschung und Innovation (EFI) (2014): Gutachten zu Forschung, Innovation und technologischer Leistungsfähigkeit Deutschlands 2014, Berlin.

Ferrier, W. J./Lyon, D. W. (2004): Competitive repertoire simplicity and firm performance: The moderating role of top management team heterogeneity, in: *Managerial and Decision Economics,* 25 (6-7), S. 317–327.

Finkenbrink, H. (2012): Standortbewertung bei der Internationalisierung von F&E-Einheiten. Eine empirische Analyse mit dem Fokus auf Emerging Economies. Technische Universität München.

Florida, R. (1997): The globalization of R&D: Results of a survey of foreign-affiliated R&D laboratories in the USA, in: *Research Policy,* 26 (1), S. 85–103.

Foss, N. J./Pedersen, T. (2003): The MNC as a knowledge structure: The roles of knowledge sources and organizational instruments in MNC knowledge management. DRUID Working Paper No 03-09.

Freeman, C./Soete, L. (1997): The economics of industrial innovation, London/Washington D.C. Pinter.

Freudenberg, T. (1988): Aufbau und Management internationaler Forschungs- und Entwicklungssysteme. Hochschule St. Gallen.

Frietsch, R./Neuhäusler, P./Rothengatter, O. (2013): Which road to take? Filing routes to the European Patent Office, in: *World Patent Information,* 35 (1), S. 8–19.

Frietsch, R./Schmoch, U. (2010): Transnational patents and international markets, in: *Scientometrics,* 82 (1), S. 185–200.

Frost, T. S. (2001): The geographic sources of foreign subsidiaries' innovations, in: *Strategic Management Journal,* 22 (2), S. 101–123.

Gallo, M. A./Pont, C. G. (1996): Important factors in family business internationalization, in: *Family Business Review,* 9 (1), S. 45–59.

Gassmann, O./Keupp, M. M. (2011): Globales Management von Innovation, in: Albers, S./Gassmann, O. (Hrsg.): Handbuch Technologie- und Innovationsmanagement. Strategie - Umsetzung - Controlling, 2. Aufl., Wiesbaden. Betriebswirtschaftlicher Verlag Gabler, S. 177–195.

Gassmann, O./Zedtwitz, M. von (1999): New concepts and trends in international R&D organization, in: *Research Policy,* 28 (2-3), S. 231–250.

Gehrke, B./Frietsch, R./Neuhäusler, P./Rammer, C. (2013): Neuabgrenzung forschungsintensiver Industrien und Güter. NIW/ISI/ZEW-Listen 2012. Niedersächsisches Institut für Wirtschaftsforschung/Fraunhofer-Institut für System- und Innovationsforschung/Zentrum für Europäische Wirtschaftsforschung (ZEW).

Gerybadze, A. (2004): Technologie- und Innovationsmanagement. Strategie, Organisation und Implementierung, München. Vahlen.

Gerybadze, A./Reger, G. (1999): Globalization of R&D: Recent changes in the management of innovation in transnational corporations, in: *Research Policy,* 28, S. 251–274.

Gerybaze, A./Schnitzer, M./Czernich, N. (2013): Internationale Forschungs-und Entwicklungsstandorte, in: *Wirtschaftsdienst,* 3, S. 182–188.

Ghoshal, S./Bartlett, C. A. (1990): The multinational corporation as an interorganizational network, in: *Academy of Management Review,* 15 (4), S. 603–626.

Gießelmann, M./Windzio, M. (2012): Regressionsmodelle zur Analyse von Paneldaten, 1. Aufl., Wiesbaden. VS Verlag für Sozialwissenschaften.

Graevenitz, G./Wagner, S./Harhoff, D. (2013): Incidence and growth of patent thickets: The impact of technological opportunities and complexity, in: *The Journal of Industrial Economics*, 61 (3), S. 521–563.

Graves, S. B./Langowitz, N. S. (1993): Innovative productivity and returns to scale in the pharmaceutical industry, in: *Strategic Management Journal*, 14 (8), S. 593–606.

Griliches, Z. (1984): Market value, R&D, and patents, in: Griliches, Z. (Hrsg.): R&D, patents, and productivity, Chicago, IL. University of Chicago Press, S. 249–252.

Griliches, Z. (1990): Patent statistics as economic indicators: A survey, in: *Journal of Economic Literature*, 28 (4), S. 1661–1707.

Griliches, Z. (1998a): Patent statistics as economic indicators: A survey, in: Griliches, Z. (Hrsg.): R&D and productivity: The econometric evidence, Chicago, IL. University of Chicago Press, S. 287–343.

Griliches, Z. (1998b): R&D and productivity: The econometric evidence, Chicago, IL. University of Chicago Press.

Grupp, H. (1998): Foundations of the economics of innovation. Theory, measurement, and practice, Cheltenham, England/Northampton, MA. E. Elgar.

Guellec, D./van Pottelsberghe de la Potterie, B. (2001): The internationalisation of technology analysed with patent data, in: *Research Policy*, 30 (8), S. 1253–1266.

Gulbrandsen, M./Godoe, H. (2008): "We really don't want to move, but…": Identity and strategy in the internationalisation of industrial R&D, in: *The Journal of Technology Transfer*, 33 (4), S. 379–392.

Gupta, A. K./Govindarajan, V. (2000): Knowledge flows within multinational corporations, in: *Strategic Management Journal*, 21 (4), S. 473–496.

Hackl, P. (2005): Einführung in die Ökonometrie, München. Pearson Studium.

Hagedoorn, J./Cloodt, M. (2003): Measuring innovative performance: Is there an advantage in using multiple indicators?, in: *Research Policy*, 32 (8), S. 1365–1379.

Hagedoorn, J./Schakenraad, J. (1994): The effect of strategic technology alliances on company performance, in: *Strategic Management Journal*, 15 (4), S. 291–309.

Hair, J. F./Anderson, R. E./Tatham, R. L./Black, W. C. (1998): Multivariate data analysis, 5. Aufl., Upper Saddle River, NJ. Prentice Hall.

Håkanson, L. (1981): Organization and evolution of foreign R&D in Swedish multinationals, in: *Geografiska Annaler. Series B, Human Geography,* 63 (1), S. 47–56.

Håkanson, L./Nobel, R. (1993a): Determinants of foreign R&D in Swedish multinationals, in: *Research Policy,* 22 (5), S. 397–411.

Håkanson, L./Nobel, R. (1993b): Foreign research and development in Swedish multinationals, in: *Research Policy,* 22 (5), S. 373–396.

Håkanson, L./Nobel, R. (2001): Organizational characteristics and reverse technology transfer, in: *MIR: Management International Review,* 41 (4), S. 395–420.

Håkanson, L./Zander, U. (1988): International management of R&D: The Swedish experience, in: *R&D Management,* 18 (3), S. 217–226.

Hall, B. H./Griliches, Z./Hausman, J. A. (1986): Patents and R&D: Is there a lag?, in: *International Economic Review,* 27 (2), S. 265–283.

Hauschildt, J. (1997): Innovationsmanagement, 2. Aufl., München. Vahlen.

Hausman, J. A./Hall, B. H./Griliches, Z. (1984): Econometric models for count data with an application to the patents-R&D relationship, in: *Econometrica,* 52 (4), S. 909–938.

Helmdach, M./Köhler, I./Sebastian, S./Tiedemann, G. (2002): Mittelständische Pharmaindustrie - Neue Wege zum Erfolg mit Biotechnologie? Bundesverband der Pharmazeutischen Industrie e.V.,Cap Gemini Ernst & Young Deutschland GmbH.

Henderson, R./Cockburn, I. (1996): Scale, scope, and spillovers: The determinants of research productivity in drug discovery, in: *The Rand Journal of Economics,* 27 (1), S. 32–59.

Hennig-Thurau, T./Sattler, H. (2016): VHB-JOURQUAL 3. Teilrating Technologie, Innovation und Entrepreneurship, URL: http://vhbonline.org/vhb4you/jourqual/vhb-jourqual-3/teilrating-tie/, Stand: 17. Juni 2016.

Hirschey, R. C./Caves, R. E. (1981): Research and transfer of technology by multinational enterprises, in: *Oxford Bulletin of Economics and Statistics,* 43 (2), S. 115–130.

Holsti, O. R. (1969): Content analysis for the social sciences and humanities, Reading, MA. Addison-Wesley Pub. Co.

Howells, J. (1990): The location and organisation of research and development: New horizons, in: *Research Policy*, 19 (2), S. 133–146.

Hughes, M. A./Garrett, D. E. (1990): Intercoder reliability estimation approaches in marketing: A generalizability theory framework for quantitative data, in: *Journal of Marketing Research*, 27 (2), S. 185–195.

Insch, G. S./Moore, J. E./Murphy, L. D. (1997): Content analysis in leadership research: Examples, procedures, and suggestions for future use, in: *The Leadership Quarterly*, 8 (1), S. 1–25.

ISO (2001): Securities and related financial instruments - International securities identification numbering system (ISIN). ISO 6166:2001(E).

Jensen, M. C. (1988): Takeovers: Their causes and consequences, in: *The Journal of Economic Perspectives*, 2 (1), S. 21–48.

Johanson, J./Vahlne, J.-E. (1977): The internationalization process of the firm - A model of knowledge development and increasing foreign market commitments, in: *Journal of International Business Studies*, 8 (1), S. 23–32.

Johnson, W. H. A./Medcof, J. W. (2007): Motivating proactive subsidiary innovation: Agent-based theory and socialization models in global R&D, in: *Journal of International Management*, 13 (4), S. 472–487.

Kabanoff, B. (1997): Computers can read as well as count: Computer-aided text analysis in organizational research, in: *Journal of Organizational Behavior*, 18 (S1), S. 507–511.

Kabanoff, B./Brown, S. (2008): Knowledge structures of prospectors, analyzers, and defenders: Content, structure, stability, and performance, in: *Strategic Management Journal*, 29 (2), S. 149–171.

Kabanoff, B./Hamdan, M. (2014): From words to integers and beyond in corporate life. Chapter 19, in: Hart, R. P. (Hrsg.): Communication and language analysis in the corporate world, Hershey, PA. IGI Global, S. 334–351.

Kabanoff, B./Waldersee, R./Cohen, M. (1995): Espoused values and organizational change themes, in: *Academy of Management Journal*, 38 (4), S. 1075–1104.

Kennedy, P. (2008): A guide to econometrics, 6. Aufl., Malden, MA. Blackwell Pub.

Kenney, M./Florida, R. (1994): The organization and geography of Japanese R&D: Results from a survey of Japanese electronics and biotechnology firms, in: *Research Policy*, 23 (3), S. 305–322.

Kerlinger, F. N./Lee, H. B. (2000): Foundations of behavioral research, 4. Aufl., Fort Worth, TX. Harcourt College Publishers.

Kohler, U./Kreuter, F. (2012): Datenanalyse mit Stata. Allgemeine Konzepte der Datenanalyse und ihre praktische Anwendung, 4. Aufl., München. Oldenbourg, R.

Kola, I./Landis, J. (2004): Can the pharmaceutical industry reduce attrition rates?, in: *Nature Reviews Drug Discovery*, 3, S. 711–715.

Kotabe, M./Dunlap-Hinkler, D./Parente, R./Mishra, H. A. (2007): Determinants of cross-national knowledge transfer and its effect on firm innovation, in: *Journal of International Business Studies*, 38 (2), S. 259–282.

Kranzusch, P./Holz, M. (2013): Internationalisierungsgrad von KMU. Ergebnisse einer Unternehmensbefragung. Institut für Mittelstandsforschung Bonn.

Kudic, M. (2015): Innovation networks in the German laser industry. Evolutionary change, strategic positioning, and firm innovativeness, Heidelberg u.a. Springer.

Kuemmerle, W. (1997): Building effective R&D capabilities abroad, in: *Harvard Business Review*, 75, S. 61–72.

Kuemmerle, W. (1999): The drivers of foreign direct investment into research and development: An empirical investigation, in: *Journal of International Business Studies*, 30 (1), S. 1–24.

Kuemmerle, W./Rosenbloom, R. S. (1999): Functional versus capability-oriented innovation management in multinational firms. IEEE.

Kurokawa, S./Iwata, S./Roberts, E. B. (2007): Global R&D activities of Japanese MNCs in the US: A triangulation approach, in: *Research Policy*, 36 (1), S. 3–36.

Lam, A. (2003): Organizational learning in multinationals: R&d networks of Japanese and US MNEs in the UK, in: *Journal of Management Studies*, 40 (3), S. 673–703.

Landis, J. R./Koch, G. G. (1977): The measurement of observer agreement for categorical data, in: *Biometrics*, 33 (1), S. 159–174.

Laskawi, C. (2015): Biotechnologie. Finanzierungslücke gefährdet Wettbewerbsfähigkeit. Deutsche Bank Research.

Laurens, P./Le Bas, C./Schoen, A./Villard, L./Larédo, P. (2015): The rate and motives of the internationalisation of large firm R&D (1994–2005): Towards a turning point?, in: *Research Policy*, 44 (3), S. 765–776.

Le Bas, C./Sierra, C. (2002): 'Location versus home country advantages' in R&D activities: Some further results on multinationals' locational strategies, in: *Research Policy*, 31 (4), S. 589–609.

Lee, J. (1986): Determinants of offshore production in developing countries, in: *Journal of Development Economics*, 20 (1), S. 1–13.

Lööf, H. (2009): Multinational enterprises and innovation: Firm level evidence on spillover via R&D collaboration, in: *Journal of Evolutionary Economics*, 19 (1), S. 41–71.

Malerba, F./Orsenigo, L. (1995): Schumpeterian patterns of innovation, in: *Cambridge Journal of Economics*, 19, S. 47–65.

Mann, H. B./Whitney, D. R. (1947): On a test of whether one of two random variables is stochastically larger than the other, in: *The Annals of Mathematical Statistics*, 18 (1), S. 50–60.

Mansfield, E./Teece, D./Romeo, A. (1979): Overseas research and development by US-based firms, in: *Economica*, 46 (182), S. 187–196.

Martínez, C. (2011): Patent families: When do different definitions really matter?, in: *Scientometrics*, 86 (1), S. 39–63.

Mayring, P. (2010): Qualitative Inhaltsanalyse: Grundlagen und Techniken, 11. Aufl., Weinheim. Beltz.

McClelland, P. L./Liang, X./Barker, V. L. (2010): CEO commitment to the status quo: Replication and extension using content analysis, in: *Journal of Management*, 36 (5), S. 1251–1277.

Minbaeva, D./Pedersen, T./Björkman, I./Fey, C. F./Park, H. J. (2003): MNC knowledge transfer, subsidiary absorptive capacity, and HRM, in: *Journal of International Business Studies*, 34 (6), S. 586–599.

Monteiro, L. F./Arvidsson, N./Birkinshaw, J. (2008): Knowledge flows within multinational corporations: Explaining subsidiary isolation and its performance implications, in: *Organization Science*, 19 (1), S. 90–107.

Morris, R. (1994): Computerized content analysis in management research: A demonstration of advantages & limitations, in: *Journal of Management*, 20 (4), S. 903–931.

Mühlbauer, M. (2014): Die Qualität der Lageberichterstattung von DAX-Konzernen. Empirische Analyse der Berichterstattung zur Ertrags-, Finanz- und Vermögenslage, Wiesbaden. Imprint: Springer Gabler.

Napolitano, G./Sirilli, G. (1990): The patent system and the exploitation of inventions: Results of a statistical survey conducted in Italy, in: *Technovation*, 10 (1), S. 5–16.

Narula, R. (2000): Strategic technology alliances by European firms since 1980: Questioning integration?, in: Chesnais, F./Ietto-Gillies, G./Simonetti, R. (Hrsg.): European integration and global corporate strategies, London/New York. Routledge, S. 175–187.

Nasdaq (o.J.): Nasdaq Technology Companies, URL: http://www.nasdaq.com/screening/companies-by-industry.aspx?industry=Technology, Stand: 28. Mai 2016.

Neuendorf, K. A. (2002): The content analysis guidebook, Thousand Oaks, CA. Sage Publications.

Neuhäusler, P. (2008): Patente in Europa und den USA. Veränderungen ab 1991 aufgezeigt an Gesamtzahlen und dem Technologiefeld des Ubiquitous Computing. Fraunhofer-Institut für System- und Innovationsforschung, 14. Aufl., Karlsruhe.

Neuhäusler, P./Frietsch, R./Schubert, T./Blind, K. (2011): Patents and the financial performance of firms - An analysis based on stock market data. Fraunhofer ISI discussion papers innovation systems and policy analysis, No. 28, URL: http://hdl.handle.net/10419/44995, Stand: 2. April 2016.

Niosi, J./Godin, B. (1999): Canadian R&D abroad management practices, in: *Research Policy*, 28 (2), S. 215–230.

Nobel, R./Birkinshaw, J. (1998): Innovation in multinational corporations: Control and communication patterns in international R&D operations, in: *Strategic Management Journal*, 19 (5), S. 479–496.

Odagiri, H./Yasuda, H. (1996): The determinants of overseas R&D by Japanese firms: An empirical study at the industry and company levels, in: *Research Policy*, 25 (7), S. 1059–1079.

Osborne, J. D./Stubbart, C. I./Ramaprasad, A. (2001): Strategic groups and competitive enactment: A study of dynamic relationships between mental models and performance, in: *Strategic Management Journal*, 22, S. 435–454.

Paisley, W. J. (1968): Book review: The general inquirer: A computer approach to content analysis, in: *Journal of Regional Science*, 8 (1), S. 113–116.

Papanastassiou, M./Pearce, R. (1994): The internationalisation of research and development by Japanese enterprises, in: *R&D Management*, 24 (2), S. 155–165.

Patel, P. (1996): Are large firms internationalizing the generation of technology? Some new evidence, in: *Engineering Management, IEEE Transactions on*, 43, S. 41–47.

Patel, P. (2007): Exploratory study to test the feasibility of using patent data for monitoring the globalization of R&D. Report to IPTS by the ERAWATCH networks ASBL within the framework service contract Nr -150176-2005-F1SC-BE. SPRU/Fraunhofer ISI, Brighton/Karlsruhe.

Patel, P. (2011): Location of innovative activities of EU large firms. SPRU Electronic Working Paper. SPRU - Science and Technology Policy Research, University of Sussex.

Patel, P./Pavitt, K. (1991): Large firms in the production of the world's technology: An important case of "non-globalisation", in: *Journal of International Business Studies*, 22 (1), S. 1–21.

Patel, P./Pavitt, K. (1995): Divergence in technological development among countries and firms, in: Hagedoorn, J. (Hrsg.): Technical change and the world economy: Convergence and divergence in technology strategies, Aldershot/Brookfield, VT. E. Elgar, S. 147–181.

Patel, P./Vega, M. (1999): Patterns of internationalisation of corporate technology: Location vs. home country advantages, in: *Research Policy*, 28 (2), S. 145–155.

Pavitt, K. (1985): Patent statistics as indicators of innovative activities: Possibilities and problems, in: *Scientometrics*, 7 (1-2), S. 77–99.

Pavitt, K. (1988): Uses and abuses of patent statistics, in: Raan, A. F. J. van (Hrsg.): Handbook of quantitative studies of science and technology, Amsterdam. Elsevier, S. 509–536.

Pavitt, K./Robson, M./Townsend, J. (1987): The size distribution of innovating firms in the UK: 1945-1983, in: *The Journal of Industrial Economics,* 35 (3), S. 297–316.

Pearce, R./Papanastassiou, M. (1999): Overseas R&D and the strategic evolution of MNEs: Evidence from laboratories in the UK, in: *Research Policy,* 28 (1), S. 23–41.

Peeters, B./Song, X./Callaert, J./Joris, G./Looy, B. Van (2009): Harmonizing harmonized patentee names: An exploratory assessment of top patentees. Eurostat.

Penner-Hahn, J./Shaver, J. M. (2005): Does international research and development increase patent output? An analysis of Japanese pharmaceutical firms, in: *Strategic Management Journal,* 26 (2), S. 121–140.

Perlmutter, H. V. (1969): The tortuous evolution of the multinational corporation, in: *Columbia Journal of World Business,* 4 (1), S. 9–18.

Perreault, W. D./Leigh, L. E. (1989): Reliability of nominal data based on qualitative judgments, in: *Journal of Marketing Research,* 26, S. 135–148.

Peters, B./Schmiele, A. (2011): The contribution of international R&D to firm profitability. Discussion Paper No. 11-002. Zentrum für Europäische Wirtschaftsforschung (ZEW).

Petersen, M. A. (2009): Estimating standard errors in finance panel data sets: Comparing approaches, in: *The Review of Financial Studies,* 22 (1), S. 435–480.

Petersen, T. (2004): Analyzing panel data: Fixed- and random-effects models, in: Hardy, M. A./Bryman, A. (Hrsg.): Handbook of data analysis, London/Thousand Oaks, CA. Sage Publications, S. 331–345.

Pollach, I. (2012): Taming textual data: The contribution of corpus linguistics to computer-aided text analysis, in: *Organizational Research Methods,* 15 (2), S. 263–287.

Porter, M./Stern, S. (2001): Innovation: Location matters, in: *MIT Sloan Management Review,* 42 (4), S. 28–36.

Porter, M. E. (1990): The competitive advantage of nations, in: *Harvard Business Review,* 68 (2), S. 73–93.

Proppe, D. (2007): Endogenität und Instrumentenschätzer, in: Albers, S./Klapper, D./Konradt, U./Walter, A./Wolf, J. (Hrsg.): Methodik der empirischen Forschung, 2. Aufl., Wiesbaden. Gabler, S. 231–260.

Quintás, M. A./Vázquez, X. H./Garcia, J. M./Caballero, G. (2008): Geographical amplitude in the international generation of technology: Present situation and business determinants, in: *Research Policy*, 37 (8), S. 1371–1381.

Rabe-Hesketh, S./Skrondal, A. (2008): Multilevel and longitudinal modeling using Stata, 2. Aufl., College Station, TX. Stata Press Publication.

Rabe-Hesketh, S./Skrondal, A./Pickles, A. (2004): GLLAMM manual, URL: http://biostats.bepress.com/ucbbiostat/paper160/, Stand: 26. Februar 2015.

Rammer, C./Crass, D./Doherr, T./Hud, M./Hünermund, P./Iferd, Y./Köhler, C./Peters, B./Schubert, T. (2016): Innovationsverhalten der deutschen Wirtschaft. Indikatorenbericht zur Innovationserhebung 2015. Zentrum für Europäische Wirtschaftsforschung (ZEW)/Fraunhofer-Institut für System- und Innovationsforschung/Infas, Mannheim.

Riffe, D./Lacy, S./Fico, F. (2005): Analyzing media messages. Using quantitative content analysis in research, 2. Aufl., Mahwah, NJ. Lawrence Erlbaum.

Roberts, E. B. (2001): Benchmarking global strategic management of technology. Survey of the world's largest R&D performers reveals, among other trends, a greater reliance upon external sources of technology, in: *Research-Technology Management*, 44 (2), S. 25–36.

Robinson, W. S. (1957): The statistical measurement of agreement, in: *American Sociological Review*, 22 (1), S. 17–25.

Ronstadt, R. C. (1978): International R&D: The establishment and evolution of research and development abroad by seven US multinationals, in: *Journal of International Business Studies*, 9 (1), S. 7–24.

Rosenberg, S. D./Schnurr, P. P./Oxman, T. E. (1990): Content analysis: A comparison of manual and computerized systems, in: *Journal of Personality Assessment*, 54 (1&2), S. 298–310.

Sachwald, F. (2008): Location choices within global innovation networks: The case of Europe, in: *The Journal of Technology Transfer*, 33 (4), S. 364–378.

Salomo, S./Keinschmidt, E. J./Brentani, U. de (2010): Managing new product development teams in a globally dispersed NPD program, in: *Journal of Product Innovation Management*, 27 (7), S. 955–971.

Sanna-Randaccio, F./Veugelers, R. (2007): Multinational knowledge spillovers with decentralised R&D: A game-theoretic approach, in: *Journal of International Business Studies,* 38 (1), S. 47–63.

Schasse, U./Belitz, H./Kladroba, A./Stenke, G. (2016): Forschung und Entwicklung in Wirtschaft und Staat. Studien zum deutschen Innovationssystem - Nr. 2-2016. Niedersächsisches Institut für Wirtschaftsforschung/Deutsches Institut für Wirtschaftsforschung/Stifterverband für die Deutsche Wissenschaft.

Scherer, F. M. (1965): Firm size, market structure, opportunity, and the output of patented inventions, in: *The American Economic Review,* 55 (5), S. 1097–1125.

Schiffelholz, A. (2014): Stabilität und Wechsel bei Miles-und-Snow-Strategietypen. Eine empirische Panel-Analyse deutscher Aktiengesellschaften, 1. Aufl., München/Mering. Hampp.

Schmacke, E. (1992): Die Grossen 500 auf einen Blick. Deutschlands Top-Unternehmen mit Anschriften, Umsätzen und Management, Neuwied. Luchterhand.

Schmaul, B. (1995): Organisation und Erfolg internationaler Forschungs- und Entwicklungseinheiten, Wiesbaden. Dt. Univ.-Verl.

Schmookler, J. (1952): The changing efficiency of the American economy, 1869-1938, in: *The Review of Economics and Statistics,* S. 214–231.

Schnurr, P. P./Rosenberg, S. D./Oxman, T. E./Tucker, G. J. (1986): A methodological note on content analysis: Estimates of reliability, in: *Journal of Personality Assessment,* 50 (4), S. 601–609.

Schubert, T. (2010): Marketing and organisational innovations in entrepreneurial innovation processes and their relation to market structure and firm characteristics, in: *Review of Industrial Organization,* 32, S. 189–212.

Schumpeter, J. A. (1934): The theory of economic development, Cambridge, MA. Harvard University Press.

Schumpeter, J. A. (1942): Capitalism, socialism and democracy, New York. Harper.

Short, J. C./Broberg, J. C./Cogliser, C. C./Brigham, K. C. (2010): Construct validation using computer-aided text analysis (CATA): An illustration using entrepreneurial orientation, in: *Organizational Research Methods,* 13 (2), S. 320–347.

Short, J. C./Palmer, T. B. (2008): The application of DICTION to content analysis research in strategic management, in: *Organizational Research Methods*, 11 (4), S. 727–752.

Statista (2015): Größte Unternehmen der Welt nach ihrem Marktwert im Jahr 2015 in Millionen US-Dollar, URL: https://de.statista.com/statistik/daten/studie/12108/umfrage/top-unternehmen-der-welt-nach-marktwert/, Stand: 28. Mai 2016.

Stein, T. (2011): Eine ökonomische Analyse der Entwicklung der Lageberichtsqualität. Ein Beitrag zur Diskussion um Regulierung und Deregulierung, 1. Aufl., Wiesbaden. Gabler.

Stifterverband für die Deutsche Wissenschaft (2013): FuE-Datenreport 2013. Analysen und Vergleiche.

Stifterverband für die Deutsche Wissenschaft (2016): Forschung und Entwicklung in der Wirtschaft 2014. Zahlen und Fakten aus der Wissenschaftsstatistik.

Stock, J. H./Watson, M. W. (2012): Introduction to econometrics, 3. Aufl., Boston, MA. Pearson Education.

Stone, P. J./Dunphy, D. C./Smith, M. S. (1966): The general inquirer: A computer approach to content analysis, Cambridge, MA. MIT press.

Tallerico, M. (1991): Applications of qualitative analysis software: A view from the field, in: *Qualitative Sociology*, 14 (3), S. 275–285.

Tarasconi, G./Kang, B. (2015): PATSTAT revisited. Institute of Developing Economies, Chiba.

Taylor, J./Watkinson, D. (2007): Indexing reliability for condition survey data, in: *The Conservator*, 30 (1), S. 49–62.

Thomas, V. J./Sharma, S./Jain, S. K. (2011): Using patents and publications to assess R&D efficiency in the states of the USA, in: *World Patent Information*, 33 (1), S. 4–10.

UCLA (o.J.a): FAQ: Complete or quasi-complete separation and some strategies for dealing with it, Statistical Consulting Group, URL: http://www.ats.ucla.edu/stat/mult_pkg/faq/general/complete_separation_logit_models.htm, Stand: 6. April 2015.

UCLA (o.J.b): Stata FAQ: How can I perform the likelihood ratio, Wald, and Lagrange multiplier (score) test in Stata?, Statistical Consulting Group, URL: http://www.ats.ucla.edu/stat/stata/faq/nested_tests.htm, Stand: 26. Februar 2015.

UCLA (o.J.c): What statistical analysis should I use? Statistical analyses using Stata, Statistical Consulting Group, URL: http://www.ats.ucla.edu/stat/stata/whatstat/ whatstat.htm, Stand: 8. März 2015.

United States Patent and Trademark Office (o.J.): Glossary, URL: http://www.uspto.gov/main/glossary/#patentfamily, Stand: 18. Januar 2016.

Vernon, R. (1966): International investment and international trade in the product cycle, in: *The Quarterly Journal of Economics*, 80 (2), S. 190–207.

Waller, M. J./Huber, G. P./Glick, W. H. (1995): Functional background as a determinant of executives' selective perception, in: *Academy of Management Journal*, 38 (4), S. 943–974.

Wang, P./Cockburn, l. M./Puterman, M. L. (1998): Analysis of patent data - a mixed-poisson-regression-model approach, in: *Journal of Business & Economic Statistics*, 16 (1), S. 27–41.

Weber, R. P. (1990): Basic content analysis, 2. Aufl., Thousand Oaks, CA. Sage Publications.

White, H. (1980): A heteroskedasticity-consistent covariance matrix estimator and a direct test for heteroskedasticity, in: *Econometrica: Journal of the Econometric Society*, S. 817–838.

Wiedemann, G./Lemke, M. (2016): Text Mining für die Analyse qualitativer Daten. Auf dem Weg zu einer Best Practice?, in: Lemke, M. (Hrsg.): Text Mining in den Sozialwissenschaften. Grundlagen und Anwendungen zwischen qualitativer und quantitativer Diskursanalyse, Wiesbaden. Springer VS, S. 397–419.

Wilcoxon, F. (1945): Individual comparisons by ranking methods, in: *Biometrics Bulletin*, 1 (6), S. 80–83.

Wolfe, R. A./Gephart, R. P./Johnson, T. E. (1993): Computer-facilitated qualitative data analysis: Potential contributions to management research, in: *Journal of Management*, 19 (3), S. 637–660.

Woodrum, E. (1984): "Mainstreaming" content analysis in social science: Methodological advantages, obstacles, and solutions, in: *Social Science Research,* 13 (1), S. 1–19.

Wooldridge, J. M. (2013): Introductory econometrics. A modern approach, Mason, OH. South-Western.

Wortmann, M. (1990): Multinationals and the internationalization of R&D: New developments in German companies, in: *Research Policy,* 19 (2), S. 175–183.

Zander, I. (1999a): How do you mean 'global'? An empirical investigation of innovation networks in the multinational corporation, in: *Research Policy,* 28 (2), S. 195–213.

Zander, I. (1999b): Whereto the multinational? The evolution of technological capabilities in the multinational network, in: *International Business Review,* 8 (3), S. 261–291.

Zander, I. (2002): The formation of international innovation networks in the multinational corporation: An evolutionary perspective, in: *Industrial and Corporate Change,* 11 (2), S. 327–353.

Zedtwitz, M. von (2004): Managing foreign R&D laboratories in China, in: *R&D Management,* 34 (4), S. 439–452.

Zedtwitz, M. von/Gassmann, O. (2002): Market versus technology drive in R&D internationalization: Four different patterns of managing research and development, in: *Research Policy,* 31 (4), S. 569–588.

Zeller, C. (2004): North atlantic innovative relations of Swiss pharmaceuticals and the proximities with regional biotech arenas, in: *Economic Geography,* 80 (1), S. 83–111.

Zhou, K. Z./Wu, F. (2010): Technological capability, strategic flexibility, and product innovation, in: *Strategic Management Journal,* 31 (5), S. 547–561.

Printed in the United States
By Bookmasters